“十四五”精品课程规划教材——教育类

保育师

主编　叶　丹　哈斯塔娜　王正君

天津大学出版社
TIANJIN UNIVERSITY PRESS

图书在版编目（CIP）数据

保育师 / 叶丹，哈斯塔娜，王正君主编 . -- 天津：天津大学出版社，2025. 3. --（“十四五”精品课程规划教材）. -- ISBN 978-7-5618-7889-7

Ⅰ. R174

中国国家版本馆 CIP 数据核字第 2025886QV0 号

保育师

BAOYUSHI

出版发行	天津大学出版社
地　　址	天津市卫津路 92 号天津大学内（邮编：300072）
电　　话	发行部：022-27403647　邮购部：022-27402742
网　　址	publish.tju.edu.cn
印　　刷	天津泰宇印务有限公司
经　　销	全国各地新华书店
尺　　寸	889mm×1194mm　1/16
印　　张	14
字　　数	331 千字
版　　次	2025 年 3 月第 1 版
印　　次	2025 年 3 月第 1 次
定　　价	48.00 元

编委会成员

主　编　叶　丹　哈斯塔娜　王正君

副主编　王荷香　唐德拯　赵　敏

前言

PREFACE

我国经济社会的蓬勃发展，促使学前教育事业取得了显著进步，整体教育水平得到了大幅提升，管理与教育机制日益完善，为婴幼儿的健康成长提供了坚实的保障。0～6岁是婴幼儿身心迅速成长的黄金阶段。在此期间，婴幼儿的成长环境、生活照料、安全保障以及早期学习均对其身心健康、性格塑造、行为习惯养成以及智力发展等方面起到至关重要的奠基作用。保育工作责任重大，坚定不移地提升保育师的专业素养与教育水平，确保婴幼儿未来的顺利成长与全面发展；建立一支专业化、高素质的保育师队伍的需求，也日益凸显。

为规范保育师从业者的从业行为，引导职业教育培训的方向，为职业技能鉴定提供依据，适应经济社会发展和科技进步的客观需要，立足培育工匠精神和精益求精的敬业风气，依据《中华人民共和国劳动法》，人力资源和社会保障部组织有关专家，制定了《保育师国家职业技能标准》（以下简称《标准》）。这一举措突显了保育师在幼教工作中承担的重要角色，对其专业素养和工作要求提出了更高的标准。

本书紧扣《标准》要求，由长期致力于教学与研究领域的专家、教师团队共同精心编写。本书在可读性、实用性和可操作性方面均表现出色，紧扣基础知识和职业技能两大核心模块，将深厚的专业知识与托育机构的丰富实战经验相结合，内容涵盖婴幼儿生长发育规律、心理发展特点解析、营养与喂养的科学指导，以及常见病防治与保健策略等专业知识。同时，本书还围绕环境创设的艺术、生活与卫生管理的技巧、安全健康管理的要点、早期学习支持的策略，以及家园合作共育的实践等多个板块，提供了详尽的操作方法和实用技能，帮助读者全面、深入地了解和掌握保育师所必需的基础知识和实操技能。

本书由泉州华光职业学院叶丹、内蒙古鸿德文理学院哈斯塔娜、泉州轻工职业学院王正君担任主编，武汉城市职业学院王荷香、武汉信息传播职业技术学院唐德拯、北京京北职业技术学院赵敏担任副主编。

本书不仅可作为保育师职业技能等级认定的培训教材，还可广泛应用于全国中、高等院校相关专业的教学，并为从事保育师职业的从业人员提供宝贵的培训资源。期望通过本书，能为保育师的职业发展和托育事业的进步，贡献力量。

本书在编写过程中，借鉴了众多专家和学者所取得的杰出研究成果及互联网上的新颖观点和创新方法。在此，对原作者以及相关网站表达由衷的感谢。由于编者的学识水平有限，书中难免存在疏漏和不足之处，恳请广大读者批评指正。

目录

CONTENTS

第一章 保育及保育师工作概述

★【本章概述】

随着时代的持续进步和社会的深入发展，保育工作亦在不断地取得新的进展与发展成果。保育工作不单单在幼儿园，但幼儿园是保育工作最重要的场所。幼儿园的保育不是单纯、被动地生活护理，而是更强调遵循幼儿身心发展规律，培养幼儿独立自主的生活能力，科学、规范地开展保育工作，保障幼儿健康快乐地成长。因此，只有先树立科学的保育观，了解幼儿园保育工作的特点与内容，才能科学合理地开展幼儿保育工作，从而提高幼儿园整体保教质量，真正实现保教并重的目标。

★【学习目标】

1. 了解保育工作的概念、特点及工作内容。
2. 掌握幼儿园保育师的工作内容。
3. 理解保育师的职业素养。
4. 了解关于保育师职业技能鉴定的内容。
5. 通过深入学习和掌握相关知识，培养保育师良好的思想品德，怀揣对教育事业的热爱与执着，始终坚守职责，恪尽职守。

第一节 保育工作概述

一、保育工作相关概念

（一）保育

保育是成人（家长或保教人员）为 0 ~ 6 岁婴幼儿提供生存与发展的环境和物质条件，并给予精心照顾和培养，以帮助其获得良好的发育，逐渐提升其独立生活能力。保育包括对婴幼儿的身体、心理以及社会适应能力的保护和培养。

（二）保育师

保育师是指在托育机构及其他保育场所中，从事婴幼儿生活照料、安全看护、营养喂养和早期发展工作的人员。

保育师职业技能等级共设五个等级，分别为：五级 / 初级工、四级 / 中级工、三级 / 高级工、二级 / 技师、一级 / 高级技师。

职业能力特征要求：身心健康，人格健全；热爱婴幼儿，认真负责；亲切和蔼，善于沟通；观察敏锐，身体灵活。

普通受教育程度要求：高中毕业（或同等学力）。

（三）保教结合

保教结合是一个整体概念，“保”和“教”是幼儿园教育整体的不同方面。其中，“保”就是保护和促进幼儿的健康，“教”即幼儿园的教育教学；两者之间相互结合，互相渗透，共同对幼儿产生影响。《幼儿园工作规程》指出：幼儿园的任务是实行保育与教育相结合的原则，对幼儿实施体、智、德、美诸方面全面发展的教育，促进其身心和谐发展。

二、保育工作的重要性

《幼儿园工作规程》明确提出：“幼儿园是对三周岁以上学龄前幼儿实施保育和教育的机构。”赋予幼儿园保育和教育的双重任务，这是我国幼儿园的一大特色，也是我国幼儿园的社会使命。在世界范围内，幼儿的保育工作也日益受到关注。

接受保育和教育是儿童的权利，这种权利早在 1989 年 11 月 20 日召开的第 44 届联合国大会上就得到确认并获得了世界各国的认可。大会通过了《儿童权利公约》，为儿童的福利制定了一套全面的国际法律准则。自 21 世纪以来，联合国教科文组织、联合国儿童基金会等国际组织在世界范围内多次举办幼儿保育和教育相关会议，呼吁世界各国重视幼儿的保育和教育工作。

2000 年 4 月，在塞内加尔首都达喀尔举行的“世界教育论坛”上，通过的《达喀尔行动纲领》第一条，就是“扩大和改善幼儿，尤其是最脆弱和条件最差的幼儿的全面保育与教育”。《达喀尔行动纲领》要求世界各国政府为 0 ~ 8 岁儿童的保育和教育提供通盘计划，关注幼儿的各种需要，包括幼儿的健康、营养以及认知、社会性和情感的发展。

2006 年 10 月 26 日，由联合国教科文组织、联合国儿童基金会等国际组织在纽约发布了题为《全民教育全球监控报告（2007 年）——增强基础：幼儿保育和教育》，该报告对全球幼儿保育和教育方案的发展趋势、政府财政支出以及学前教育的入学覆盖率等一系列现状进行阐述分析。同时，为加强幼儿保育和教育工作、实现全民教育中的幼儿保育和教育目标，提出了指引。

2010 年 9 月，联合国教科文组织在莫斯科市举办了首届世界幼儿保育和教育大会。大会的主题是“构筑国家财富”，呼吁各国政府加大对幼儿保育和教育的投入。在大会上，我国教育部副部长陈小娅做了题为“为未来奠基：中国幼儿保育与教育发展政策与展望”的发言。她在发言中指出，良好的早期教育对促进幼儿的健康发展、获得幸福快乐的童年具有重要的意义。扩大和改善幼儿保育和教育，已成为促进国家昌盛和人类进步的关键所在。

我国是《儿童权利公约》的签约国，近年来，制定了儿童和青少年相关的保护条例和政策。通过保健使儿童达到较高的健康水平，是我国长久以来十分重要的一项社会性目标。2010 年颁布的《国家中长期教育改革和发展规划纲要（2010—2020 年）》，把学前教育放在未来教育发展的重要位置，呼吁社会各类早教机构要努力提高幼儿早期保育和教育的质量，并要求制定《3—6 岁儿童学习与发展指南》和幼儿园教育质量评估标准；2012 年 10 月 9 日，由教育部正式颁布《3—6 岁儿童学习与发展指南》（以下简称《指南》）。《指南》着重强调了要充分认识生活和游戏对幼儿成长的教育价值，加强幼儿园保育和教育质量的监督管理；积极开展 0 ~ 6 岁家长的科学育儿指导。2022 年 2 月 15 日，教育部公布《幼儿园保育教育质量评估指南》（以下简称《评估指南》），对幼儿园评估提出 15 项 48 个考查要点。这意味着幼儿园保教质量评估有了新的、更科学的标准，是促进学前教育高质量发展的又一重要举措。

由此可见，幼儿保育和教育工作开展的质量和速度，受到全世界的关注和重视。所以，作为幼教一线的工作人员，应严格按照《幼儿园工作规程》和《幼儿园保育教育质量评估指南》中提出的要求，明确幼儿园是实施保育和教育的机构，坚持保育和教育相结合的原则，对幼儿实施体、智、德、美全面发展的教育，以此促进幼儿身心健康发展。

三、幼儿园保育工作的特点

幼儿期作为个体一生发展的起点，具有至关重要的意义。由于幼儿身心发育尚未成熟，其身体成长与认知发展均遵循特定的规律性。因此，在开展幼儿保育工作时，必须深刻把握幼儿身心发展的内在规律，充分考虑幼儿保育工作的独特性，以科学、有效的方式推进保育工作的实施。

（一）注重年龄特点与个体差异

婴幼儿的生长发育存在着普遍的规律，即在身体发育、情感发展、社会性和认知能力方面表现为一定的年龄阶段性。因此，保教人员首先应遵循幼儿发展的普遍规律，为幼儿提供生活护理和帮助。同时，也应看到每个幼儿在生长和发展速度以及家庭背景上存在的差异，以及由此差异所导致的每个幼儿在需要、兴趣、能力等方面的独特性。因此，保教人员在实际教育中应因材施教，使每个幼儿都得到适宜的保育，健康地成长。

（二）注重物质环境和精神环境创设

幼儿园的保育工作必须重视并抓好物质与精神双重环境的创设，发挥环境的保育功能。幼儿园的物质环境创设必须为教育服务，如何在创设中体现保育与教育的双重功能，是当前幼儿园的一个重要任务。环境的整齐美观、洁净卫生，已成为幼儿园环境创设的基本条件。在兼顾卫生及安全的基础上，幼儿园提供培养幼儿生活自理能力的设施配备，创设主题墙及互动墙面等物质环境，皆是发挥物质环境保育与教育双重功能不可或缺的部分。

在保育过程中，保教人员与幼儿、幼儿与幼儿之间的情感互动则是幼儿园精神环境的重要组成部分。保教人员除了对幼儿进行有效的生活服务，提高幼儿生活自理能力外，还要与幼儿建立平等、亲密的关系，满足其情感需要。

（三）与幼儿一日生活的各环节相融合

幼儿园保育工作是全面的，与日常生活相融合的，包括幼儿的营养、睡眠、户外活动、安全、疾病、心理健康、环境卫生、教学活动等多方面内容，是广义的保育。保教人员应学习并掌握幼儿身体、心理发展的基本规律，敏锐地观察幼儿的需要，将科学的保育意识真正转化为实际的保育行为，渗透到幼儿日常生活的方方面面，与幼儿一日生活相融合。

保育师和幼儿做游戏

（四）保育与教育工作相渗透

幼儿园的保育和教育有着同等重要的地位，而且在幼儿的一日生活中，往往是“保”中有“教”，“教”中有“保”。因此，保教人员时刻要牢记“保教结合”的原则。在保育过程中，根据幼儿年龄特点，实施有针对性的教育；在配合教学活动中则密切关注幼儿的健康状态和个体需要，采取保育措施，真正做到保育与教育相互渗透，促进幼儿身心健康、全面地发展。

（五）幼儿园与家庭合作实施保育

幼儿园的保育工作建立在科学的理论基础上，以保护和促进幼儿健康、培养幼儿独立自主的生活能力为主要目的。家庭是幼儿园的重要合作伙伴。尤其对于独生子女家庭，家长过多的关注及照顾可能会导致幼儿缺乏独立自理能力。因此，需要幼儿园与家庭密切合作，树立一致的保育观，才能有效地、系统地对幼儿实施保育。

四、幼儿园保育工作的内容

保育工作的根本目的是，在活动中保护和促进幼儿的身体健康和心理健康。幼儿在园的一日活动，主要包括生活活动和学习活动，而所有活动都是在幼儿园的环境中进行的。因此，按照幼儿一日生活，可以将幼儿园保育工作分为环境中的保育、生活活动中的保育以及学习活动中的保育。

（一）环境中的保育

（1）营造安全、卫生、整洁、温馨的生活和学习环境。

（2）创设平等、尊重、友爱、和谐的人际交往环境。

（3）培养幼儿保护环境的良好习惯，初步树立环保意识。

（4）定期优化墙面创设等保育环境。

（二）生活活动中的保育

（1）为幼儿提供安全、卫生、营养均衡的科学膳食。

（2）密切关注幼儿的身体状况和需要，保证幼儿的健康和安全。

（3）善于观察幼儿的情绪和行为，减少不良情绪的产生和纠正不健康的行为。

（4）培养幼儿独立自主的生活自理能力，养成良好的生活卫生习惯。

（5）培养幼儿爱劳动和爱护班级公共物品的好习惯。

（三）学习活动中的保育

（1）通过学习活动中的保育培养幼儿的社会适应能力。

（2）在学习活动中培养幼儿良好的学习习惯，促进幼儿遵守活动规则。

（3）活动中关注幼儿的健康状况，保证幼儿的安全，培养幼儿的自我保护意识。

（4）帮助幼儿树立自信心，促进幼儿保持乐观的情绪，能与同伴友好交往。

第二节　保育师的工作职责及内容

一、保育师的工作职责

《幼儿园工作规程》（以下简称《规程》）第七章“幼儿园的教职工”中第三十九条规定：幼儿园教职工应当贯彻国家教育方针，具有良好品德，热爱教育事业，尊重和爱护幼儿，具有专业知识和技能以相应的文化和专业素养，为人师表，忠于职责，身心健康。在第四十条中规定：幼儿园园长应符合本规程第三十九条规定，并具有《教师资格条例》规定的教师资格、具备大专以上学历、有三年以上幼儿园工作经历和一定的组织管理能力，并取得幼儿园园长岗位培训合格证书。第四十二条规定：幼儿园保育员应符合本规程第三十九条规定，并具备高中毕业以上学历，受过幼儿保育职业培训。同时，还规定了幼儿园保育员的主要职责。（一）负责本班房舍、设备、环境的清洁卫生和消毒工作；（二）在教师指导下，科学照料和管理幼儿生活，并配合本班教师组织教育活动；（三）在卫生保健人员和本班教师指导下，严格执行幼儿园安全、卫生保健制度；（四）妥善保管幼儿衣物和本班的设备、用具。

依据《规程》的以上规定，结合幼儿园保育工作的内容，确定幼儿园保育师的工作职责如下。

（1）负责本班室内外卫生清洁工作，为幼儿创设清洁、整齐的生活和学习环境。

（2）按照幼儿园卫生消毒制度，做好日常消毒工作，并清洗消毒幼儿在园时弄脏的衣服、被褥等。

（3）妥善管理、保护好本班的一切设施、用品、玩具等。

（4）按时通风，调节室温，保证室内空气清新；做好冬季保暖、夏季降温以及消灭蚊蝇的工作。

（5）负责班级幼儿的饮食，做好正餐及加餐的餐前餐后工作，照顾幼儿饮食。

（6）照顾幼儿睡眠，根据气温变化给幼儿增减衣服和被褥。

（7）协助教师开展教育教学活动，培养幼儿良好的卫生、生活和行为习惯。

（8）做好日常的安全工作，确保幼儿的健康和生命安全。

（9）有节约意识，关心全园的建设与发展，维护集体的荣誉和利益。

（10）服从分配，积极与本班老师合作完成幼儿园交给的各项工作任务。

二、保育师的工作内容

有人说，保育师的工作只不过是每天打扫卫生，照顾幼儿吃、喝、拉、撒、睡。说来简单，但做起来并非那么简单。《规程》指出，幼儿园保育人员的工作，既包括清洁卫生和消毒工作；安全和保管工作；科学照料和管理幼儿生活的工作，还包括配合本班教师组织教育活动的工作。

保育师的工作内容

由此可见，保育工作在幼儿一日生活环节中是不可或缺的一环。幼儿园不同于中小学。一是教育对象为幼儿，幼儿生长发育处于未成熟阶段，心理特征和心理需要不同于中小学生，尚无自我保护和生活自理能力，需要依赖成人的保护和照料；二是我国幼儿园的性质多数为全日制，幼儿在园时间长达 8 ~ 10 个小时。这两个特点决定了幼儿园负有保育婴幼儿的责任，幼儿园的设施和生活、活动安排均具有保育的功能。

保育师的工作职责与其工作内容是紧密相关的，主要工作内容如下。

（一）晨间清洁卫生

（1）每天对睡房进行臭氧消毒；活动室开窗通风，冬夏季开窗 15 分钟。在传染病流行期间，每日通风不少于 3 次，每次不少于 30 分钟。

（2）对幼儿的水杯消毒，保温桶里准备幼儿的饮用水。水温要保证幼儿使用安全，以水滴在成人手背上不烫为好。若开水过烫，则要开盖降温。

（3）清洁。活动室先用清水将窗沿、桌面、玩具柜、门把手擦一遍，再用消毒水擦一遍，最后将地面、走廊拖一遍。

（4）整理活动室。做到玩具不零乱，杂物不乱放。

（5）盥洗室的准备。为幼儿备好洗手的肥皂，将幼儿擦手的毛巾挂好，水龙头做好消毒处理。

（6）厕所的卫生清洁。先用清水冲洗一遍，然后用消毒水再刷一遍。

（二）接待工作

（1）配合教师做好接待工作。

（2）穿戴整齐，仪表整洁，大方热情接待家长。与家长做简短的交流，了解幼儿在家的情况。

（3）特别关照患病的幼儿或情绪不好的幼儿，并请家长在幼儿服药记录本上做好登记。

（三）幼儿户外活动中的保育护理

（1）在正常情况下，幼儿每日户外活动的时间不得少于 2 小时。

（2）保育师注意观察每一位幼儿，同时还要注意活动器具的安全。幼儿衣服不宜穿得过多，随时为幼儿塞隔汗巾。提醒幼儿遵守秩序和规则，不要推挤和打闹。

（3）幼儿在户外活动时，保教人员要全神贯注，不得随意离开幼儿，也不要聚在一起聊天。

（4）注意户外场地的安全。

（5）做操时，保育师要关心幼儿的衣着、情绪。

（6）保育师负责做好活动后的整理和安全防护工作。

幼儿户外活动

（四）如厕环节的保育

（1）督促幼儿便后洗手，并按洗手的流程进行。

（2）维持好幼儿如厕时的秩序。

（3）注意观察幼儿大小便的情况。如有异常，要及时记录并向保健人员汇报。

（4）幼儿如有尿湿的情况，应及时为其更换裤子。

（五）盥洗环节的保育

（1）引导幼儿养成进餐前和大小便后用肥皂洗手的习惯。洗手时，教幼儿卷袖子或把袖口往上拉。

（2）教幼儿学会正确洗手的方法。洗手时，手心、手背、手指缝到手腕关节活动处，都要清洗。先用流水淋湿手心、手背等处，然后抹上肥皂，双手手心须搓出肥皂泡后，用流水冲洗干净；最后将手在水池内甩三下，用自己的毛巾擦干双手。

（3）指导不会洗手的幼儿正确地洗手，帮助能力弱的幼儿卷袖子。

（4）保持幼儿身体及衣物的清洁。幼儿大便弄脏衣裤时，应先帮幼儿脱下弄脏的衣裤，然后用便纸擦干净，再给幼儿清洗屁股（洗屁股的盆要专用，每次使用完要消毒备用）。洗屁股时，由前往后洗，也可用水壶冲洗。

（5）给幼儿清洗时，动作要轻柔，语言要和蔼可亲，不要留长指甲或佩戴容易划伤幼儿皮肤的戒指。对大便拉在身上的幼儿，不能训斥或埋怨，以免增加幼儿的心理负担。

（六）进餐的安排

（1）餐前，保育师要对桌面按照“清水—84 消毒水一清水”的顺序进行消毒；发放垃圾盘，中大班可以请值日生帮忙发放垃圾盘。

（2）保教人员相互配合，负责幼儿的餐点工作。幼儿进餐时，注意进行分餐，并介绍餐点的名称及食物的营养。

（七）消毒工作

（1）房屋空间的消毒。一般每天两次，传染病流行期间，还可多次消毒。睡房消毒，选择在每天早上幼儿入园前。方法是，先关好门窗，用臭氧灯消毒 60 分钟；消毒完后，再开窗通风。活动室一般建议离园后进行消毒，方法同睡房消毒相同。

（2）毛巾消毒。每天消毒两次，先用肥皂浸泡搓洗，然后蒸煮消毒 60 分钟。另外，可放在阳光下暴晒。

（3）茶杯的消毒。幼儿的水杯专人专用。如果喝牛奶，必须在喝完后，立即清洗消毒。每日离园前，对所有幼儿的水杯进行彻底清洗消毒（先冲洗，再放入消毒柜消毒）。水杯箱每天早晨用 84 消毒水擦拭一遍，然后再用清水抹一遍。

（4）餐巾消毒。方法同毛巾消毒相同。冬天餐巾冰凉，可用温水泡后再给幼儿使用。

（5）保温桶消毒。保育师每天将保温桶四周及盖子、壶嘴，用消毒液擦拭一遍，每周清洗一次桶的内胆。先用清水冲洗干净，再用消毒液浸泡 10 分钟。传染病流行季节，保温桶要每天消毒。

（6）玩具的消毒。玩具消毒一般每周一次，先清洗，再放在阳光下晒 2 小时；阴雨天，用紫外线照射消毒。

（7）被褥的清洁消毒。被褥由幼儿家长带回家清洗，所以应提醒家长每两周带回家清洗、暴晒一次。如遇幼儿尿湿情况，保育师应及时清洗、暴晒被褥。

（8）传染病流行期间，要加强物体表面的清洁消毒，每天定期消毒并记录。对门把手、水龙头、楼梯扶手、床围栏等高频接触表面，可用一定比例含氯消毒剂进行擦拭。每日“三餐两点”前，对就餐桌面进行常规消毒。

（八）配合教学

1. 教学活动的配合

（1）教学活动前的准备工作。

①活动场地的准备。在室内教学活动时，要擦干净桌椅，检查黑板、地面等的安全；要调节光线，随天气变化开关灯具；协助幼儿将自己的桌椅按教师要求进行摆放；指导中大班的值日生，做些力所能及的工作。在室外教学活动时，要选择合适的活动场地；要检查活动场地内是否有碎石子、玻璃、树枝等危险物品，确保活动场地的安全。冬季，尽量在向阳背风处活动；夏季，尽量在阴凉处活动。

活动场地

②活动用具的准备。在室内教学活动时，要帮助教师准备并摆放好所需的教具和材料。必要时，可配合教师根据活动需要制作简单的教具；要协助教师摆放幼儿的学具和学习材料，保证物品数量充足，并检查有无损坏。如有损坏，及时添加更替。对于中大班幼儿，保育师可指导值日生一起摆放。在户外教学活动时，保育师要配合教师准备好活动所需要的器械，并检查器械是否安全卫生。此外，还须检查幼儿的服装。如衣扣、鞋带、裤带是否系好扣好；口袋内是否有危险物品（如金属小刀、针、玻璃等），发现问题要及时处理。

③排除与教学活动无关的人与物。在教学活动中，必须坚决排除一切与教学活动无关的人与物，以确保课堂秩序与教学效果的最优化。对于与教学无关的人员，必须严格控制其进入教学区域，包括非教学人员、未经许可的访客以及可能干扰教学活动的其他人员。设立明确的规章制度，以及对于违规人员的处理措施。对于与教学无关的物品，也必须严格管理，包括与教学无关的书籍、电子设备、食品以及可能分散学生注意力的其他物品。

（2）教学活动过程中的工作。

保育师应及时、适时、周到、适当地配合教师进行教学活动，以保证教学活动顺利进行。

保育师要协助教师做好教学活动的组织工作。保育师要协助教师集中幼儿的注意力，维持教学活动的秩序，以保证教学活动正常进行。在教学活动进行时，保育师不能打扫卫生，不能随意走动，也不能讲话，以免影响幼儿的注意力，影响教学活动的正常进行。保育师要善于运用恰当的方式维持活动秩序，要注意指导方式，以免因限制过多而挫伤幼儿活动的积极性。此外，要及时处理活动中发生的特殊情况，以保证教育活动的顺利进行。保育师还要配合教师完成教学活动的任务。

（3）教学活动结束后的整理工作。

①帮助教师收拾整理活动中使用的玩教具和材料，并检查有无缺损。如有缺损，要及时与教师联系，及时更换破损的材料。必要时，应立即制作和准备新的材料，以备不时之需。

②根据活动需要，将桌椅归位，并摆放整齐；必要时，对桌椅进行擦洗。也可指导中大班值日生，一起整理。

③活动结束后，要组织幼儿及时盥洗、如厕、饮水。

2. 游戏活动的配合

（1）游戏活动前的准备工作。

①游戏材料的准备。包括配合教师为幼儿配备安全卫生、数量充足的玩具，做好玩具的摆放及清洁卫生工作。

②游戏场地的准备。要做好室内游戏场地的地面清洁卫生工作，要保证无杂物，且通风良好，光照适宜。要根据天气状况，选择适宜的户外游戏场所，夏季尽量在阴凉处，冬季最好在向阳背风处。

③幼儿衣着的检查。在游戏活动前，保育师应检查幼儿的衣着，看是否便于进行游戏活动。

（2）游戏活动中的配合工作。

①加强安全保护。保育师应加强巡视检查，及时发现和制止幼儿危险的或不卫生的举动。如把玩具含在口中、在人群密集处挥舞玩具等。还要经常清点人数，若有缺失，及时与主班教师联系，采取相应的对策。根据幼儿的活动量及气温的变化，及时提醒或帮助幼儿擦汗和增减衣服。照顾体弱幼儿，适当减少其运动量。对特殊幼儿（如心肌炎患儿）要根据病情给予特殊照顾和护理。

②协助指导游戏活动。根据各类游戏的特点，保育师协助教师做好组织工作，协助教师维护游戏活动的秩序，发现问题及时处理。保育师还应注意观察幼儿游戏的进展情况，对幼儿给予适宜的帮助和指导，但是绝不能包办代替。必要时，保育师还可扮演游戏角色，加入幼儿的游戏活动，推动游戏情节的进展。

（3）游戏活动的结束工作。

①适时结束游戏。在组织幼儿结束游戏时，保育师应配合教师，注意掌握时机。尽量采用游戏的方式，使幼儿愉快地结束游戏，以保持幼儿对游戏的兴趣。

②收拾游戏场地和游戏材料。保育师应协助教师收拾游戏场地和游戏材料，整理、清点玩具，检查玩具是否摆放整齐、是否有遗失或损坏。如果发现问题，应及时与教师联系，查问原因，并妥善解决问题。清点整理玩具时，保育师可组织幼儿一起做，以培养幼儿善始善终的良好品德。

③组织幼儿盥洗。户外游戏结束后，保育师还应协助教师清点人数，整队回班，然后组织幼儿洗手、如厕、饮水。必要时，还要组织幼儿洗脸。并根据幼儿身体状况，提醒或帮助幼儿增减衣服。

第三节 保育师的职业素养

幼儿园的保育师虽然不像教师那样直接承担教学任务，但他们同样是幼儿发展的重要影响者，是幼儿身边重要的教育者，以显性与隐性相结合的形式对幼儿的发展起着教育作用。由此可见，保育师要胜任本职工作，必须具备一定的素养。同时，保育师还应具有师德、文化、技能及身心健康四项基本素养。

案例分析

早晨，保育师盘着发辫，穿着浅蓝色的运动套装来到幼儿园，认真做好晨间的清洁卫生、消毒等工作。一切就绪，保育师面带微笑，站在活动室门口，迎接幼儿的到来。保育师热情地回应每个幼儿的问候，细心检查幼儿的衣物，主动向家长介绍幼儿在幼儿园的饮食睡眠等生活情况。

＊ 分析

保育师的工作职责是做好班级的保育工作。保育工作不仅包含了班级房舍、设施、环境的清洁卫生工作，还包含了管理幼儿生活、饮食、大小便活动等。这些工作的性质决定了对保育师的衣着打扮有一定的要求。上述案例中的保育师束发，穿便于活动的运动装，严格遵守幼儿园的管理规定，显示出高度的工作责任感；该保育师认真做好班级的清洁卫生和消毒工作，为幼儿提供安全舒适的环境，具有认真负责的工作态度；面对幼儿和家长，该保育师以主动、热情、亲切、和蔼的态度进行交流，展现了良好的精神风貌。

一、师德素养

众所周知，“师德兴则教育兴，教育兴则民族兴。”换言之，师德兴则园所兴，师德兴则班级兴。因此，具有良好的师德素养是当好保育师的第一要素。保育师只有爱幼儿，才会无微不至关怀幼儿，用爱心和智慧促进幼儿的健康成长；也只有热爱自己的本职工作，有强烈的事业心和使命感，才会敬业奉献，刻苦钻研业务，努力提升自己以适应岗位的要求，并自觉规范自己的言行，团结同事，成为营造良好园所文化氛围的中坚分子。

（一）职业修养

1. 热爱本职工作，有高度的责任感和事业心

对幼儿认真负责，热爱尊重每一个幼儿；有良好的敬业精神和奉献精神，勇于吃苦，为了工作不计较个人得失；能意识到自己的工作，影响幼儿的前途、社会的发展和国家的命运。

2. 善于团结协作，妥善处理与周围同事之间的关系

能准确认识自身角色定位，主动响应领导和教师的工作需求，始终将集体利益置于首位，秉持友善待人的原则；同时，能深刻理解与他人合作的重要性与价值。

3. 善于学习，努力提升自我

积极主动开展工作，勤于钻研，乐于分享，努力提升自己的专业技能和个人素养。

4. 精神面貌饱满，思想意识健康

乐观向上，充满活力，乐于助人，能与他人分享教育经验和教育成果；遵守社会公德；追求和创造愉快、健康、向上的氛围；有积极的生活态度和价值观。

（二）职业特点

1. 着装

衣着活泼大方，大小得体，便于活动。日常着装柔和、大方、典雅，以色彩柔和淡素职业装为佳；上岗时，穿轻便、色彩鲜艳的休闲装或娃娃服；上班时间，不穿拖鞋，不赤脚，穿平底鞋。

2. 仪容

精神饱满，热情阳光，充满活力。日常生活化妆，要求自然、大方、淡雅，与肤色相匹配；杜绝浓妆艳抹和使用有刺激性味道的化妆品；工作时间将长发束起，不披头散发；额前头发不可过长，挡住视线；不戴饰物。

3. 体态

姿态端正、大方、自然、规范。体态挺拔，站立自然，挺胸收腹，头微上仰，两手自然下垂，面带微笑；走姿稳健，头正胸挺，双肩放平，两臂自然摆动，双目平视，不左顾右盼，随时问候家长、同事和幼儿；坐姿端正，背部挺直，双膝弯曲并拢，双脚内收；手势自然、适度，

曲线柔美，动作缓慢，力度适中，左右摆动，不宜过宽；交谈姿态以站姿为主，自然亲切，对幼儿采取对坐、蹲下、搂抱姿势，高度尽量与幼儿身高保持平齐。

4. 语言

语速适中，态度温和，语言生动、有趣、儿童化。使用普通话，用词规范；语气柔和，委婉中听，忌大声呼叫；语言生动活泼，言情一致，忌使用训斥、讥讽或其他给幼儿造成惧怕心理的语言；语态亲切关爱，体贴入微，精神饱满，目光温和，忌讲粗话、脏话；时刻面带微笑，保持恰当的目光交流。

二、文化素养

幼儿的生活自理能力、行为习惯的养成，以及各类生活常识、礼仪教育、安全教育的实施，均与保育师的工作紧密相连。保育师在幼儿的日常生活中扮演着至关重要的角色，同时还需要与班级教师协同配合，共同组织各类教育活动。因此，保育师必须具备一定的文化素养，以更好地履行其职责。

保育师的文化素养

（一）一定的文化基础知识

幼儿园的一日生活皆教育。虽然保育师不正式承担教学任务，然而，蕴含在一日生活中的多方面的教养问题，仍然是保育师不可推卸的责任。幼儿对世界充满了好奇，他们提出的问题涉及自然科学、社会科学和人文学科等多个方面，这就要求保育师具有广博的文化基础知识。所以，保育师须不断更新自己的知识储备，完善自己的知识结构。

（1）掌握一定的生活常识。如常见的生活小窍门，健康小常识等。

（2）掌握一定的自然科学知识。如动物、植物、自然现象等方面的粗浅知识。

（3）掌握一定的社会科学知识。如哲学、社会学、历史学、文艺学等方面的粗浅知识。

（二）一定的幼儿教育理论基础

第一，保育师要做好自己的工作必须先了解幼儿。因此，须具备幼儿卫生学、心理学方面的知识；第二，保育师要在日常工作中善于运用教育规律，就必须掌握一定的幼儿教育学、幼儿营养学等学科的知识；第三，保育师要接触幼儿家长，要懂得教育社会学、教育文化学、教育人类学等方面的知识；第四，保育师要协助教师完成全科的教育教学活动。因此，必须具备音乐、体育、美工和舞蹈等方面的粗浅知识。

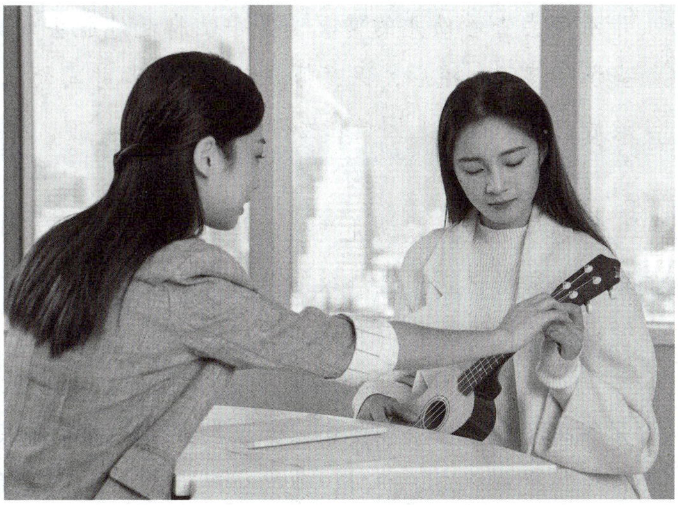
教师与保育师交流

三、技能素养

随着时代的发展，幼儿园保和教的关系越来越密不可分了，相互的渗透性也越来越强了，对保育师的技能要求越来越高了。保育师不但要具有做好常规的保育工作技能，还要具备一定的教育工作技能。

（一）卫生保健

1. 消毒卫生工作技能

保育师务必深入了解并严格遵守幼儿园消毒卫生工作制度的相关规定，明确界定并履行自身的职责范围。对于消毒卫生工作的具体范围及对象，应有清晰明确的认知。在实际操作过程中，保育师须熟练掌握工作流程，合理安排时间，确保消毒卫生工作得到及时且恰当地执行。

2. 疾病防控工作技能

深入了解幼儿常见疾病的种类、病因、病程及预后等关键信息，以便能准确判断病情并制订有效的治疗方案。同时，必须全面掌握各季节流行性疾病的种类、传染源、传播途径及防控方法，以便能够迅速应对疫情，保障幼儿的健康与安全。为确保防控疾病的顺利进行，应做好充分的准备工作，确保各项防控措施得到切实有效的执行。

3. 幼儿护理工作技能

深入理解并掌握各类体质幼儿的护理规范与技巧，全面了解不同活动时间段内，幼儿的护理需求，确保在恰当的时间点，为幼儿提供细致入微的关怀与照料。

案例分析

初冬，保育师拎一壶开水回班。保育师刚走到班级门口，一名幼儿从活动室里跑出来，撞上开水壶。壶中的开水顷刻淋到幼儿身上，幼儿哇哇大哭起来。保育师立刻丢下开水壶去查看幼儿的情况，并手忙脚乱地脱去幼儿被淋湿的衣服，发现烫伤处已脱皮，当场吓傻了。随后，保育师喊来当班教师并向幼儿园报告，同时取来万花油给幼儿擦上。最后，幼儿被幼儿园送往医院进行治疗。

* 分析

为了有效防范幼儿烫伤事故的发生，幼儿园明确规定，保育师禁止将开水壶带至班级，必须确保携带进班级的是温开水。此事件在一定程度上暴露出当前部分保育师在师德以及知识技能素养方面尚存不足。

首先，师德素养的欠缺不容忽视。具备优秀师德素养的保育师，应热爱教育事业，具备高度的责任心和使命感，以敬业奉献的精神投身于日常工作中，严格遵守幼儿园的各项制度与规定。同时，他们应深爱幼儿，时刻关注幼儿的身心健康与安全；对于可能危害幼儿的行为保持高度警惕，杜绝侥幸心理。

其次，知识技能素养的不足亦须引起关注。在此次事件中，保育师在处理幼儿烫伤时不但缺乏冷静与沉稳，还缺乏必要的安全防范知识。在紧急情况下，保育师应保持冷静，采取正确措施，避免将开水壶随意放置，以防对其他幼儿造成伤害。同时，对于烫伤的处理，保育师应掌握正确的急救知识，避免采取错误行为。如随意脱掉幼儿衣物或在伤口上涂抹不适当的药物。

因此，幼儿园应加强对保育师师德及知识技能素养的培养与提升，确保每位保育师都能以专业、负责的态度，为幼儿提供一个安全、健康的成长环境。

（二）教育技巧

1. 幼儿教育技能

在日常生活中，保育师亦是幼儿的教育者。特别是对幼儿良好生活习惯的培养方面，保育师承担了很大的责任。因此，保育师应了解幼儿教育的基本技能。如教育的原则、方法等，以使自己对幼儿的教育产生实效。

2. 个人能力

保育师的工作有着丰富的内涵，要将工作落到实处并取得良好的效果，要求保育师具备学习、反思、观察、语言表达、社会交往、合作分享、动手、创新等多方面能力。

四、身心素养

保育师的工作既细致又繁重，它既是体力劳动，又包含了脑力劳动。因此，对保育师的要求极高，须具备能胜任繁重工作的健康体魄与强健的身体素质。同时，鉴于保育师是幼儿模仿的重要对象，还须具备健康的生活态度与良好的心理素质，以充分发挥其引领与示范作用，对幼儿产生积极的影响。

（一）健康的身体

（1）四肢健全，体能状况优秀，完全能胜任幼儿园保育工作所需的体力劳动。

（2）精力充沛，能冷静应对日常生活和工作的压力，且不会因此感到过度紧张或疲劳。

（3）无不适宜参与体力劳动的疾病史。如心脏病、高血压等。

（4）无精神性疾病记录。如抑郁症、精神分裂症等。

（5）无传染性疾病史，包括但不限于乙肝、霉菌性阴道炎、疟疾、性病等。

（二）健康的心理

（1）智力健全，具备正确的认知能力。

（2）情绪稳定，积极情绪占据主导地位，展现出良好的自我控制能力。能与现实保持积极接触，对生活中的挫折具备一定的容忍度。保持心理平衡，自尊、自爱、自信，展现健康的心态。

（3）性格健全，具备充分的安全感。能维持正常的人际关系，受到同伴、家长、幼儿的欢迎和信任，展现出良好的社交能力。

（4）具备从经验中学习和终身学习的能力，能灵活适应环境需求，实现自我调整与改变。

（5）心态积极，意志坚定。对未来有明确的生活目标，能结合实际情况不断进取，追求理想和事业。

（6）行为与意识保持协调统一，具备自我认知。能清晰了解自己的动机和目的，对自身能力进行客观评估，并积极付诸行动。

第四节 保育师的职业技能鉴定

为规范从业者的从业行为，引导职业教育培训的方向，为职业技能鉴定提供依据，依据《中华人民共和国劳动法》，适应经济社会发展和科技进步的客观需要，立足培育工匠精神和精益求精的敬业风气，人力资源和社会保障部组织有关专家，制定了《保育师国家职业技能标准》。标准以“职业活动为导向、职业能力为核心”为指导思想，对保育师从业人员的职业活动内容进行规范细致描述，对各等级从业者的技能水平和理论知识水平进行了明确规定。

一、职业技能等级

保育师职业技能等级，分为五个，分别为：五级 / 初级工、四级 / 中级工、三级 / 高级工、二级 / 技师、一级 / 高级技师。

二、职业技能鉴定要求

（一）申报条件

1. 五级 / 初级工

具备以下条件之一者，可申报五级 / 初级工。

（1）累计从事本职业或相关职业工作 1 年（含）以上。

（2）本职业或相关职业学徒期满。

2. 四级 / 中级工

具备以下条件之一者，可申报四级 / 中级工。

（1）取得本职业或相关职业五级 / 初级工职业资格证书（技能等级证书）后，累计从事本职业或相关职业工作 4 年（含）以上。

（2）累计从事本职业或相关职业工作 6 年（含）以上。

（3）取得技工学校本专业或相关专业毕业证书（含尚未取得毕业证书的在校应届毕业生）；或取得经评估论证、以中级技能为培养目标的中等及以上职业学校本专业或相关专业毕业证书（含尚未取得毕业证书的在校应届毕业生）。

3. 三级 / 高级工

具备以下条件之一者，可申报三级 / 高级工。

（1）取得本职业或相关职业四级 / 中级工职业资格证书（技能等级证书）后，累计从事本职业或相关职业工作 5 年（含）以上。

（2）取得本职业或相关职业四级 / 中级工职业资格证书（技能等级证书），并具有高级技工学校、技师学院毕业证书（含尚未取得毕业证书的在校应届毕业生）；或取得本职业或相关职业四级 / 中级工职业资格证书（技能等级证书），并具有经评估论证、以高级技能为培养目标的高等职业学校本专业或相关专业毕业证书（含尚未取得毕业证书的在校应届毕业生）。

（3）具有大专本专业或相关专业毕业证书，并取得本职业或相关职业四级 / 中级工职业资格证书（技能等级证书）后，累计从事本职业或相关职业工作 2 年（含）以上。

（4）具有本科及以上本专业或相关专业毕业证书，累计从事本职业或相关职业工作 2 年（含）以上。

4. 二级 / 技师

具备以下条件之一者，可申报二级 / 技师。

（1）取得本职业或相关职业三级 / 高级工职业资格证书（技能等级证书）后，累计从事本职业或相关职业工作 4 年（含）以上。

（2）取得本职业或相关职业三级 / 高级工职业资格证书（技能等级证书）的高级技工学校、技师学院毕业生，累计从事本职业或相关职业工作 3 年（含）以上；或取得本职业或相关职业预备技师证书的技师学院毕业生，累计从事本职业或相关职业工作 2 年（含）以上。

5. 一级 / 高级技师

具备以下条件者，可申报一级 / 高级技师。

取得本职业或相关职业二级 / 技师职业资格证书（技能等级证书）后，累计从事本职业或相关职业工作 4 年（含）以上。

（二）鉴定方式

鉴定方式，分为理论知识考试、技能考核以及综合评审。理论知识考试，以笔试、机考等方式为主，主要考核从业人员从事本职业应掌握的基本要求和相关知识要求；技能考核主要采用模拟操作等方式进行，主要考核从业人员从事本职业应具备的技能水平；综合评审主要针对技师和高级技师，通常采取审阅申报材料、答辩等方式进行全面评议和审查。

理论知识考试、技能考核和综合评审均实行百分制，成绩皆达60分（含）以上者为合格。

思考与练习

1. 简述保育工作的概念、特点。
2. 简述幼儿园保育师的工作内容。
3. 谈谈你对保育师职业素养的理解。
4. 简述保育师职业技能鉴定各等级的申报条件。

第二章

保育师工作的基础知识

★【本章概述】

保育师主要指以现代教育理念与科学方法为核心，专注于为 0 ~ 6 岁婴幼儿提供生活照料、护理及教育服务的专业人员。合格的保育师必须具备深厚的专业知识，深入了解婴幼儿的生长发育规律及心理发展特点，并熟练掌握婴幼儿营养与喂养技巧、相关照护技能以及常见病的保健知识，以全面保障婴幼儿的身心健康。

★【学习目标】

1. 了解婴幼儿生长发育和心理发展特点。

2. 掌握基本的婴幼儿营养和喂养知识。

3. 通过深入学习和全面理解相关婴幼儿喂养知识，构建正确的婴幼儿喂养观念，并以此为基础，积极推动形成健康的膳食行为习惯。确保婴幼儿能够获得科学合理的营养摄入，为其健康成长奠定坚实基础。

第一节 婴幼儿生长发育的特点

生长发育是一个持续不断的过程，但其进展速度并非恒定，而是呈现出明显的阶段性特征。通常而言，年龄越小，增长速度越显著。特别是在出生后的前 6 个月内，婴儿体格生长速度达到顶峰。而在周岁之后，生长速度逐渐趋于稳定，呈现出稳步成长的态势。至青春期时，生长发育速度再次显著加快。

以下着重讲述婴幼儿时期的生长发育情况。婴幼儿的生长发育可划分为生理与心理两大方面。在生理方面，主要涉及体格的生长发育，包括身高、体重等指标的增加；而在心理方面，则涵盖了婴幼儿认知、情感及社交能力的逐步发展。这两方面的生长发育相互关联，共同构成了婴幼儿健康成长的基础。

一、婴幼儿生理生长发育特点

婴幼儿生理
生长发育特点

（一）生长发育的不均衡性

1. 生长发育是有阶段性和程序性的连续过程

生长发育是一个连续且阶段性的过程。其中，既包含量的变化，也蕴含质的变化，从而形成了各具特色的发展阶段。诸如，婴儿期、托儿所年龄期以及幼儿园年龄期等。尽管婴幼儿生长发育的各个阶段在界限上并不十分明显，但每一阶段都具备其固有的必要性与顺序性。例如，婴幼儿在能运用语言表达之前，必须首先能理解并识别词语；而在能自如行走之前，则必须经过抬头、转头、翻身、直坐以及站立等一系列必要的发育阶段。前一阶段的生长发育为后续阶段奠定了坚实的基础，若前一阶段的发展受到阻碍，必然会对后续阶段的正常发展产生不良的影响。

婴幼儿时期的生长发育是一个持续的过程。然而，不同年龄段呈现出特定的生长发育特点，且生长速度各异。具体而言，体重和身长在新生儿出生后的第一年，特别是在前三个月内，呈现出显著的增长趋势，这一时期被誉为出生后的首个生长高峰。随着月龄的增长，婴儿在生理技能上也逐步发展。如 3 ~ 4 个月时能抬头；6 ~ 7 个月时能够独坐；7 ~ 8 个月时能够翻身；8 ~ 9 个月时具备爬行能力；10 ~ 11 个月时能独立站立；至 12 ~ 18 个月时则能够独立行走；而在

健康生长的婴幼儿

24个月时则能进行双足跳跃等动作。自第二年起，幼儿的生长速度逐渐放缓。然而，进入青春期后，生长速度再次加快，形成第二个生长高峰。

2. 生长发育具有一定的程序性

婴幼儿身体的生长发育一般遵循由上到下、由近到远、由简单到复杂、由低级到高级的规律。例如，在胎儿期的形态发育顺序：头部领先，其次是躯干，最后为四肢。再如，婴儿期的动作发育的顺序：首先是头部的运动（抬头、转头），其次发展到上肢（取物），再次发展到躯干的活动（翻身与直坐），最后发展到下肢的活动（爬、立、行）。这个由头部开始逐渐延伸到下肢的发展趋向，也叫“头尾发展规律”，即自上而下发展的规律。从上肢的发育又可以看出，在初生时，婴幼儿只会无意识地乱动，手几乎不起任何作用；4 ~ 5个月时，才能有意识地去拿东西，但这时只会用全手一把抓；到10个月左右，才会用指尖去捏东西；在1岁左右，才会灵巧地用两个手指捏起细小的物体。这说明，动作是由整个上肢逐渐发展到手指，由身体正中向侧面发展。这被称为“正侧发展规律”，就是一种粗大动作先发育，精细动作后发育；由正面向侧面、先近端后远端的发展规律。

3. 生长发育的速度不均衡呈波浪式

个体生长发育的速度曲线呈波浪式。在整个生长发育期间，全身和大多数器官、系统有两次生长突增高峰。第一次生长突增是在胎儿中后期至1岁以内；第二次生长突增高峰是在青春发育初期，其间身高和体重有着最为明显的变化。

胎儿中期（4 ~ 6个月），身长的增加速度最快，在短短3个月的时间里，约增加27.5 cm，约占整个胎儿时期身长增加的1/2，是一生中身长增加最快的阶段。

胎儿后期（7 ~ 9个月），皮下脂肪积累很快。在这3个月的时间内，胎儿体重约增加2300g，约占整个胎儿期体重增长的2/3，是一生中体重增加最快的阶段。

婴幼儿出生后头两年的身体增长速度仍比后几年快一些。第一年，幼儿体重增加6 ~ 7 kg，身高增加20 ~ 25 cm，是出生后增长最快的一年。两岁后，增长速度急剧下降，直到青春期前，一直保持平稳的、较慢的发育速度。

青少年在青春期表现出向心发展规律。男孩身高每年增加7 ~ 9 cm，女孩身高每年增加5 ~ 7 cm，体重每年平均增加5 ~ 6 kg。以后，增长速度又会减慢，直到发育成熟。

在整个生长发育过程中，身体各部位的增长幅度并不均等。比如，头颅增大1倍，躯干增长2倍，上肢增长3倍，下肢增长4倍。因此，身体形态从出生时的头颅较大、躯干较长和四肢短小，发育到成人时的头颅较小、躯干较短和四肢较长。

4. 各系统生长发育不均衡，但统一协调

一般而言，全身的肌肉、骨骼、心脏、血管、肾、脾、呼吸器官、消化器官等，与身高、体重呈同样的发育模式，即分别在出生后第一年及青春期出现两次生长突增高峰，而脑、脊髓、视觉器官以及反映脑大小的头围等，只有一次生长突增高峰；淋巴系统较早发育并于少年期达

到成熟的巅峰，而生殖系统发育较迟。由此可见，机体各个系统的生长发育是不均衡的。然而，各个系统的发育又是协调的。

（1）神经系统领先发育。神经系统，尤其是大脑，在胎儿期和出生后发育一直是领先的。出生时，大脑重约 350 克，相当于成人的 25%，而同期的体重仅为成人的 5% 左右；6 岁时，脑重已相当于成人的 90%。在这段时间里，伴随着大脑的迅速发育，幼儿的各种身体机能、语言发展和动作发展也是比较快的。

（2）淋巴系统发育得最快，在第一个 10 年中速度特别快，在第二个 10 年中逐渐减慢。机体对疾病的抵抗力，需要淋巴系统来进行保护。因此，出生后，淋巴系统的发育特别迅速（10 岁左右达到高峰，几乎是成人时期的 200%）。10 岁以后，随着其他各系统的逐渐成熟和对疾病的抵抗力增强，淋巴系统逐渐萎缩。

（3）生殖系统发育较晚，在第一个 10 年中发育缓慢，在第二个 10 年间，特别是在青春期迅速发育并达到成人水平。

婴幼儿身体各系统的发育时间和速度虽然各有不同，但机体是统一的整体，各系统的发育并非孤立地进行，而是互相联系、互相影响、互相适应的。因此，任何一种对机体起作用的因素，都可能影响到多个系统。例如，适当的体育锻炼不仅能促进骨骼肌肉的发育，也能促进呼吸系统、循环系统和神经系统的发育。

（二）生长发育具有个体差异性

婴幼儿的生长发育具有一般规律，但由于先天遗传素质与后天的环境条件并不完全相同，因此无论是身体的形态还是机体的功能都存在着明显的个体差异。即使是同年龄、同性别的婴幼儿，其发育速度、发育水平等也都存在差异，每个婴幼儿的体形（高矮胖瘦）、生理功能（强弱）和心理特点（智力高低）是各不相同的。可以说，没有两个婴幼儿的发育过程和发育水平是完全一样的，即使在一对同卵双生子之间也存在着微小的差别。但是，在一般情况下，婴幼儿个体在群体中上下波动的幅度是有限的。婴幼儿个体的发展过程基本具有稳定性，生长发育水平不应远离同龄群体婴幼儿，否则应视为生长发育异常。先天因素决定着婴幼儿发育的可能性，后天因素决定其发育的现实性。在评价某个婴幼儿的生长发育状况时，不能简单地将其指标数据同标准平均数比较，并由此得出片面的结论，而应考虑到个体发育的差异性，将他们以往的情况与现在的情况进行比较，观察其发育动态，才更有意义。保育师应尽可能改善婴幼儿的后天环境条件，使每个婴幼儿都能充分地发挥他们的遗传潜能，使他们的生长发育达到最高水平。

（三）生理的发育与心理的发展密切联系

生理和心理的发育在婴幼儿身上是统一的。生理发育是心理发育的基础，而心理发育也同样影响着生理功能。婴幼儿生理和心理之间存在重要的影响。生理上的缺陷会造成婴幼儿心理活动异常。如斜视没有及时纠正，常受到成人或同伴的讥笑，婴幼儿就会产生自卑心理，于是经常主动闭上斜眼来掩盖自己的缺点，结果会变成一只眼大、一只眼小；听力有问题的婴幼儿，因为听不清楚别人的语言，易发音不正确，若经常受到保育师或家长斥责，在说话时可能会犹豫不决，出现口吃现象。有的婴幼儿明显矮小体弱，学习和活动能力都比较差，容易产生自卑感，不爱参加集体活动等。因此，对婴幼儿生理上的缺陷除应及时治疗的同时，也不能歧视他们，而应热情关心和帮助他们，鼓励他们克服困难，树立奋发向上的信心，使婴幼儿身心健康成长。心理的状态也会影响生理的发育，即情绪影响人的生理功能。当婴幼儿情绪不好时，消化液的分泌会减少，从而导致食欲减退，直接影响消化和吸收。如果经常这样，会引起消化机能紊乱，影响婴幼儿摄取营养，妨碍生长发育。相反，在精神愉快时，食欲旺盛，消化吸收的效率也高，有利于生长发育。心理的正常发展能促进婴幼儿身体的正常发育。国外学者认为，家庭破裂的子女和再婚子女，若遭受虐待或歧视，可能会影响其正常的身体发育；严重的可导致身体发育矮小，骨龄落后，性发育迟缓，成为社会心理性侏儒。总之，保育师要想促使婴幼儿生长发育达到最佳水平，就必须认识和掌握婴幼儿生长发育的规律，以及影响婴幼儿生长发育的因素。这样，才能有的放矢、更有效地采取各种有力的措施，保证婴幼儿在体、智、德、美各方面都能全面发展。

二、婴幼儿心理发展的特点

婴幼儿心理发展的特点

（一）心理发展的连续性和阶段性

婴幼儿心理发展是一个持续不断、由量变逐渐积累至质变的过程。在这一过程中，婴幼儿心理发展既展现出连续性的特征，又呈现出阶段性的变化。具体而言，婴幼儿心理发展的连续性体现在其心理活动的持续变化与逐步演进。当某一心理活动在发展中尚未显现出明显的质变时，它正处于量变的积累阶段。这种在未达到新质变之前的量变过程，即为心理发展的连续性表现。同时，婴幼儿心理发展也遵循一定的顺序，依次经历不同的时期，而每个时期又具备其相对固定的特性，即心理发展的阶段性特点。

（二）心理发展具有一定的方向性和顺序性

心理发展始终遵循特定的方向和明确的先后顺序。例如，婴幼儿体内各大系统的成熟顺序表现为神经系统先行成熟，随后是运动系统，最后是生殖系统。在婴幼儿动作的发展过程中，亦严格遵循着由上至下、由中心向外围的渐进原则。具体而言，婴幼儿首先能辨别上下方位，随后才会逐渐具备辨别前后方位的能力。

（三）心理发展的不平衡性

个体自出生至成熟阶段，展现出多样化的成长模式。其中，不同系统在发展速度、起始时间点以及最终达到的成熟水平等方面均呈现出显著的差异。同时，同一机能系统在其发展的不同阶段，亦呈现出不同的发展速度，体现了发展的阶段性和差异性。

（四）心理发展的普遍性与差异性

人类心理发展遵循着普遍性的规律。然而，在心理发展的进程、内容及水平等方面，个体之间又呈现出千差万别的特殊性，这些特殊性共同构成了心理发展的差异性。心理发展的规律性正是体现在这种普遍性与差异性相互交织、复杂互动的关系中。

第二节 婴幼儿的营养

婴幼儿期作为成长阶段中生长发育最为迅猛的时期，此阶段对于营养的需求尤为关键。所提供的营养不仅要充分满足婴幼儿新陈代谢的基本需求，还须确保其体格的健康成长与各器官的正常发育。鉴于婴儿消化吸收功能尚未成熟，机体与环境之间的平衡尚未稳固。因此，实施合理的营养喂养策略显得至关重要。

婴幼儿对各种营养素的需要量相较成人更高，具体如下。

一、热量

除基础代谢、动作活动所需，以及食物的特殊动力作用所需的热量外，还有从消化道排泄粪便的热量。按每千克体重的热量需要，在初生到 6 个月时为 504 kJ，而 6 个月到 1 岁为 420 kJ，这种高热量需求在初生时为最高点，1 岁后逐渐减少，直至青春期前，其间单位体重热量的构成亦存在变动。婴幼儿阶段每日的供给量为 4620 ~ 5040 kJ。

二、蛋白质

蛋白质用于婴幼儿维持各种组织新陈代谢、各种新组织的生长，以及各种组织的成熟。故这一时期处于正氮平衡状态，对于蛋白质不仅要求有相当高的量，而且需要优质的蛋白质。母乳可为新生婴儿提供高生物价值的蛋白质。所以，用母乳喂养时，按每千克体重计，需要量为 2 g；而以牛乳为蛋白质来源时则需 3.5 g。初生 6 个月的婴儿，9 种必需氨基酸的需要量均比成人高 5 ~ 10 倍，并要求氨基酸之间有合适的比例或模式。此外，与成人略有不同的是，组氨酸是必需的氨基酸。幼儿每日需要的蛋白质为 40 g，约相当于每千克体重 3 g 蛋白质。

三、脂肪

婴幼儿需要各种脂肪酸和脂肪类。其中，必需脂肪酸提供的热量，不应低于总热量的 1% ~ 3%。

四、碳水化合物

婴幼儿需要碳水化合物。母乳喂养时，其热量供给一半来自碳水化合物。婴儿膳食中如果没有碳水化合物，则很容易发生酮病，幼儿亦是如此。

五、其他各种营养素

其他各种营养素包括供应量表暂未列入的各种营养素，对婴幼儿都是重要的。此外，婴儿对水的需要比成人更为敏感，失水的后果也较成人严重。在温带地区，婴幼儿每日摄入量按每千克体重 150 mL 是适宜的。在母乳喂养时，从出生到 4 个月，婴幼儿可从母乳中获得各种营养素，但水分仍须按情况补充。

第三节　婴幼儿的喂养

一、母乳喂养

母乳喂养，即以母亲的乳汁哺育婴儿的方式。经多项研究证实，此种方式对于婴儿的健康成长具有显著益处。具体而言，母乳喂养能显著提升婴儿的免疫力、智力水平，有效减少婴儿猝死症的发生概率，降低儿童期肥胖风险，以及减少罹患过敏性疾病的可能性。

在过去的几十年间，有关母乳喂养对健康益处的证据日益丰富，社会各界对推广母乳喂养实践的呼声也日益高涨。世界卫生组织明确指出，母乳喂养对于降低婴儿死亡率具有显著作用，其健康益处甚至能延续至成人阶段。

因此，世界卫生组织与联合国儿童基金会共同倡议，在婴儿出生后的最初 6 个月内，实行纯母乳喂养。随后，在持续母乳喂养的基础上，适量添加补充食品，直至婴儿年满 2 岁或更大。为确保母亲们能顺利实现并坚持这一喂养方式，建议在婴儿出生的第一个小时内即开始母乳喂养，以奠定健康成长的坚实基础。

拓展链接

母乳喂养的好处

（1）母乳是幼儿最好的食物和饮料。母乳中的钙、磷比例适宜，吸收、利用率高，有利于婴儿牙齿和骨骼的发育。母乳中的蛋白质和脂肪颗粒小，容易被消化。母乳中所含的乳糖比其他乳类多。因直接喂哺，母乳中的维生素 C 和维生素 B1 等营养素不容易被破坏，并优于其他须加热消毒的奶类。

（2）母乳喂养可使婴儿少得病。母乳中含有抗体，可增强婴儿的抗病能力。初乳含有大量的蛋白质和矿物质以及较少的糖和脂肪，还含有多种抗病物质，可使新生儿在一段时间内具有抵抗病菌侵袭的能力，降低发生肺炎、腹泻等疾病的概率。初乳中还含有抑制细菌繁殖的溶菌酶，也对新生儿起着保护作用。健康母亲分泌出的乳汁，干净无菌，喂哺简便，不会受环境中病菌的污染。母乳喂养的婴儿，不易患过敏性疾病。如婴儿湿疹。

（3）母乳更有利于婴儿大脑的发育。母乳中含有丰富的牛磺酸。牛磺酸是促进脑细胞发育的重要物质。母乳中还含有较多的乳糖，而脑细胞需要利用乳糖所提供的热能。因此，母乳喂养，能提供较多的热能。

（4）母乳喂养可给予婴儿更多的母爱。母乳喂养婴儿时，婴儿与母亲肌肤相贴、目光交流，自然会感到温暖、舒适。婴儿情绪好，是心理正常发育的必要条件。

二、混合喂养

在母乳无法满足婴儿生长发育所需的情况下，采取补充代乳品以维持婴儿正常营养摄入的喂养方式，即为混合喂养。混合喂养的具体方法如下。

（1）坚持母乳优先的原则，要先吃母乳。每天按时坚持母乳喂养，每天不少于 3 次，哺乳时间为 5 分钟。每次要吸空两侧乳房，再增加配方奶粉进行补充。

（2）母亲因上班不能及时喂哺婴儿时，要把乳汁及时挤出，挤到带盖的消毒瓶内并冷藏。喂前，要隔水加热。

（3）最好用小勺、小杯或滴管给婴儿喂奶，应尽量保留婴儿对吮吸乳头的好感。

（4）牛奶和奶粉都是较好的代乳品。羊奶缺少叶酸，喂羊奶时，要注意补充叶酸（在辅食中加菜泥）。

（5）不适合做代乳品的有甜炼乳、糕干粉、乳儿糕等。因为在以米、面和糖为主要成分的食品中，缺乏优质蛋白质。

三、人工喂养

由于多种因素的制约，无法进行母乳喂养时，采用配方奶粉、牛奶以及其他奶类或奶制品作为替代喂养方式的行为，被统称为人工喂养。

四、断奶

断奶是指从全部由奶水提供婴儿营养逐渐转换为由固体食物供给婴儿营养的过程。婴儿吸吮乳汁和吃固体食物的方式有很大的不同。他们若不闭紧嘴巴，就不能有效地吃下固体食物，所以必须有效地利用颈前方（喉咙侧）的肌肉。因此，为断奶做准备的一方面，就是要让婴儿在一定程度上支撑住沉重的头部并让颈部挺直。另一方面，是让婴儿吸吮乳汁时的反射动作停止。一般而言，在乳汁作为婴儿全部营养的时期，婴儿吸吮乳汁时的哺乳反射动作很适用，但这种反射动作对于吃固体食物就不方便了。例如，婴儿仍然张开嘴吸奶，还不时地伸出一点舌头，就没有办法吃固体食物。因此，必须在婴儿的这种反射动作变少时，才能给他吃断奶食品。

这种称为“哺乳反射”的动作，在婴儿出生后 4 ~ 5 个月，就会开始渐渐消失；到第 7 个月左右几乎完全消失。

五、辅食

辅食在婴幼儿的成长过程中扮演着至关重要的角色，有助于实现营养均衡。它不仅是婴幼儿从吃奶阶段向成人食物阶段过渡的桥梁，更是奠定其一生健康基础的关键所在。在婴儿阶段，母乳无疑是最佳的营养来源。然而，随着婴幼儿年满 6 个月，单纯依赖母乳或配方奶已无法满足其日益增长的营养需求。因此，为了弥补这一营养缺口，要为婴幼儿提供额外的营养物质，即辅食。辅食的种类丰富多样，包括米粉、面条、泥糊状食品等。这些食品均符合婴幼儿的饮食特点，有助于其健康成长。

吃辅食的婴幼儿

（一）辅食添加信号

通常，4 ~ 6 月的婴幼儿可以开始尝试添加辅食。但每个幼儿的身体发育情况不同，因此添加辅食不能盲目地只看月龄，而是要观察其是否出现适合添加辅食的信号（表 2-1），从而抓住添加辅食的适当时机。

表 2-1　婴幼儿准备好尝试辅食的一些征兆

婴儿准备好尝试辅食的一些征兆	（1）能够保持头部稳定不晃动
	（2）可以在支撑下坐立（如餐椅）
	（3）能将手、玩具和其他物品放入口中
	（4）用餐时，他们会注意其他人的食物，并会伸手去抓餐盘中的食物
	（5）会说“是”和“不”（非语言行动，将头扭到一边，或转向某人）

（二）辅食添加基本原则

在添加辅食的过程中，应坚持逐步推进的原则。具体表现为，由单一食材逐渐拓展至多元化食材、由较小的食量逐渐增加至适宜分量、由较为稀薄的状态过渡到稠密质地、由细腻质地逐渐转向粗糙口感（表 2-2）。在引入新的辅食时，应首先尝试单一品种，并从小量开始供给，确保婴幼儿能接受，并且排便情况正常后，方可逐步增加辅食的供给量。若婴幼儿表现出对新辅食的抗拒，或在接受后出现排便异常的情况（特指腹泻而非正常排便中带有食物残渣），应立即暂停添加该辅食。待婴幼儿排便状况恢复正常后，再从原先的量或更小的量开始尝试喂养；若婴幼儿能适应，方可逐步增加辅食的供给量。

表 2-2 辅食添加顺序

月龄	食物性状
4 ~ 6 个月	稀糊状（米汤、菜汁、菜泥、果汁、果泥）
6 ~ 7 个月	泥状（烂粥、鱼泥、肝泥、豆腐泥、蛋羹）
8 ~ 10 个月	碎末状（稀粥、烂面、馒头、碎肉末、碎菜末）
11 ~ 12 个月	碎块状（软米饭、面条、带馅食物、碎肉、碎菜）
18 个月	逐步向成人饮食过渡
36 个月	成人饮食

在辅食添加的过程中，建议首先从富含铁的泥糊状食物开始。例如，经过强化的铁质婴儿米粉等，以确保宝宝获得足够的铁质营养。在喂食蔬菜和水果时，应遵循由稀到稠、由细到粗的原则，从蔬菜汁、果汁逐渐过渡到菜泥、果泥，再逐步引入碎菜、碎果。对于大米的引入，可以先从米汤开始，逐步过渡到稀粥、稠粥，最后达到软饭的程度。在喂食肉类时，同样应遵循渐进的原则。首先喂食肉汤，再逐步引入肉泥、肉末和碎肉，以确保宝宝能逐渐适应并吸收各种营养成分。

婴幼儿辅食

在婴幼儿患病或遭遇消化不良之时，为避免症状加重，建议暂时停止为其添加新的辅食。待相关症状完全消退后，应逐步增加食物种类的多样性，并过渡到半固体或固体食物。如煮至软烂的面条、肉末、碎菜、水果粒等。每引入一种新食物，应确保婴幼儿有充分的适应期，通常为 2 ~ 3 天。在此期间，应细心观察婴幼儿是否出现呕吐、腹泻、皮疹等不良反应，待其完全适应一种食物后再考虑添加其他新食物。

在辅食添加过程中，应尊重婴幼儿的进食意愿，避免强迫进食。若婴幼儿对某种食物表现出抗拒，可尝试改变食物的制作方式或重新搭配其他食物进行尝试。同时，辅食应单独制作，确保食材新鲜。制作过程符合卫生标准，现做现吃，避免食物长时间存放。食物应烹调至烂软，以方便婴幼儿咀嚼和消化。切勿喂食剩存的食物。

此外，在辅食制作过程中，应保持食物的原味，避免添加盐、糖以及刺激性调味品，以维持清淡口味，有利于婴幼儿的健康成长。

思考与练习

1. 简述婴幼儿生长发育及心理发展特点。
2. 婴幼儿所需的主要营养元素有哪些?
3. 简述母乳喂养的好处。
4. 简述婴幼儿添加辅食的信号及基本原则。

第三章 环境创设

★【本章概述】

幼儿的保育工作已逐渐超越单纯的生活照料和身体养育层面，转向更为全面和深入的发展。如今的保育工作，不仅涵盖了幼儿日常生活的精心安排与全面护理、身体健康的细致保健与科学养育，以及生长发育指标的全面达标，更着重于提升幼儿的生活质量。在此过程中，保育师应积极创设并优化物质生活环境条件，以促进幼儿身心健康；同时，营造宽松、和谐的人际心理环境，为幼儿的全面发展提供良好氛围；关注幼儿的情绪变化与个性化需求，通过科学引导，帮助幼儿养成健康的行为习惯，形成积极、合理的生活态度和生活方式。这些举措有助于促进幼儿身心的和谐发展，为他们的未来成长奠定坚实基础。

★【学习目标】

1. 熟悉环境创设工作的内容。
2. 掌握室内清洁和通风工作相关知识。
3. 熟悉消毒工作质量标准。
4. 掌握消毒工作操作技能。
5. 掌握物品管理相关知识。
6. 通过深入学习和熟练掌握相关知识，培养并践行良好的清洁卫生习惯。同时，积极营造优质的环境氛围，以此环境为载体，达到育人的目的。

第一节 环境准备

一、空间设置

作为保育师，营造一个有益于婴幼儿发展与学习的环境是其必备能力之一。通过科学合理地划分与布置空间，可有效支持并助力婴幼儿的全面发展。根据发展需求为婴幼儿划分布置空间，见表 3-1。

表 3-1 根据发展需求为婴幼儿划分布置空间

月龄	发展需求	区角	区角设置说明
0 ~ 6 个月	婴儿尚不会四处移动。因此，他们依靠看、听来认识世界，依赖成人带他们看不同的风景和使用不同的游戏材料。 在环境中投放适合这个年龄群体的玩具和材料来刺激他们的感官知觉，促进他们发展自我意识和发展肢体	俯卧运动区域	通过运动身体部位和运用所有感官学习（肢体、视觉、认知等发展）
		换尿片区	无安全隐患、保持干净清洁、杜绝二次污染
		午睡区	安全无杂物、营造睡眠气氛
		过渡区	接送婴儿、放置保育师物品
6 ~ 12 个月	除了匍匐、爬行有利行走之外，学步婴儿正在发展接受和创造语言的技能，并且会越来越多地使用自己的双手来实现目标。 向这个年龄群体提供的材料，应能吸引婴儿探索、尝试，并让他们获得自我奖励	大运动区域	发展婴儿爬、抓握的能力，用触觉探索身边的事物。 发展婴儿扶站、独立站、扶走、独立走等粗大动作
		俯卧运动区	通过运动身体部位和运用所有感官学习（肢体、视觉、认知等发展）
		辅食区	为婴儿提供舒适用餐环境，为保育师提供卫生有序的餐食准备环境
		换尿片区	无安全隐患、保持干净清洁、杜绝二次污染
		午睡区	安全无杂物、营造睡眠气氛
		过渡区	接送婴儿、放置保育师物品

表 3-1（续一）

月龄	发展需求	区角	区角设置说明
12 ~ 18 个月	幼儿在各方面都很活跃。除了行走、踢腿和投掷外，他们还喜欢进行推拉。同时，他们还喜欢倾倒、拉扯、堆叠和拆卸大多数物品。 他们变得越来越独立，喜欢独自玩耍或与成人一起玩耍	个人活动区	满足幼儿独立玩耍的需求
		大运动区域	促进幼儿的身体发育，满足幼儿爬、走肢体动作的需求
		读写区	发展幼儿的创造力、锻炼幼儿的精细动作、发展幼儿对色彩的认知。 聆听绘本、发展语言认知能力
		就餐区	为幼儿提供舒适的用餐环境，为保育师提供卫生有序的餐食准备环境
		换尿片区	无安全隐患、保持干净清洁、杜绝二次污染
		过渡区	接送幼儿、放置保育师物品
		午休区	安全无杂物、营造睡眠气氛
18 ~ 24 个月	这个月龄的幼儿精力充沛，非常好动，会做很多大肌肉活动。 这个月龄段的幼儿通常独自玩耍或与一两个其他幼儿一起玩，并且才刚刚开始学习如何分享和轮流玩耍。 他们开始产生好奇心，更加深入地了解语言和数字，而且在大多数情况下渴望独立	集体会议区/建构区/阅读区	幼儿集体游戏、同龄社交的空间
		扮演游戏区	侧重角色扮演，认知发展
		大运动区	发展和锻炼幼儿的身体动作，肌肉运动
		美工区	在上色、绘图、用黏土塑造形状等活动中，发展幼儿的精细动作技能
		就餐区	为幼儿提供舒适用餐环境，为保育师提供卫生有序的餐食准备环境
		换尿布区	无安全隐患、保持干净清洁、杜绝二次污染
		厕所	为顺利如厕做准备
		午睡区	安全无杂物、营造睡眠气氛
24 ~ 36 个月	幼儿在独自处理事情之余，越来越喜欢和他人进行合作的游戏。 喜欢大肌肉游戏，包括攀爬、奔跑、跳跃、扔球和踢球。 进一步完善精细动作技能。如串珠、书写、使用剪刀等。 幼儿的兴趣爱好不断增加，表现出对绘画、音乐、角色扮演等方面的兴趣	集体会议区/建构区	幼儿集体游戏，同龄社交的空间，发展协作、规划、合作、坚持等能力
		阅读区	提高幼儿认知、专注力、想象力
		扮演游戏区	侧重社会认知发展和感知觉的发展
		音乐区（可与运动区合并）	1. 增加听觉刺激。 2. 感知节奏韵律。 3. 发展创造力。 4. 发展和锻炼幼儿的身体动作，肌肉运动
		美工区（可与食育区合并）	1. 发展幼儿的创造力。 2. 培养艺术美感。 3. 在上色、绘图、用黏土塑造形状等活动中发展幼儿的精细动作技能
		午睡	安全无杂物、营造睡眠气氛
		厕所	为顺利如厕做准备

表 3-1（续二）

月龄	发展需求	区角	区角设置说明
3 ~ 6 岁	在幼儿成长的过程中，幼儿园作为其生活和学习的主要场所，占据了大量的时间。因此，幼儿园的环境创设对于幼儿的生活品质、学习成效、成长发育以及习惯培养具有至关重要的影响。这种影响深远且广泛，甚至可能直接关系到幼儿性格的塑造和爱好的形成。 必须高度重视幼儿园环境的创设工作，以确保幼儿能在一个良好的环境中健康、快乐地成长	教室区	教室是幼儿园最基本的学习和活动场所。因此在功能分区规划中，教室区的设计至关重要。教室区应根据不同年龄段的幼儿特点，设置不同功能的教室。比如，幼儿室和学龄前儿童教室等。教室的布局要合理，给幼儿提供足够的活动空间和自由度，同时保持教室内的安全性和整洁度
		角色区	无论是在哪个年龄班，“娃娃家”都是角色区的中心主题，并由此扩展出以反映社会生活为主题的活动，如餐厅、超市、医院、邮局、工厂、图书馆、火车站、博物馆等。小班角色区的主题以家庭生活为主；中班角色区以反映社会生活为主题；大班角色区的主题则更加丰富多样。 家具、清洁用具、娃娃用品、服装、家用电器、厨房用具、各种食物、其他材料等。
		建构区	小班，适合提供体积中等、颜色鲜艳、分量较轻，以三角形、长方形、圆形等为主的形状简单的空心积木。 中班，可以丰富积木的种类、形状，增加积木的重量。 大班，木制的本色实心积木是建构区的主角，它的形状可以达到三十余种，数量可以达到一百多块，能充分地满足大班幼儿构造的需求。
		语言图书阅读区	以图书阅读为主，可配有一些语言游戏。如接龙拼图，拼贴讲述，编故事，讨论谈话等。 小班幼儿阅读的图书要画面简单，颜色鲜艳，以家庭生活、幼儿园的生活、小动物的内容为主。情节不宜复杂，篇幅不宜太长。 中班幼儿可以阅读一些有关日常生活和人物方面的图书，图书的篇幅可以有所增加。 大班幼儿则可以阅读配有简单文字的图书，图书内容的科学性可有所增加，可以提供较多的知识书和一些寓言故事
		音乐表演区	音乐表演区活动丰富多样，可以设计舞蹈表演、音乐游戏、打击乐演奏、幼儿扮演角色的故事表演、操作玩具表演角色的桌面故事表演、用木偶和皮影进行表演的木偶戏和皮影戏等

表 3-1（续三）

月龄	发展需求	区角	区角设置说明
3～6岁	在幼儿成长的过程中，幼儿园作为其生活和学习的主要场所，占据了大量的时间。因此，幼儿园的环境创设对于幼儿的生活品质、学习成效、成长发育以及习惯培养具有至关重要的影响。这种影响深远且广泛，甚至可能直接关系到幼儿性格的塑造和爱好的形成。 必须高度重视幼儿园环境的创设工作，以确保幼儿能够在一个良好的环境中健康、快乐地成长	美工区	形状、大小不一的各种材质纸张（如报纸、卡纸、蜡光纸、瓦楞纸等），裁剪、粘贴工具（如安全剪刀、胶水、胶棒、透明胶等），泥工材料（如橡皮泥、面团、油土、牙签等），缝纫材料（如粗针、碎布条、毛线等），多种绘画笔及颜料（如蜡笔、毛笔、水彩笔、刷子、水彩颜料等），其他材料（如小印章、纸盒、塑料瓶、压花器等废旧材料）
		科学发现区	基本实验工具，放大镜、天平、量杯、镊子、人体挂图等。如摸不同质地的物品、闻不同的气味、尝不同的食物、分辨相似的声音等（如声的传播、声音的产生、不同的声音等）。光的活动，如镜子的反光、万花筒、哈哈镜等。电的活动，如连接简单的电路，拆装手电筒。磁的活动，如探索哪些物体可以磁化、利用磁铁的特性制造指南针、各种磁铁游戏等。生命科学材料，如养小动物和种植活动用的鸟笼、鱼缸、铲子、花盆等。做试验记录的纸笔，实验内容相关图片和书
		自然区	根据幼儿的年龄特点、教育教学的需要、季节的变化及其他条件进行设计。 应选择生长快、漂亮、芳香、易于成活、有果实、无毒的植物。例如，三色堇、石竹、月季、凤仙、米兰、夜来香等花卉；毛豆、辣椒、茄子、葱、蒜、芋头、丝瓜、西红柿等蔬菜；葡萄、枇杷、李子等水果；以及红豆、绿豆、花生、玉米等杂粮。 在自然区中，还可以饲养一些没有危险、便于饲养、幼儿喜欢的较小的动物。例如，巴西龟、金鱼、螺蛳、蝌蚪、虾、蚕、蝈蝈、小鸡等。 利用蔬菜、水果等制作的各种玩具。如水果娃娃、萝卜灯等；各种贝壳、珊瑚、树叶等物品，都可以陈列在自然区
		益智区	数学的材料，如计算器、排序板、分类盒、计数卡、尺、笔等。构图造型材料，如七巧板、几何拼图、皮筋构图等。棋类，如斗兽棋、飞行棋、跳棋、象棋、围棋等

二、材料投放

作为专业的早期教育工作者，应致力于寻找那些既能推动婴幼儿全面发展，又能激发他们进一步学习动力的教育材料。在材料投放的过程中，并非追求数量的堆积，而应审慎地选择那些能助力婴幼儿在社交、情绪、认知、语言以及身体等各方面得到显著提升的材料，从而确保教育工作的有效性和针对性。

区域活动的材料

区域活动所使用的材料，作为幼儿积极建构知识体系的桥梁，是实现其教育功能的核心载体。为了确保教育目标的顺利达成，应预先规划不同区域所承载的各种教育职能。在此基础上，精心挑选与教育目标相吻合、与幼儿能力发展阶段相匹配的材料，以此推动幼儿身体与心智的全方位均衡发展。

材料投放应遵循以下原则。

（1）目的性原则。各种材料在运用到不同区域或者采用不同操作方式后，所产生的教育价值不同。因此，在一个区域活动中所提供的各种材料总是隐含某种教育功能。

（2）适宜性原则。区域活动的材料和工具适宜性体现为，要符合幼儿的年龄特点。提供符合幼儿的认知经验和操作能力的材料和工具，容易引起幼儿操作的兴趣，幼儿也容易在操作中获得成功感。

（3）丰富性原则。为满足幼儿操作需要，应提供数量充足，形式、功能多样的活动区材料。区域活动材料的丰富性，还要结合幼儿年龄特点和发展状况。

（4）层次性原则。教师在选择和投放操作材料时，要在所要投放的材料与所要达成的目标之间，按照由浅入深、从易到难的要求，分解出若干个能与幼儿认知发展相吻合的层次，投放难度不同的材料，满足幼儿个体操作和学习的需要，从而更好地实现教育目标。

（5）操作性原则。幼儿喜欢操作摆弄，教师所提供的区域活动材料最好是能让幼儿动手做做、摆摆，再配以说说、画画，这样有助于吸引幼儿主动地参与操作，激发其创造欲望，在操作中思维能力、动手能力以及合作能力得到发展。

区域活动

三、开园前的设施设备检查

为确保幼儿园顺利开学及园区安全，在每学期正式开园前一周，幼儿园将严格遵循规定，对园舍内外的设施设备安全、用电安全、饮水卫生安全等关键领域进行全面细致的检查。在检查过程中，如发现任何潜在问题，应立即上报并迅速采取行动整改，力求做到早发现、早处置、早化解；从而有效防范和化解各类安全隐患，确保幼儿园的安全稳定运营。

开园前的安全检查项目清单，见表 3-2。

表 3-2　开园前的安全检查项目清单

设施设备	门板、门锁完整可使用，保证设备正常
	全部的落地门窗都有安全装置，并贴有标志（粘贴贴纸、警告标志等）
	家具、墙角、柜角等有防护角或防撞条
	玻璃、窗框完整，保证设备正常
	窗户防夹、防坠措施正常，限制开窗幅度。如窗户高度过低，要加装护栏；护栏高度至少 110 cm，间距不应大于 9 cm，中间不得加装横杆，以避免幼儿攀爬
	台阶、斜坡和平台都装有保护垫以及防滑条和护栏
	室内的家具、婴幼儿使用的桌椅要符合儿童规格，且坚固稳定
	外墙、内墙无剥落、渗水现象，墙面附加物安全、无脱落风险且运作正常
	天花板无龟裂、剥落下陷，无漏水现象，天花板附加物牢固安全、无脱落风险且运作正常
	地面平坦不滑，干燥、清洁，无裂痕、破损，无积水（渗水）现象（或铺设易于清洁的软垫）
	浴厕清洁无异味，地板保持干燥，有肥皂或洗手乳液等净手设备，有防止交互感染的干手设备
	橱、柜、桌、椅、架等表面及边缘完整平滑，安置稳固牢靠，不易晃动、倾倒，尖角安装防护措施
	婴儿床的下拉式护栏装有锁，板条不得超过易拉罐的宽度，床垫坚固且紧密贴合（每侧间隙小于两指宽度）
	所有游乐设备（包括沙盒、攀爬架、滑梯等）均适合婴幼儿发展，且牢牢地固定在地面上，没有锋利的边缘
	室内光线柔和，灯光不闪烁，有新风系统可用来通风换气，且通风性能良好
	消防通道通畅，方便出入，无杂物堆放
	户外场地地面平整。大型玩具或易发生冲撞的玩具周边要放置软垫
	秋千、摇椅等摇晃的玩教具周围保持合理空间
	注意修剪户外场地周围的花草树木，距地面 100 cm 以下，不能有尖锐树枝突出
用电	紫外线杀菌开关与电灯开关分开、标志清楚

表 3-2（续）

用电	电器设施功能正常，摆放合理（含插座、管线、电器用品等）、安装牢固，且外观完整、无破损
	全部的电器用品置于婴幼儿无法触碰的地方或高处，电源开关插座要安装在离地 160 cm 左右位置或装有保护盖，避免婴幼儿接触
	无捆绑或以重物压住电线，无私自加接临时线路，或任意增设灯座及插座
饮水卫生	饮用水符合国家有关标准和规范，设备位置适当
	托育机构热水温控装置水温控制不高于 38℃

第二节　清洁与通风

一、清洁

幼儿园作为培育未来社会栋梁的关键教育基地，其环境的清洁与整洁显得尤为重要。为确保幼儿园外部环境的持续优良，不仅需要家长与园方携手合作，共同引导幼儿养成良好的卫生习惯。同时，要求在此环境中生活的成年人自觉遵循相关规定，发挥表率作用。此外，保育师作为维护幼儿园环境卫生的重要力量，应具备敏锐的观察力和高效的执行力；一旦发现环境存在不洁或不整齐之处，应立即进行清扫和整理。幼儿园清洁卫生工作的质量，直接反映了保育师队伍的整体业务能力和水平，同时也间接体现了管理者的教育理念和管理策略的有效性。

（一）幼儿园的卫生清洁工作

并非每位保育师皆能完美无瑕地完成工作。优秀的保育师通过长年累月的辛勤付出，积累了丰富的实践经验，并掌握了更为简便、高效的操作技巧。他们能在每一次清洁工作中做到有条不紊，确保班级的清洁卫生状况持续保持良好。这些素质和技能，正是优秀保育师所必备的核心要素。

1. 准备工作

（1）保育员着工作服，佩戴围裙、手套、工作帽。

（2）室内专用抹布（干、半干、湿抹布各 1 块）、幼儿桌子专用抹布（清水抹布、消毒抹布各 1 块）、拖把（活动室拖把、走廊拖把、卫生间拖把各 1 个），84 消毒液（1 瓶）、去污粉（1 袋）、钢丝球（2 个）、医用酒精，洁厕剂（1 瓶）、洗洁精（1 瓶），盆（2 个）。

清洁工作操作步骤

2. 操作步骤

保育员每日清洁范围，涉及幼儿活动室、盥洗室、睡眠室及室外走廊，但每日幼儿来园前的清洁时间有限。因此，保育员要把握好时间，合理安排清洁顺序。一般而言，按照“从外到内、从上到下”的顺序进行清洁，抹布、拖布分类使用，随时保持清洁。作为新手保育员，只要牢记“开—掸—擦—拖—洗—摆”六字步骤，就可以又快又好地完成晨间的清洁工作。

（1）开，即开窗通风。保育员要根据不同季节、当天天气状况灵活确定开窗通风时间、打开窗户数量及开窗时长。一般春秋季，若天气状况较好，无大风大雨等异常天气可以全天通风（幼儿中午午睡时注意关窗保暖，避免风直吹幼儿）。夏季，一般全天开窗。如果开空调则每半日通风一次，通风的时间一般在 10 ~ 15 分钟 / 次。冬季至少要每半日通风一次，通风的时间一般在 10 ~ 15 分钟 / 次。如果房间暖气比较充足且天气状况较好，则可以保持小扇窗户一直打开。如果遇到雾霜天气，关闭所有窗户，打开新风系统净化室内空气。

（2）掸，即掸浮尘，主要用鸡毛掸之类的工具对墙壁、吊饰等比较高的位置进行除尘。对于盥洗室的瓷砖墙壁，一般在进行专项清洁时，用专用拖布和抹布进行擦洗清洁。

（3）擦，即擦洗、擦拭，主要用干、半干、湿抹布针对不同位置进行擦拭、擦洗清洁。擦拭时，按照一定的方向、顺序进行，不要漏掉任何一个部位。

（4）拖，即拖地，主要是走廊、活动室、睡眠室及盥洗室的地面清洁。一般遵循“先扫再拖”的原则。扫地时压住扫帚避免尘土飞扬；拖地时倒退着、沿着地面纹路拖，注意家具下方和墙角位置都要拖到，不留卫生死角。

（5）洗，即清洗。整个清洁活动结束后，保育员应用清水将所有清洁工具——抹布、拖布、盆等清洗干净。

清洁地板

（6）摆，即摆放物品。清洁活动结束后，将清洁工具、清洁用品分类摆放到固定位置。尤其是清洁用品要摆放到幼儿不易够着的位置，将拖布、抹布按照指定标志悬挂晾干。

3. 清洁方法

保育员在幼儿入园前要清洁、消毒室内外，做到“七净”，保持地面、桌面、门窗、玩具柜、水杯架、毛巾架、衣帽柜等的干净。不同的物品由于其材质和使用场所、方法不同，在清洁时要采用不同的清洁方法（表 3-3），并且注意毛巾、拖布标志清晰，分类使用。

表 3-3 物品清洁方法

物品	清洁方法
紫外线灯管	为保证消毒效果，灯管表面不得有灰尘或油污，用酒精或半干的抹布擦拭清洁，每两周擦拭一次
食具	所有盛放食物的器具，包括碗、盆、杯子、筷子、勺子、锅、饭夹等都应先用洗洁精涂抹均匀后浸泡，再用专用抹布进行清洗。碗（杯）口、底，杯把都要洗净，再用流动水反复冲洗干净。清洗完毕后，将食具依次排列放入待消毒容器中

表 3-3（续）

物品	清洁方法
饮水机	每天用专用抹布对出水龙头、饮水机座进行擦拭清洁，定时请专业人员对饮水机进行彻底清洁
水壶（水桶）	水壶里不存隔夜水，每天用专用抹布、流动水由内向外冲洗干净
消毒柜	每学期使用前，请专业人员进行彻底清洁
玩具	根据玩具的不同材质，塑料玩具倒入大盆中用洗涤液浸泡 10 ~ 15 分钟后搓洗，再用流动水冲洗干净，放入干净玩具筐晾晒；木质玩具、纸质玩具用半干毛巾擦拭；户外大型玩具用水冲洗或用湿抹布擦洗。玩具，每周清洗一次
桌椅	每天早晨来园后及用餐前 20 分钟，用清水擦拭幼儿桌子。餐后，用洗洁精水擦去油渍后用清水擦洗干净。幼儿座椅，每周擦洗一次。擦桌椅的抹布以半湿不滴水为宜，抹布勤搓洗。擦桌子时适度用力，有序地来回擦，先擦桌面再擦四边和桌底。擦椅子时，要将椅背、椅面、椅腿、椅子底部都擦到，做到“一擦二洗三清”
衣帽柜	每天使用半干抹布按照从内到外、从上到下的顺序，对衣帽柜柜内、柜面、柜门、柜子门把手进行擦拭清洁
门窗	使用半湿不滴水抹布按照从上到下的方向进行擦拭清洁，擦拭时适度用力，按照一个方向擦。擦拭过程中，勤清洗抹布
毛巾架	每天使用专用半干抹布按照从上到下的顺序，依次进行擦拭清洁。清洁过程中，注意观察幼儿姓名标志是否清楚、有无脱落，如不清楚或脱落应及时修补
水杯架	每天使用专用半干抹布按照从内到外、从上到下的顺序，依次进行擦拭清洁，每个水杯格都要擦到。注意检查标志是否清楚、有无脱落，如不清楚或脱落应及时修补
毛巾	擦手毛巾、擦嘴毛巾分开清洗。擦手、擦脸毛巾一天清洗一次，用洗涤剂浸泡后搓洗，再用流动水清洗。清洗干净后，按标志挂在毛巾架上或放在通风处晾干或阳光下晒干。擦嘴毛巾每餐后都要清洗，用洗涤剂浸泡后对脏污处重点搓洗，再用流动水清洗。洗净的毛巾放入待消毒的专用盆中
凉席	夏季，每天用温水擦拭。擦拭时适度用力有序来回擦，擦后放置于阴凉处晾干，用对折的方法收纳
床品	将被罩、床单、枕头套拆卸下来后放入专用洗衣机，倒洗衣液清洗，置于通风、有阳光处晾晒干
便器	首先，指导并提醒幼儿大小便后及时冲厕，培养幼儿良好的生活卫生习惯；其次，戴上厕所专用橡胶手套，利用厕刷等工具将不易冲掉的污垢刷下来，用盆接清水冲洗干净；最后，在幼儿完全离园后，用洁厕剂将小便池、马桶彻底刷洗干净（如果是蹲便的话将下水口入口至 10 cm 处重点冲刷），用去污粉将周围地面清洁干净

（二）幼儿园卫生清洁标准

在幼儿园的日常管理中，清洁卫生工作绝非小事一桩，即便是最为基础的清洁任务也应严谨细致，确保环境整洁无死角。对于幼儿园整体环境的维护，必须做到定期清扫并保持洁净；

而在班级内部的小环境方面，更应明确责任到人，确保每一处细节都经过精心擦拭，保持常新状态。保育师每日肩负的重要职责之一，便是确保幼儿活动室、寝室及盥洗室的卫生状况。这些场所作为幼儿在园期间的主要生活空间，其卫生条件对幼儿的身体健康及幼儿园教育工作的顺利开展有直接影响。因此，保育师须严格按照卫生标准进行操作，确保这些场所的卫生状况达到最佳状态。

那么，幼儿园教室、活动室、寝室与盥洗室的卫生质量应达到什么样的标准呢？一般情况下，可以从以下几个方面来进行衡量。

1. 教室的卫生标准

（1）根据不同季节、当天天气状况，灵活确定开窗通风时间、打开窗户数量及开窗时长。

（2）地面、墙壁、黑板、门窗、电器设备、桌椅、讲台等室内所有的物品和室内布局，均要做到整齐、整洁、表面干净，做到“六无”，即无味及污迹、无积灰、无果壳纸屑、无刻画、无糖迹、无垃圾。

（3）每天用紫外线灯消毒 1 小时，在流行病高发的季节里，一定要加强消毒工作。可选醋熏、消毒水、紫外线灯等办法每天消毒，以确保幼儿身体健康。

（4）临时突击性清扫任务的完成，既要迅速，又要高标准。

2. 活动室的卫生标准

（1）活动室要经常通风，保持空气新鲜。

（2）活动室地面要求整洁、不潮湿，以免幼儿滑倒。

（3）活动室内的窗户要明亮，确保光线充足。

（4）活动室内的家具摆放合理，物品摆放整齐，各种布置无尘垢。

幼儿园活动室

3. 寝室的卫生标准

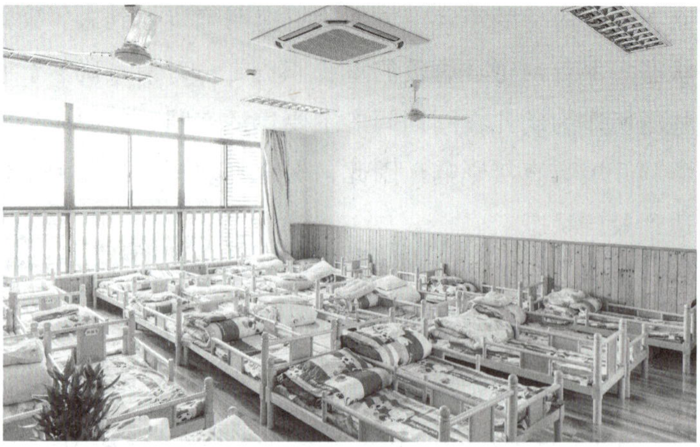

幼儿园寝室

（1）幼儿的寝室要求通风良好，保证幼儿在临入睡前和起床后能及时通风换气，保持空气清新。

（2）寝室内温度要适宜，室内温度尽量保持在 16 ~ 18 ℃。冬季提前做好关窗防寒取暖工作，夏季提前做好通风降温工作。

（3）寝室内床铺、枕头等物品要摆放得整齐、有序，方便幼儿取放和出入寝室。必要时，张贴一定的标志作为提示。比如，把小脚丫贴纸贴在地面，提示幼儿整齐摆放鞋子等。

（4）寝室内要保持窗明几净，床栏杆、暖气片、窗台、柜子等无尘土和污物。

（5）寝室内的墙壁要保持干净，灯罩上下无灰尘。

4. 盥洗室的卫生标准

幼儿园盥洗室

（1）盥洗室内无异味，保持通风和清洁。

（2）盥洗室的水池下水道处无积水、无污物，幼儿的毛巾及洗漱用品有序摆放并保持整洁。

（3）盥洗室的地面无积水、无污渍、无垃圾杂物。

（4）盥洗室的门、窗户、镜子、灯、柜等物品保持清洁干净。消毒液等可能带来危险的物品，要放在幼儿够不着的地方。

（5）盥洗室的便池、马桶要及时冲洗，做到无尿碱、无臭味、无苍蝇。

要保持幼儿园的清洁卫生，保育师不仅要眼里有活儿、心中有数，更要有计划、有质量地完成每日的卫生清洁工作。同时，还要根据本班幼儿的年龄特点和需求，有针对性地加强和提升幼儿的生活自理能力，引导幼儿逐步实现自己管理自己并能有意识地帮助同伴的目标。

二、通风

（一）开窗通风的定义

开窗通风是指打开窗户，使室外与室内空气流通。开窗通风可以改善室内空气质量，调节室内微小气候，降低室内空气中微生物的数量与密度。开窗通风是最有效、最简单、最安全，也是成本最低的空气消毒方法。

（二）开窗通风的基本要求

一般而言，可根据当地的气候、温度、空气质量等实际情况进行开窗通风。托幼机构应保持室内空气清新、阳光充足。活动室、卧室应经常开窗通风，保持室内空气清新。每日至少开窗通风 2 次，每次 10 ~ 15 分钟。在不适宜开窗通风时，每日应采取其他方法对室内空气消毒 2 次。

（三）开窗通风的作用

1. 清除室内有害气体、净化空气

在门窗紧闭的状态下，室内空气中的二氧化碳、甲醛、苯、TVOC（总挥发性有机化合物）、PM2.5 等有害物质浓度可能超出标准，室内氧气浓度也会逐渐降低，容易造成大脑缺氧，严重影响身体健康。定时开窗通风，可以置换室内的混浊空气，保持空气的清新度。

2. 减少室内空气中病毒和细菌的含量

室内本来就存活着很多病毒和细菌，如果门窗紧闭，空气无法流通，就为一些病毒和细菌提供了良好的滋生条件，容易导致人体因感染病毒和细菌而生病。通风本身不能杀灭病毒和细菌，但是通风可以将其通过空气的流通吹到室外，使室内空气中病毒和细菌的含量减少。同时抑制病毒和细菌的繁殖，从而间接达到空气消毒的目的。

3. 起到干燥除湿的作用

开窗通风可以很好地缓解室内的潮湿情况，抑制霉菌、细菌的生长。相对干燥的空气会使人感到更加舒适，也更利于幼儿健康成长。

（四）按时、按要求开窗通风

1. 开窗通风的时机

（1）每日早上保育师到岗后，必须将活动室、寝室、盥洗室及厕所的窗户打开通风。

（2）幼儿进行早操及户外运动时会离开班级，在此时段，可将活动室、寝室、盥洗室及厕所的窗户打开通风。

（3）在幼儿午睡时段，可将活动室、盥洗室及厕所的窗户打开通风。

（4）在幼儿离开托幼机构后，活动室、寝室、盥洗室及厕所皆可开窗通风。

2. 开窗通风的方法

（1）对于自然通风不足的活动室、寝室，可加用电扇或排气扇，以增强室内的通风效果。

（2）在雾霾等空气质量欠佳的情况下，可在污染物较少的时间段进行开窗通风。

（3）为保证消毒效果，通风和消毒不能同时进行。

（4）有条件的托幼机构可以选择空气净化器来提高室内空气的质量。

（5）当班级发生传染病时，要增加开窗通风的时间和次数。

（6）在流行性感冒、流行性腮腺炎等呼吸道传染病高发的季节，要增加开窗通风的时间和次数。

（7）冬季，幼儿在活动室须开窗通风时，应打开半数窗户；待幼儿去户外活动时，才可将窗户全部打开。

（8）通风时，应保证产生空气对流，以确保通风达到良好的效果。

（9）及时做好开窗通风的情况记录。

第三节　消毒

幼儿园的消毒工作对于保障幼儿的健康成长与生命安全具有至关重要的意义，特别是在传染病高发期，其重要性更是不容忽视。鉴于幼儿年龄小、抵抗力弱的特点，必须严格做好消毒工作，从而有效隔离或消灭传染源，将其遏制在萌芽状态，进而减少或杜绝各类不安全事件的发生。为了确保消毒工作的专业性与高效性，应制定一系列详细的操作程序和规定。保育师在消毒工作之前，必须充分熟悉并掌握相关的操作技能，以确保消毒工作的质量和效果。通过这些措施，为幼儿营造一个安全、健康的成长环境。

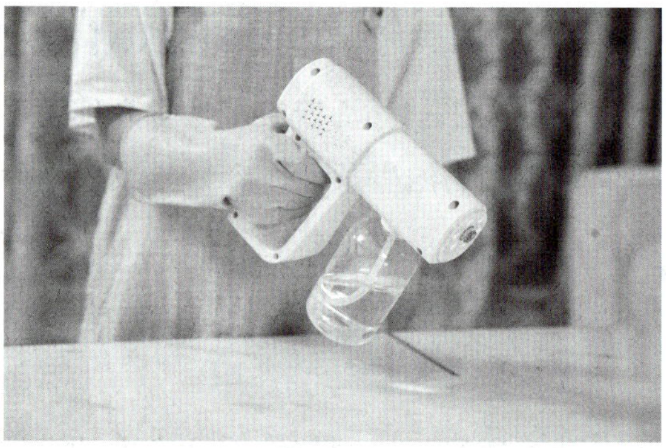

幼儿园消毒工作

一、常用消毒液的配制与使用

幼儿园常用的消毒药品大都是含氯的消毒剂。其中，84 消毒液、漂白粉等使用较为广泛。消毒是幼儿园保育的一项常规工作，保育师应根据消毒药品的说明书，学会独自配制适宜浓度的消毒液。

（一）幼儿园常用消毒药液配制公式

在相关的专业书籍中，关于幼儿园常用消毒药液配制的公式，一般有以下三种。

1. 以药物商品剂型为百分之百基数配制

其配制计算公式为：所需药量 = 欲配制浓度 × 欲配制数量；加水量 = 欲配制数量 − 所需药量。比如，欲配制 5% 来苏水溶液 100 千克，问需要来苏原药和水各多少？计算后得知，需要来苏原药 $0.05 \times 100 = 5$（千克），需要水 $100 - 5 = 95$（千克）。

2. 以所含实际有效成分为基数配制

其配制计算公式为：所需原药量 = 欲配制浓度 × 欲配制数量 / 原药含量；加水量 = 欲配制数量 − 所需原药量。比如，把含量为 15% 的过氧乙酸配制成 0.2% 的溶液 75 千克，问需要用 15% 的过氧乙酸多少？需要水多少？计算后得知，需要过氧乙酸 0.2% × 75/15% = 1（千克），需要水 75 − 1 = 74（千克）。

3. 固体消毒品的配制

一般先将所需药量计算好并称出后，放入有刻度的容器内，加水至所需配制数量即可。

（二）常用消毒药液使用的注意事项

无论使用何种消毒药剂，保育师在配制、使用、放置等时，既要注意自身的安全，又要严格按照使用说明和规定进行操作。同时，还应注意幼儿的安全，把消毒剂放在幼儿拿不到的地方。此外，消毒药品不同，其特点、配制方法不同，使用方法和注意事项也应有所不同。

1. 配制漂白粉的注意事项

首先，要注意不能让药剂受潮，否则药剂会结块，导致失效；其次，配制漂白粉溶液时，须先在漂白粉中加入少量水，把漂白粉调成糊状，然后再加水搅匀；再次，漂白粉溶液使用期为 10 天左右，要避光、避热保存，以防失效；最后，不能使用漂白粉对有色织物或金属物品进行消毒，以免发生变色或是不良的化学反应。

2. 使用 84 消毒液的注意事项

物品经过 84 消毒液消毒后，必须用清水进行多次冲洗，一定要将残留在物品上的消毒液全部冲刷干净，以免幼儿直接接触后引起中毒。幼儿园常用消毒液的配制应根据不同地点、不同物品、不同季节在浓度的调配上有所变化，这需要保育师有针对性地灵活运用、安全使用。

二、常用的消毒方法

常用的消毒方法

（一）煮沸消毒

煮锅内的水应将物品全部淹没。水沸后开始计时，持续煮沸 15 ~ 20 分钟。计时后，不得再加入物品。否则，持续加热时间应从重新加入物品再次煮沸时算起。

适用范围：适用于餐饮具、毛巾、餐巾、服装、床单等耐湿物品。

（二）流通蒸汽消毒

利用 100℃ 水蒸气进行消毒。最简单的方法是蒸饭箱，常用的流通蒸汽消毒设备有蒸汽消毒柜、蒸汽消毒车等。消毒时间应在水沸腾并冒出蒸汽后开始计算；餐具应垂直放置，并有空隙；大量物品勿用铁盆盛装，最好使用漏孔金属筐；包装不宜过紧；能吸收大量水的衣物不要浸湿放入，否则妨碍空气的置换；在消毒时注意排除消毒柜内的冷空气。

适用范围：适用餐饮具及餐桶、菜盆等。

（三）消毒柜消毒

按照产品使用说明书规定的方法进行消毒处理。消毒柜分为高温型和紫外线臭氧型。消毒餐具使用高温型消毒柜；易烤焦物品，不宜放入高温型消毒柜。

（四）消毒剂消毒

消毒剂溶液应将物品全部浸没。对管腔类物品，应使管腔内也充满消毒剂溶液。作用至规定时间后，取出用清水冲净，晾干。根据消毒剂溶液的稳定程度和物品污染情况，及时更换所用溶液。

适用范围：常用于消毒便具、玩具、家具、织物、耐湿物品等。

（五）消毒剂溶液擦拭、喷洒消毒

在擦拭消毒时，用布浸以消毒剂溶液，依次往返擦拭被消毒物品表面。必要时，在作用至规定时间后，用清水擦洗干净以减轻可能引起的腐蚀作用。喷洒消毒时，把消毒剂溶液直接喷洒在被消毒物品表面。

适用范围：用于家具、门把手、水龙头等物体表面以及地面、墙面等的消毒。

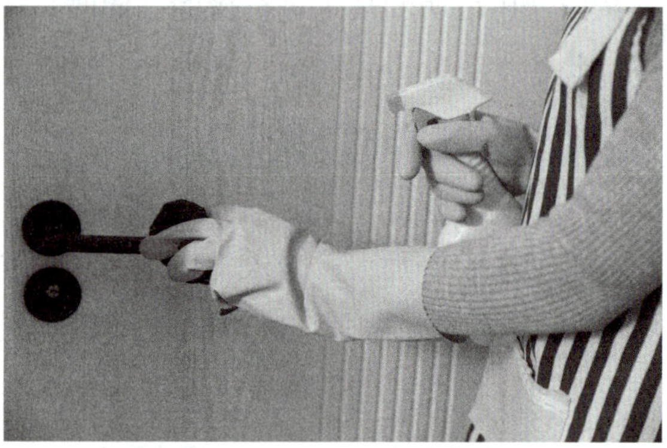

门把手消毒

（六）消毒剂溶液喷雾消毒

用普通喷雾器进行消毒剂溶液喷雾消毒，使物品表面全部润湿，作用至规定时间。喷雾顺序为，先上后下，先左后右。为改善呼吸道干燥而使用喷雾时，可使用超声雾化器。但要注意，不要造成室内物品的潮湿、腐蚀。

适用范围：用于室内空气、居室表面和家具表面的消毒。

（七）紫外线消毒

紫外线辐射能量低，穿透力弱，仅能杀灭直接照射到的微生物。因此，消毒时，必须使消毒部位充分暴露于紫外线。用紫外线消毒纸张、织物等表面粗糙的物体时，要适当延长照射时间，且两面均要照射。紫外线消毒适宜温度范围为 20 ~ 40 ℃，温度过高或过低均会影响消毒效果，可适当延长消毒时间。用于空气消毒时，消毒环境的相对湿度低于 80% 为好，否则应适当延长照射时间。用紫外线杀灭被有机物保护的微生物时，应加大照射剂量。空气的悬浮粒子也会影响消毒效果。

适用范围：用于室内空气、物体表面的照射消毒。

1. 紫外线消毒灯的使用方法

（1）物体表面消毒：用悬吊式或移动式紫外线灯消毒时，消毒有效区为灯管周围 1.5 ~

2 m。一般每 60 ~ 80 m^2 房屋空间，安装 30 W 紫外线灯管两支。照射时间根据灯管强度及所杀灭病原微生物而定。一般而言照射时间不得少于 30 分钟。使用高强度、低臭氧紫外线杀菌灯，有效距离内照射 30 ~ 60 分钟，物品表面消毒效果可靠。

（2）室内空气消毒直接照射法：在室内无人条件下，可采取悬吊式或移动式紫外线灯直接照射的方式。采用室内悬吊式紫外线灯消毒时，室内安装紫外线消毒灯（30 W 紫外线灯不少于 30 分钟）。

2. 紫外线消毒灯的使用注意事项

（1）消毒使用的紫外线，其波长范围是 200 ~ 270 nm，消毒用的紫外线光源必须能产生辐射值达到国家标准的紫外线。用于消毒的紫外线灯的电压为 220 V。

（2）紫外线灯使用过程中其辐射强度逐渐降低，故应定期测定消毒紫外线的强度。一旦降到要求的强度以下，应及时更换紫外线灯。

（3）紫外线强度及消毒浓度检测，使用紫外线强度指示卡，在开灯后 5 分钟，将指示卡放于灯下 1 m 处，照射 1 分钟后，按照说明色卡对比。一般新灯管不低于 90 μW/cm^2 为合格，旧灯管不低于 70 μW/cm^2 为合格。测试卡要注意避光保存。

（八）臭氧消毒

臭氧是一种强氧化剂，具有杀菌迅速、消毒后无残留等优点，适用于蔬菜、水果消毒；但稳定性差，容易分解，只能立即生产，立即使用。

市售的管式、板式和沿面放电式臭氧发生器、臭氧灯均可选用，消毒时间≥ 30 分钟。消毒时，房间应关闭门窗，人必须离开房间。关机后 30 分钟，待房间内闻不到臭氧气味时，才可进入。

臭氧消毒的注意事项如下。

（1）在使用过程中，应保持消毒灯表面的清洁，每 1 ~ 2 周用酒精纱布或棉球擦拭一次。发现灯管表面有灰尘、油污时，应随时擦拭。

（2）使用消毒灯对室内空气消毒时，房间内应保持清洁干燥，减少尘埃和水雾。温度低于 20 ℃ 时或高于 40 ℃、相对湿度大于 60% 时，应适当延长照射时间。

（3）使用消毒灯消毒物品表面时，应使照射表面受到消毒灯的直接照射，且应达到足够的照射剂量。

（4）不得使消毒灯光源照射到人，以免造成眼睛、皮肤损伤。

（5）消毒灯强度计至少一年标定一次。

三、日常生活用品的消毒

幼儿园日常消毒的生活用品，包括每日必须消毒的生活用品。如毛巾、水杯、餐具、抹布等；还包括须经常性消毒的物品，如玩具、图书、被褥、床单等。因为这些物品幼儿几乎每日都会用到，所以按照要求逐项进行消毒是每一位保育师必须掌握的技能。

（一）每日消毒的生活用品

1. 毛巾和毛巾架

消毒毛巾时，首先要用自来水浸湿，然后放洗涤剂浸泡 20 分钟左右，接着要认真搓洗和漂净，随后用 0.5% 的洗消净或 84 消毒液浸泡 5 ~ 10 分钟，最后用流动清水冲洗干净；也可采用沸水煮 15 ~ 30 分钟或蒸汽消毒 10 ~ 15 分钟的办法进行消毒。毛巾架每日用清水擦去浮灰，每周用消毒液擦洗一遍。

注意事项：为确保幼儿园环境的卫生安全，须严格执行毛巾消毒规范。所有毛巾必须实行一餐一消毒制度，确保每次使用后都经过彻底的消毒处理。消毒完成后，应使用已消毒的专用夹子将毛巾归位；严禁使用未经清洁的手直接接触，以防止二次污染。此外，擦手毛巾应配备专用的毛巾架，并在架上明确标志，以便于区分和管理。毛巾架上的毛巾摆放，应保持一定的间隔。两条毛巾之间的距离应至少为 10 cm，以确保通风良好。同时，毛巾应避免贴墙挂放，此举不仅影响毛巾的光照，不利于干燥，还可能因墙面不洁而引发细菌滋生，对幼儿的健康构成潜在威胁。

2. 水杯和水杯箱

给水杯消毒时，首先要用百洁布擦拭杯口、杯内（蘸去污粉或洗涤灵），用小刷子刷洗水杯的把手，接着用流动水冲洗干净，然后用沸水煮 15 ~ 30 分钟或蒸汽消毒 10 ~ 15 分钟。幼儿水杯要有专用水杯箱（橱）存放，水杯箱每周清洗消毒一遍，每天用清水抹一遍。水杯箱的布帘，每周清洗一次。

注意事项：幼儿园的水杯专供幼儿饮用清水，不得用于其他饮品，如牛奶或豆浆。每日傍晚，待幼儿全部离园后，保育师负责将水杯送至厨房进行深度清洁。在清洁过程中，水杯将使用开水浸泡清洗，并随后放入蒸饭车内进行高温消毒，消毒时间半小时，以确保水杯的卫生安全。水杯经过消毒处理后，务必避免使用不洁之手触碰，以防造成二次污染。此外，水杯箱上应贴有明确的标志，用以区分和识别。对于模糊不清、颜色发黄或剥脱的标志，应及时予以更换，以保证标志的清晰度和准确性。同时，标志图案应保持相对固定，不宜频繁变动，以免引发混淆。水杯箱的安置，应避免将其固定于墙壁内，以便于日常的清洗和消毒工作。另外，为了确保每位幼儿都能有充足且卫生的水杯使用，水杯的数量应略多于幼儿的实际人数，以备不时之需。

3. 保温桶

保温桶是每天用来给幼儿盛开水的。保育师每天应将保温桶四周及盖子、壶嘴用清水擦洗一遍，一般每周清洗消毒一次。传染病流行季节，应每天消毒。

注意事项：保温桶上的热水龙头要有安全保护装置，以防烫伤事故的发生。夏天，注意水温不要过烫；冬天，注意保暖。

4. 餐具

餐具、饮具及直接用于盛装食品的容器，在使用前务必经过彻底清洗与消毒处理，必须严格遵守“一洗二清三消毒四保洁”的操作流程。对于幼儿园而言，餐具的消毒工作是保育师每餐必须履行的职责。在消毒过程中，保育师应首先使用洗涤剂将餐具彻底清洗干净，其次用清水进行冲洗，确保无残留洗涤剂；最后，须采用适当的消毒方法进行消毒处理。首选煮沸消毒法。若条件允许，也可采用蒸汽或消毒柜进行消毒，以确保餐具的卫生安全。

注意事项：餐具要求在伙房清洗消毒、要求食堂有专用洗碗池，不得将餐具倒入班级洗手池里清洗。幼儿常用的碗、勺、水杯等直接接触口的用品，不宜采用消毒液浸泡消毒，可以采取煮沸、蒸汽、消毒柜消毒等方法。消毒前，应先清洗黏附在上面的污物，然后再进行消毒；厨房的用品（菜刀、案板、抹布等）则可以采用消毒液浸泡消毒。

5. 门把手、水龙头、桌椅

幼儿园的门把手、水龙头、桌椅等的消毒，应在清洁的基础上，用浓度为 0.5% 的洗消净或 84 消毒液擦拭 2 ~ 3 遍；液体滞留 10 分钟后，用清水擦洗干净。

注意事项：对于门把手、水龙头等经常接触的部位，除了日常的消毒外，还应定期更换或深度清洁，以彻底消除潜在的卫生隐患。同时，幼儿园工作人员也须经常提醒幼儿注意个人卫生，勤洗手，避免病从口入。桌椅的消毒同样重要。在每日放学后，应对桌椅进行彻底的清洁和消毒。若发现有污渍或污渍难以清除，应使用专用的清洁剂进行处理，然后再进行消毒。此外，桌椅的摆放也应合理，保持通风，避免潮湿，以减少细菌滋生的可能。

6. 厕所

幼儿园的厕所、坐便器的消毒要先用 10% ~ 21% 的漂白粉乳剂浸泡 15 分钟，然后刷洗干净。厕所的水龙头、门把手、手接触的门和墙面，每日两次用浓度为 0.5% 的 84 消毒液喷洒；消毒液作用 10 ~ 15 分钟后，清理干净。厕所地面，每次用浓度为 1% 的 84 消毒液喷洒；消毒液滞留 10 分钟后，再用拖把拖干净，拖把用后清洗，悬挂晾干。

注意事项：务必按照规定的比例配制消毒液，确保消毒效果的同时，避免对皮肤或环境造成不必要的刺激。在消毒过程中，务必佩戴防护手套，确保个人安全。同时，消毒工作完成后，应及时开窗通风，保持室内空气流通，减少消毒液残留对人员健康的影响。

7. 抹布、拖把

抹布和拖把使用后，要先用水将黏附在抹布上的污物冲洗掉，接着将抹布用肥皂或洗涤剂洗净，最后用浓度为 0.5% 的 84 消毒液或漂白粉澄清液浸泡 10 分钟后冲净。

注意事项：为确保幼儿园环境清洁、卫生、安全，对于活动室、寝室、盥洗室等区域的清洁工具，应实施严格的管理与使用制度。拖把、抹布、水桶等清洁工具应分别存放，不得混用；并须配备明晰的标注说明，以避免混淆。杜绝“一把拖把四处拖，一块抹布到处抹”等不规范的清洁方式，有效防止细菌交叉感染。在进行清洁消毒工作时，按照“Z”字形路线进行，确保每一区域都能得到全面、细致清洁，避免出现遗漏现象。同时，确保一块区域使用一面抹布一次擦完，避免无序反复擦拭，以免造成重复污染，影响清洁效果。

（二）经常性消毒的物品

1. 玩具

玩具作为托幼机构不可或缺的物品，与幼儿的日常接触最为频繁。然而，值得注意的是，玩具亦是病原微生物污染的易发地。相较于衣物、被褥以及餐具等其他物品，幼儿园中玩具的污染程度更为显著。鉴于低龄幼儿常将玩具置于口中，若清洁消毒工作未能严格到位，极易导致疾病的传播与感染。因此，加强对玩具的清洁与消毒工作至关重要，以保障幼儿的健康与安全。

玩具的清洗消毒一般每周一次。对于耐水的玩具，可把洗涤剂加入热水中来清洗。缝隙处还要用刷子刷洗，再用清水将洗涤剂冲洗干净，然后把玩具放在阳光下晒 2 小时。

对于不怕高温或不变形的玩具，如毛绒玩具、布玩具等，可清洗干净后放入消毒柜消毒。消毒液的腐蚀性较大，浸泡玩具容易脱色，所以铁制玩具、木头玩具可用酒精或消毒液擦拭或通过日光照射消毒。

玩具柜应每天用清水擦洗一遍，每周用消毒液擦拭 1 ~ 2 遍；装玩具的塑料筐等，每周用 1% 的洗消净或 84 消毒液浸泡消毒 10 分钟，再用清水冲洗干净。

室外大型玩具通过日光照射消毒，但要定期冲洗。

幼儿使用的美工剪刀、尺子等，每周放消毒柜消毒或用酒精、消毒液擦拭。

2. 图书

每周应将图书、画报放在阳光下暴晒 4 ~ 6 小时，可以杀灭大多数微生物，暴晒时要注意经常翻动；也可以用紫外线灯照射消毒，但要求近距离照射。对于被污染、破损的玩具、图书，要及时更换。

幼儿园图书

3. 被褥、床单

幼儿园的被褥、床单基本上是个人专用，视天气情况进行户外日晒，每次时间不少于 2 小时，每晚紫外线消毒 1 小时。

四、预防常见传染病的经常性预防及消毒

常见传染病的消毒和预防是幼儿园非常重要的保育工作之一。保育师要掌握经常性的预防工作和常见传染病的消毒措施两大部分内容。

（一）经常性的预防工作

俗话说，“防患于未然”。学前儿童尚处于年幼阶段，身体抵抗力相对较弱。因此，日常预防工作的常态化开展显得尤为重要。在幼儿园，保育师与当班教师要紧密合作，共同落实一系列规范化的预防工作，其主要涵盖以下几个方面。

（1）严格执行晨、午、晚检查和全日观察，发现患病幼儿及时进行隔离。

（2）经常开窗换气通风，保持室内空气新鲜。

（3）培养幼儿良好的个人卫生习惯，尤其关注良好饮食卫生习惯的培养。

（4）合理安排幼儿在园的一日生活，为幼儿准备营养均衡的膳食，保证他们健康成长。

（5）经常组织幼儿进行户外身体锻炼，增强幼儿的体质，提高幼儿的抵抗力。

（6）严格按照相关制度认真做好日常清洁和消毒工作，消灭蚊蝇，减少疾病传播的机会。

（二）常见传染病的消毒措施

随着季节的变化，幼儿园中的幼儿因相互接触而容易患一系列易发传染病。其中，尤以流行性感冒、水痘、病毒性腮腺炎等呼吸道疾病为甚，偶发细菌性痢疾等消化道传染病亦不容忽视。因此，保育师必须熟练掌握一系列针对常见传染病的消毒技能，以有效阻断疾病的进一步传播，切实保障幼儿的身心健康，促进其茁壮成长。

1. 呼吸道传染病的消毒

对于呼吸道传染病的消毒，首先要做到的就是开窗通风。幼儿的居室除了每天坚持按照幼儿园的规定开窗通风外，在呼吸道传染病（流感、风疹、水痘等）发生后，保育师应保证每天开窗通风 3 小时。

其次，保育师应在保健医生的指导下迅速采用紫外线灯或药物对室内空气消毒。比如，用 0.2% ~ 0.5% 的过氧乙酸向空中喷雾，每立方米的空间约喷雾 30 毫升，之后关闭门窗 30 分钟；也可用 1% ~ 3% 的漂白粉澄清液喷雾，喷到地面湿透为止。

最后，针对不同类型的呼吸道传染病进行相适宜的处理和消毒。具体操作如下。

（1）流行性感冒。流行性感冒发生后，患儿应马上隔离；保育师应及时、彻底地开窗、通风换气 15 分钟以上，或按照保健医生的要求，对空气进行消毒。

（2）水痘。水痘发生后，患儿应马上隔离；保育师应对班级活动室、寝室里的空气和物品进行消毒，开窗通风 3 小时；被子暴晒，家具、玩具及图书采用擦拭和日晒的方法消毒，衣物、被单、褥单及其他物品采用煮沸或消毒剂浸泡的方法消毒。

（3）病毒性腮腺炎。患儿要及时隔离，班级要及时消毒；活动室和寝室应开窗通风 15 分钟以上，或按照保健医生的要求对空气进行消毒；患儿的餐具、毛巾要与其他幼儿的分开并煮沸消毒，患儿的衣物、被褥要日晒消毒；配合保健医生工作，预防病毒性腮腺炎。

（4）猩红热。发现患儿应尽快隔离治疗，室内开窗通风，对一切用具采用适当的方法消毒，配合保健医生工作，预防猩红热。

2. 消化道传染病的消毒

消化道传染病发生后，首先要对患儿的被褥进行紫外线照射消毒。一般翻晒 6 小时；其次，保育师要对患儿的呕吐物或排泄物用石灰或漂白粉乳液进行消毒；再次，保育师应在保健医生的指导下，用煮沸的方法或漂白粉澄清液浸泡的方法对患儿的餐具进行消毒；最后，保育师要根据传染病的不同，对患儿使用过的便盆用漂白粉澄清液或来苏水进行不同时间、不同浓度的浸泡或喷雾消毒。

对于常见的消化道传染病，消毒的措施如下。

（1）病毒性肝炎。发现患儿后，应马上隔离治疗，保育师对本班进行消毒。患儿的餐具、水杯、毛巾、衣物煮沸或用消毒液浸泡消毒，便盆用消毒液浸泡，被褥日晒消毒；患儿的大小便或呕吐物用相当于粪便量 1/5 的漂白粉充分搅拌，放置 2 小时，然后倒掉；配合保健医生对接触班的婴幼儿的身体检查工作。

（2）细菌性痢疾。发现患儿后，应马上隔离治疗。患儿使用过的餐具可煮沸或用消毒液浸泡消毒；便盆应用消毒液浸泡消毒，痢疾患儿的粪便用漂白粉进行消毒；接触过患儿的保育师或其他婴幼儿应马上用肥皂洗手；配合保健医生对接触班的婴幼儿的身体检查工作。

幼儿园的消毒工作至关重要，尽管这项工作具有常规性和琐碎性，但在执行过程中对于检查和记录的要求却十分严格。保育师作为执行者，必须严谨对待每一项消毒任务，确保每一个细节都得到妥善处理。通过长期的实践和经验积累，保育师应不断探索和创新消毒方法，提高消毒效果和工作效率，为幼儿的健康成长提供有力保障。

第四节 物品管理

一、日常物品管理

（一）日常物品管理的基本要求

日常物品管理的基本要求

保育师确保每件物品均登记入册，并定期进行核对清点与检查，以维护物品的完整性和安全性。同时，应详细记录物品的正常使用及维护保养情况，确保每件物品得到妥善保管，避免任何形式的丢失现象发生。

1. 及时登记入册

托幼机构全部物品均视为公共财物，必须对其进行详尽的分类登记工作，确保每一项物品的采购日期、采购数量等相关信息均得到准确记录，便于机构定期对物品进行清点与管理，确保公共财物的安全、有序与高效利用。

2. 定期核对清点和检查

托幼机构涉及物品种类繁多。为确保机构日常运营的顺利进行，所有物品必须得到妥善保管与细致管理。托幼机构应建立定期核对清点制度，对各类物品进行全面盘查，确保实物与登记表的数据保持完全一致。一旦发现实物与登记表不符的情况，必须立即启动调查程序，深入查找原因，并采取有效措施加以纠正。

此外，托幼机构还应重视物品的质量管理。定期检查各类物品的使用状况，一旦发现损坏或老化迹象，应立即进行登记，并视情况及时维修或更换。对于涉及安全性能的物品，更要严格把关，确保无安全隐患。

在物品借出方面，托幼机构应建立严格的借还制度。任何物品的借出都须经过登记，并明确借出人、借出时间、借出物品及数量等信息。同时，要督促借出人按时归还物品，以免因长时间占用或遗忘而导致物品丢失。对于逾期未归还的物品，应及时进行催还处理，确保机构物品管理的规范与高效。

3. 及时报修

在日常的教育工作中，教师和保育师应承担起教育幼儿爱护公共财物的责任，并积极与专业人员协作，确保各类设备得到常规的保养与及时维修。保育师须密切关注教室内的墙面、门窗、地板、天花板、水管以及各类家具和电器（如投影仪、空调等）的使用状况。一旦发现任何异常情况，应立即上报并进行必要的维修处理，以保障教学环境的良好与安全。

（二）日常物品管理要点

为确保托幼机构环境的清洁、整齐与美观，须对物品摆放进行规范化管理，并加强日常对物品的维护与管理。

1. 公共物品的管理

（1）设施设备的管理。对于班级内部的各类设施设备，包括但不限于柜子、桌椅、晾晒架等，务必实施定期的核对清点和全面检查机制。每日工作结束后，保育师须负责对其进行妥善整理，并执行严格的清洁卫生工作，确保设施设备的整洁与卫生。一旦发现设施设备出现丢失或损坏的情况，必须立即向上级部门报告，并及时组织修理或更换工作。同时，须详细记录相关情况，包括损坏或丢失的设施设备种类、数量、发生时间以及处理结果等信息，以便于后续的跟踪和追溯。

物品柜应确保物品易于辨认、拿取便捷、布局合理、陈列整齐美观。为此，建议设立带有锁具的柜子，用以专门存放教师的个人物品、幼儿的贵重物品、教师领取的教学用具及生活必需品等。此外，水杯柜与书包柜应安置于安全稳固的位置，并贴上相应的标签以便于识别。

（2）生活用品的管理。生活用品应本着节约的原则使用和领取。购买这类物品时，应由教师向托幼机构办公室提出书面申请，由托幼机构统一进行购买。领取这类物品时，必须填写托幼机构统一制定的领取登记表（包含时间、数量、名称、领取人等内容），未经允许不可以直接拿用。

玩具柜

（3）玩具、教具和图书的管理。

①玩具的管理。玩具应分类摆放在玩具柜的固定位置，并做好检查记录。

②教具的管理。教具应整理好后放在收纳箱中，收纳箱应分类编号且放在教具柜的固定位置。

③图书的管理。图书应分类登记，摆放在书架的固定位置，便于幼儿自由取用。保育师应保持书架干净、图书整齐，并教会幼儿整理图书。

2. 幼儿个人物品的管理

（1）床单、被褥的管理。幼儿的床单、被褥应专人专用，在床头和床尾写上幼儿的姓名和编号。

（2）衣物的管理。每班设有衣橱，幼儿的衣物应整齐摆放在做好标记的衣橱的固定位置，易于拿取。幼儿拿取衣物时，要征得保教人员同意。若家长或幼儿不慎将衣物弄乱，保教人员要及时将其摆放好，让家长和幼儿感觉到托幼机构的干净整齐，进而爱惜大家的劳动成果。如果幼儿衣物相同，可让家长在衣物隐蔽处写上幼儿姓名，以便于区别认领。

（3）学习用品的管理。幼儿的学习用品应分类摆放整齐，需要专人专用的应做好个人标记，如橡皮泥、水彩笔、书本等。

二、清洁物品的管理

（一）清洁工具的保管方法

清洁工具，包括笤帚、簸箕、拖把、抹布、刷子等。管理原则是分区使用、标志明确、固定位置放置、干燥存放。

清洁工具一般存放在固定位置，且有配套标志，条件允许的托幼机构还可在颜色上进行区分。活动室抹布、寝室抹布、餐桌消毒抹布和清洁抹布、厕所抹布等不能混用，使用后应分类悬挂、晾干。寝室拖把、活动室拖把、厕所拖把等不能混用，使用后也应分类悬挂、晾干。

（二）清洁、消毒产品的保管方法

清洁、消毒产品，包括洗衣粉、洗洁精、消洗灵、含氯泡腾片、洁厕剂等。

清洁、消毒产品要存放在安全固定的位置。一般置于幼儿触碰不到的柜子中。如果没有合适高度的柜子，则要加锁存放。盛装清洁、消毒产品的容器要及时放回指定位置，取出后未用完的清洁、消毒产品要及时倾倒（应合理估计使用量，避免浪费），绝不能随意放在活动室、盥洗室或厕所内。清洁、消毒产品不能用饮料瓶、糖果瓶等容器盛装，以防幼儿因好奇而误食。建立“清洁、消毒产品专人保管和签字领取制度”，实行专人保管、签字领取，并及时记录使用情况。

1. 常用消毒剂的安全知识

（1）84 消毒液、含氯消毒粉或含氯泡腾片。

①危险性。此类消毒产品以次氯酸为主要活性成分，具备显著的刺激性和腐蚀性特性。若使用不当，有可能导致皮肤灼伤或引发过敏反应。因此，在使用前，用户务必依据产品说明书

进行正确的稀释操作。在进行此类消毒剂的稀释与配制时，操作人员应严格遵守个人防护要求，包括但不限于佩戴一次性口罩、穿戴橡胶手套以及穿着工作服等防护措施，以确保操作过程的安全与规范。

②储存安全。此类消毒剂应独立存放于阴凉通风之地，环境温度务必控制在 25 ℃以下，严防阳光直接照射。

③使用安全。此类消毒剂严禁与其他清洁、消毒用品混合使用，尤其应杜绝与酸性产品（如醋、洁厕剂等）的混用。原因在于，含氯消毒剂在接触酸性物质时，会触发化学反应并生成有毒气体，进而可能对人员造成身体伤害或中毒风险。此外，该类消毒剂对金属具有腐蚀性，故在使用过程中，应予以充分注意和防范。

④应急处置。在消毒原液发生泄漏的情况下，首要任务是迅速切断泄漏源，以控制泄漏范围的扩大。对于小量泄漏，建议采用沙土进行覆盖吸收，以减少其对环境的影响。而对于大量泄漏，须构建围堤进行围堵，并同时使用沙土、泡沫等材料进行覆盖，以防止泄漏物的扩散。待消毒原液收集完毕后，须使用大量清水进行冲洗，以清除残留的消毒原液，从而避免可能产生的环境污染等次生灾害。

若因个人防护措施不到位导致操作人员与消毒原液接触，应立即采取紧急措施以降低其对身体的潜在危害。具体而言，当皮肤沾染消毒原液时，应立即使用大量清水进行冲洗，以减少其对皮肤的刺激和损害；若眼部被消毒原液溅到，须用清水或生理盐水进行连续冲洗，以防止消毒液对眼部组织造成损害；如发生呼吸道吸入，应立即将人员转移至空气新鲜处，并保持其呼吸道通畅，必要时应迅速将伤者送往医院接受专业治疗。

（2）75% 的酒精。

①危险性。75% 的酒精是以乙醇为主要成分的消毒产品。乙醇在常温常压条件下表现为一种易燃且易挥发的液体，其闪点较低。乙醇蒸气与空气混合后，可以形成具有爆炸性的混合物。一旦遭遇明火或高热物体，这种混合物极易引发燃烧甚至爆炸。特别值得注意的是，浓度为 75% 的酒精，其闪点大约为 22℃，其火灾危险性被归类为甲类，显示出较高的危险性。因此，在使用乙醇时，务必严格遵守相关安全操作规程，确保人员及环境的安全。

②储存安全。为确保 75% 的酒精的安全存放，务必将其置于避光、阴凉且通风良好的环境中，同时保持与热源和明火散发点的距离。在储存过程中，应特别注意容器的密封性。如确保瓶盖拧紧，防止酒精挥发。此外，建议使用小包装的 75% 的酒精，并避免大量囤积，以确保使用的便捷性和安全性。

③使用安全。使用 75% 的酒精前，要清理周边易燃可燃物，室内不宜直接喷洒 75% 的酒精，而应采用擦拭的方式。使用 75% 的酒精时要避开明火，保证通风条件良好。注意，在密闭空间喷洒 75% 的酒精或局部喷洒浓度过大时，可能导致酒精蒸气聚集，而衣服静电、吸烟等都易引燃酒精蒸气而导致事故。

④应急处置。75% 的酒精发生泄漏时，应尽可能切断泄漏源。小量泄漏时，可直接擦拭处理；大量泄漏时，可用清水稀释；并保证通风，关闭电源、明火等危险源。若不慎引发火灾，

可用干粉灭火器、二氧化碳灭火器进行灭火。小面积着火可用湿毛巾、湿衣物覆盖；室外燃烧可用沙土覆盖，并立即拨打“119”报火警。

2. 清洁、消毒产品的安全管理流程

（1）清洁与消毒产品务必根据国家相关法律法规，由专门人员负责管理工作，以确保储存、使用及销毁等各环节安全无误。

（2）清洁、消毒产品应存放在安全的固定位置，按产品说明书的要求进行保管，以免出现安全责任事故。一般而言，有危险性的物品应存放在储藏室内，并上锁保管；或存放在高处，幼儿接触不到的地方，以免造成危险。大多数清洁、消毒产品，应避光、低温、密闭保存，有些会注明“小心撞击”。

（3）在使用清洁、消毒产品时，务必详细记录使用情况，以确保产品的有效管理和追溯。对于未使用完毕的剩余部分，应当及时将其放回指定的存放处，严禁随意丢弃，以维护环境卫生和避免资源浪费。

（4）使用和保管清洁、消毒产品的人员，必须学习并掌握相关的安全知识，以确保在使用过程中能够严格遵守操作规程，并充分了解所接触清洁、消毒产品的性质及保管规定。此外，一旦发现清洁、消毒产品遗落在外，应立即收回，确保不会对环境造成污染或对人员健康产生危害。

（5）保育师应增强风险防控意识，培养形成在获取产品时首先查阅产品说明书的良好习惯，以确保严格按照产品说明书的指导安全、合规地使用该产品。

（6）定期核查清洁、消毒产品是否在有效期内，并评估其存放环境是否安全可靠。同时，须严格检查产品是否密封保存，如瓶盖是否已拧紧，以确保产品质量不受外界因素干扰。

3. 清洁、消毒产品的使用要求

（1）了解常见的清洁、消毒产品的特性和安全使用知识，能发现和处理使用过程中的不安全因素。

（2）熟悉、严格执行清洁、消毒产品的安全管理流程和操作规程，做好相关登记并妥善保管。

（3）在日常教学活动中，加强对幼儿的安全教育。让幼儿了解清洁、消毒产品的危险性，学会识别盛装清洁、消毒产品的容器，严禁食用。

（4）打开紫外线灯消毒时，要在门口进行明显提示，防止人员误入；紫外线灯开关与普通照明灯开关应严格区分，并教会幼儿识别。开关应设置于幼儿触摸不到的地方。

（5）在清洁、消毒产品使用过程中，如发现安全隐患，应立即停止使用，上报保健人员和分管负责人后，讨论解决方案并消除安全隐患后再进行使用。

思考与练习

1. 简述材料投放应遵循的原则。
2. 简述幼儿园清洁卫生质量标准。
3. 简述开窗通风的作用和工作要求。
4. 简述幼儿园消毒工作操作技能。
5. 简述清洁、消毒产品的保管方法和安全管理流程。

第四章 生活照料

★【本章概述】

幼儿的生活管理工作是保育师日常保教工作中的核心职责。保育师须对幼儿的身体状况与情绪变化进行细致观察，确保及时发现并妥善处理潜在问题。同时，保育师还须组织幼儿有序、安全地进行如厕活动，确保幼儿能够养成良好的个人卫生习惯。此外，在进餐活动中，保育师应引导幼儿养成良好的进餐习惯，促进幼儿的健康成长。这些工作的有效实施，对于提升幼儿园的保教质量具有重要意义。

★【学习目标】

1. 了解幼儿的情绪特点。
2. 掌握幼儿身体观察的内容和方法。
3. 掌握幼儿不良情绪的调节和疏导方法。
4. 掌握营造健康、温馨的就餐环境的方法。
5. 培养幼儿的饮水习惯。
6. 掌握组织幼儿如厕、睡眠的基本方法。
7. 通过深入了解和系统学习相关知识，全面把握幼儿生活管理与教育方面的核心问题，确保所学知识能够切实应用于实践，实现知识的有效转化和实际应用，真正做到学有所用、学以致用。

第一节 健康观察

保育师每日须负责照料幼儿的生活起居，从而更利于对幼儿健康状况进行细致的观察。一般而言，幼儿的健康观察主要涵盖身体观察、情绪观察以及预防接种观察三大方面。在身体观察方面，保育师须密切关注幼儿的体态、面色、皮肤以及排泄情况，确保及时发现并处理任何异常状况。对于幼儿的饮食、睡眠以及活动能力，也应进行细致的观察，以了解其生长发育是否正常。在情绪观察方面，保育师须留心幼儿的情绪变化，包括其面部表情、言语表达以及行为表现等。对于情绪波动较大或表现异常的幼儿，应及时与其沟通，了解其需求并给予适当的关爱和引导。在预防接种观察方面，保育师须根据卫生部门的规定和要求，协助完成幼儿的预防接种工作。在接种前后，应密切关注幼儿的反应情况。如有不适或异常反应，应及时向医务人员报告并协助处理。

一、身体观察

对幼儿身体的观察，其核心在于与幼儿日常表现进行细致比对。保育师须具备的一项关键技能，便是细心甄别、敏锐捕捉幼儿的异常体征，并据此迅速做出恰当的调整与处理。这一观察工作须贯穿于日常生活的各个环节。对保育师而言，时刻保持警觉与专注，做到心细如发，方能有效履行其职责。

（一）身体观察的内容

幼儿入园之际，保育师随即展开对其身体的细致观察工作。

（1）幼儿的穿着是否合适，对活动有无影响。如衣服的多少、鞋子的大小等。

（2）随身携带的物品是否安全。如衣服上有无携带装饰花边、小亮片等。

（3）进餐情况。如果幼儿食欲欠佳，饭量明显减少，甚至拒绝进食，而且伴有恶心、呕吐等症状，则表明幼儿可能生病了。

（4）睡眠状况。平时入睡快且睡得安稳的幼儿，现在忽然入睡困难且睡眠中出现惊厥和哭闹等现象，则表明幼儿可能生病了。

（5）大小便情况。幼儿大小便过多或过少，小便颜色加深，甚至出现腹泻，则表明幼儿可能生病了。

（二）身体观察的基本方法

在幼儿园的一日活动中，保育师可以随时随地对幼儿进行身体观察。

（1）一日生活中的跟踪观察，主要针对早上入园时情绪不佳或身体状况欠佳的幼儿。

（2）某一活动时间段的观察。如晨间接待、饮水、如厕、午饭、午睡、户外活动和教学操作时。

案例分析

午睡时分，多数幼儿均已进入梦乡。值班的保育师在巡视时，忽然察觉到帅帅小朋友在被褥之中显现出异常的动作。保育师立即趋步上前查看，赫然发现帅帅唇色紫黯，面色惨白，显然情况不妙。保育师当即与教师取得联系，决定将帅帅紧急送往医院救治，同时迅速通知帅帅的家长。得益于及时的抢救措施，帅帅最终转危为安，未受任何损伤。

事后，保育师通过深入了解得知，帅帅小朋友对尘螨存在过敏反应。近日来，由于季节的更迭，沙尘天气频繁，导致幼儿不幸触发了过敏症状。此次事件也提醒我们，在季节交替之际，应格外关注幼儿的健康状况，及时采取预防措施，确保幼儿能健康成长。

* 分析

案例中，保育师及时发现了幼儿的特殊情况，并采取了恰当而及时的措施，尽到了工作职责。但是这件事应引起教师和其他保育师的重视，在幼儿午睡期间要关注身体不舒服的幼儿，特别是体质特殊的幼儿。为此，保育师要做好以下几方面的工作。

（1）在幼儿报名入学时，请家长如实填写幼儿的患病史或者过敏史，以便在日常教学活动和生活活动中，保育师早知道、早预防，消除隐患，保证幼儿安全。

（2）早上幼儿入园时，对幼儿进行体检。同时，询问家长幼儿在家是否有身体不适的表现，以便做到心中有数，在午睡和活动期间对患病幼儿多加关注。如幼儿需要在园服药，请家长填写幼儿服药登记表并签名，标明服药的剂量。同时，经过幼儿园保健医生的检查后，方可允许幼儿服用。

（3）如果发现幼儿患病，要尽到告知家长的义务。

（4）在午睡环节中，值班保育师要严格落实检查和巡视的工作，真正以幼儿的生命安全为首要任务，做好观察和记录工作，切实保证幼儿的身体健康和幼儿园的合法权益。

二、情绪观察

情绪是个体对所接触的外界环境及人际交往中所持有的态度以及由此产生的行为反应。对于正处于成长阶段的幼儿而言，情绪体验贯穿于其日常生活的方方面面。情绪对于个体的身心健康、日常生活以及学习发展具有多样化的影响。其中，喜悦、轻松、愉快等情绪状态，反映了健康的心理特征，通常被界定为“积极情绪”或“良好情绪”，对于幼儿的生长发育具有显著的促进作用；相反，郁闷、紧张、痛苦、不安等情绪状态，则揭示了非健康的心理状况，被归类为“消极情绪”。因此，保育师在履行职责时，应特别留意幼儿可能出现的消极情绪，并采取及时有效的措施进行引导，以促使其转化为积极情绪，从而确保幼儿的心理健康与愉悦成长。

（一）幼儿的情绪特点

1. 小班

小班幼儿情绪情感表现呈现出不稳定性，他们尚不能有效地表达或调控自身的情绪情感，同时也难以深入理解他人的情绪情感状态。

2. 中班

中班幼儿的情绪相较于小班幼儿而言，表现得更为稳定。随着年龄的增长，他们受情绪支配的行为比例在逐步减少，开始逐渐学会调节和控制自己的情绪。

3. 大班

大班幼儿的情绪体验正逐渐丰富多样，具体表现为情绪过程日趋分化，且情感所关注的事物范围不断扩大。同时，大班幼儿对情绪情感的自我调节能力也在逐步增强。

（二）情绪观察的方法

（1）加强对情绪低落的幼儿的关注与照顾。

（2）密切关注表现出异常行为的幼儿，包括但不限于哭闹不止、面部表情呈现痛苦状态、精神萎靡不振以及食欲明显减退等情况。

（3）对性格暴躁、容易发怒的幼儿予以重点关注，确保他们的情绪得到妥善管理。

（4）加强对性格内向、缺乏自信心的幼儿的关注与引导，帮助他们建立积极的自我认知与自信心。

针对以上观察的情况，保育师要及时了解原因，并与教师、家长沟通，找准解决的途径和方法。

（三）营造宽松、和谐的班级心理环境

（1）在面对幼儿时，应保持微笑，通过恰当的表情、温暖的声音以及真挚的情感，向幼儿传递爱与关怀。保育师应成为幼儿的倾听者与支持者，与他们建立亲密无间的朋友关系，为幼儿营造宽松、和谐的心理环境。

轻松和谐的师生关系

（2）深入洞察幼儿内心的需求与行为动机，全面了解并把握幼儿的心理特征。同时，对于犯错的幼儿应持包容态度，充分尊重其个性发展。

（3）以平等姿态与幼儿进行交流，俯下身倾听他们的心声，鼓励他们勇敢表达自己的想法和见解。

（4）在合适时机，巧妙运用注意力转移法，有效疏导幼儿的不良情绪，维护其心理健康。

（5）借助故事、图片等生动直观的教育形式，引导幼儿树立正确的情绪观念，促进情感健康发展。

（6）在教育过程中，应以鼓励为主，减少不必要的批评，充分激发幼儿的自信心和积极性。

（四）幼儿不良情绪的调节和疏导

保育师应深入分析导致幼儿情绪不佳的根源，针对具体原因制定相应措施，迅速有效地协助幼儿调整情绪状态，减轻情绪压力，促使幼儿尽快恢复积极健康的情绪状态。

1. 为幼儿提供良好的生活环境

为确保幼儿能健康成长，保育师的首要任务，便是为其营造一个优质的生活环境。保育师应维护室内环境的整洁与安静，竭力避免过于嘈杂的声音干扰幼儿的生活。同时，须确保室内温度适宜、通风状况良好，为幼儿的日常活动提供充足的空间与丰富多彩的内容。此外，保育师还应注重营造平和安宁的心理环境，以减轻过多、过杂的刺激对幼儿造成的不安情绪影响。唯有在平和的情绪刺激以及有规律、有节奏的生活节奏中，幼儿才能得到真正的益处。

2. 细心照料，保证幼儿的身体舒适

幼儿若感到身体不适，其情绪状态往往会受到显著影响。因此，保育师在履行职责时，须以细心照料为首要任务，确保幼儿在生理层面感受到充分的舒适。这包括确保幼儿饮食充足、睡眠安稳，衣着得体且舒适，以及保持适宜的冷热环境，从而让幼儿保持精神饱满的状态。针对因生病等原因导致幼儿情绪低落的情况，保育师须细心观察并及时判断幼儿身体可能出现的问题部位。在此基础上，应采取必要的预防和治疗措施，有效避免幼儿病情进一步恶化，保障其身心健康。

3. 建立和谐人际，给幼儿安全感

幼儿园作为幼儿成长的重要场所，对于每个幼儿而言，都是一处全新的生活环境。为确保幼儿在园内的生活质量，保育师必须致力于在班级内营造和谐的人际氛围。这包括教师与幼儿之间、幼儿与幼儿之间，都应秉持相互理解、相互宽容、相互欣赏、相互支持的原则，以确保每个幼儿能在幼儿园中享受到愉悦与快乐，并在班级生活中获得充足的安全感。在与情绪不稳定的幼儿沟通时，保育师应保持亲切和善的态度，努力与幼儿建立起一种安全的依附关系。保育师可以通过多与幼儿进行语言交流，以轻柔的语气与他们交谈，并适时地采用身体接触、拥抱等方式来增强幼儿的安全感与踏实感。同时，保育师还应积极引导幼儿以积极、主动的态度参与各项活动，以促进其全面发展。

和幼儿拥抱、交谈

4. 借助同伴互助，助力幼儿摆脱负面情绪

在幼儿园的教育实践中，借助积极向上的群体氛围来潜移默化地熏陶和感染幼儿，同时运用富有趣味性的群体游戏来有效吸引幼儿的注意力，已被证实为调节幼儿不良情绪的高效手段。此外，保育师亦可在班级内寻找与情绪不稳定的幼儿性格相似的伙伴，通过引导他们建立稳固的伙伴关系，使其在同伴交往中体验欢乐与愉悦，这同样是调节幼儿情绪的一种有效策略。

教给幼儿克服不良情绪的方法

5. 教给幼儿克服不良情绪的方法

保育师要教给幼儿简单的自我调节情绪的方法，使他们学会控制自己的不良情绪。

（1）适度表达情感。幼儿的情感表达往往直接而真实，喜悦时展现笑容，愤怒或压抑时则可能表现出哭闹等情绪反应。这是幼儿心理发展的一种积极现象，有助于情感的及时释放，进而促进心理健康的积极发展。保育师应鼓励幼儿自然流露情感，而非抑制其表达。例如，当幼儿感到伤心时，应支持他们通过哭泣来释放情感，因为相较于默默承受，适度的情绪表达更有利于幼儿身心的健康成长。但须要注意的是，所倡导的情绪表达，并非以哭闹为手段来达成不合理要求的行为。

在实际工作中，部分保育师对于幼儿情绪行为反应在心理健康发展中的作用缺乏深入理解，可能将幼儿的情感宣泄误解为调皮捣蛋。或者，在幼儿出现不良情绪反应时，由于缺乏耐心，保育师可能强行要求幼儿抑制情绪。这种做法可能使幼儿长期承受情感压抑，进而导致心理失衡，甚至可能引发人格方面的病态发展。因此，保育师应持以宽容和理解的态度，允许幼儿适度表达情感，以维护其心理健康。

（2）转移注意力。当幼儿出现情绪波动的状况时，保育师可采取转移注意力的策略，通过引入新颖的玩具和富有趣味性的游戏活动来吸引幼儿的关注。这种方法对于年龄较小的幼儿尤为有效，因为新颖刺激的事物往往能迅速吸引他们的注意力，使他们忘却先前的负面情绪。通过提供这些有趣的活动，保育师能引导幼儿重新投入快乐的游戏氛围中，从而有效地改善他们的情绪状态。

（3）鼓励、表扬。鼓励和表扬在幼儿教育中具有显著作用，它们能促使幼儿产生愉悦的情绪体验，有效缓解其内心可能存在的压抑和负面情绪。因此，当保育师观察到幼儿情绪状态不佳时，应基于对幼儿性格特点的深入了解，积极发现并肯定幼儿的优点与良好表现；通过传递正面的情绪价值，帮助幼儿走出情绪低谷，恢复积极向上的精神状态。

幼儿体育活动

（4）参加体育活动。体育活动是缓解幼儿不良情绪的重要途径。通过释放

身体能量，可以有效地减轻幼儿的心理负担和消除不愉快情绪。身体的活跃与兴奋能带动心理的振奋与愉悦，进而使幼儿的情绪回归至轻松愉快的状态。

总之，幼儿的情绪发展是一个逐步积累、循序渐进的过程。在此过程中，那些拥有更多愉快体验的幼儿往往能更好地应对和处理不良的情绪。换言之，幼儿若能在生活中更多地体验到积极的情绪，则其抵抗负面情绪的能力亦会相应增强；一旦遭遇负面情绪，也更容易在保育师的引导下得到安抚与缓解。

三、预防接种观察

在幼儿阶段，人体处于生长发育的旺盛期，对各类传染病的抵抗力相对较弱。其中，乙肝等传染病对幼儿的生命与健康构成了严重威胁。为了有计划、有步骤地提升幼儿抵抗疾病的能力，防止传染病的发生，采取了免疫接种的方式。免疫接种主要通过皮上划痕、注射（包括皮下、皮内、肌肉注射）、口服以及喷雾吸入等多种途径和方法进行。

在幼儿园中，保育师应积极配合保健医生开展幼儿的预防接种工作。在接种完成后，保育师还须密切关注幼儿的身体状况和情绪变化。一旦发现异常情况，应及时采取相应的处理措施。同时，保育师还须与家长保持密切的沟通与反馈，确保家长了解幼儿的接种情况，并共同关注幼儿的健康成长。

（一）疫苗接种前

1. 与家长沟通

（1）为确保接种工作的顺利进行，须提前与家长取得联系，告知相关事宜。在准备接种的前一天，建议家长为即将接种的幼儿安排洗澡，以确保幼儿的清洁与舒适。同时，建议家长为幼儿准备清洁宽松的衣服，以便于医生在接种过程中进行操作。

（2）请家长务必携带《儿童预防接种证》。此证件是幼儿接种疫苗的身份证明，同时也是记录接种时间与内容的重要依据，对于确保接种工作的准确性和可追溯性具有重要意义。

2. 与医护人员沟通

（1）保育师应主动向医生咨询，请其明确告知关于疫苗接种的禁忌事项以及接种后的注意事项，以便能够更为妥善地照料幼儿，确保其健康与安全。

（2）保育师在带领幼儿接种疫苗时，应详细向医生介绍幼儿的身体状况或患病历史。若幼儿存在身体不适的情况，或曾患有结核病、急性传染病、肾炎、心脏病、湿疹、免疫缺陷病、皮肤敏感等疾病，务必及时向医生说明，并咨询是否需要暂缓接种，以确保幼儿接种过程的安全与合理。

（二）疫苗接种后

在幼儿完成疫苗接种后，保育师须以高度的责任心和严谨的态度，密切关注幼儿的健康状况，并体贴入微地照顾每一位幼儿。

（1）保育师须及时提醒幼儿进行适度的休息，并鼓励其多喝水，以保持体内水分充足。同时，还须关注幼儿的保暖情况，避免其因受凉而引发其他疾病。

（2）在接种疫苗的当天，保育师须特别提醒家长避免给幼儿洗澡，以确保接种部位的干燥和清洁，防止发生局部感染。

（3）保育师须密切观察幼儿是否出现轻微发热、食欲不佳、烦躁不安、哭闹不止等异常现象。一旦发现幼儿反应强烈且持续时间较长，应立即与家长取得联系，并建议家长及时带幼儿前往医院就诊，以确保幼儿的健康与安全。

（4）保育师还须注意，在幼儿接种疫苗后的一段时间内，应避免给幼儿食用具有刺激性的食物，如大蒜、辣椒等，以免对幼儿的健康造成不良影响。

第二节　组织进餐

一、营造进餐环境

幼儿正处于身体快速生长发育的关键阶段，每日必须经由膳食摄取充足的营养物质，以确保其正常生长发育及日常活动所需能量的充足供应。若幼儿长期缺乏某种营养成分或热量摄入不足，不仅会对其生长发育造成不良影响，更可能诱发一系列健康问题。因此，保育师应采取科学有效的应对措施，以激发幼儿的食欲，促进其身心健康的全面发展。营造健康、温馨的就餐环境对于增强幼儿食欲、促进食物的消化吸收至关重要；反之，则可能对幼儿的身体健康产生不良影响。保育师在营造就餐环境方面扮演着举足轻重的角色。

（一）进餐前

（1）为确保幼儿的个人卫生与健康，提醒幼儿在就餐前按照正确的方式洗手，并对餐桌进行清洁。

（2）请当日负责值日的幼儿负责分发餐具，其余幼儿则负责将餐巾折叠整齐，并将餐具与餐巾妥善放置在指定的统一位置。

（3）为了激发幼儿的食欲，可采用形象生动的语言，结合充满神秘感的表情与语调，为幼儿详细介绍当天的饭菜，确保每位幼儿都能享受到美味佳肴。

拓展链接

进餐前，保育师应结合当天的饭菜，形象地向幼儿介绍食物的名称、特点及营养价值，让幼儿知道有营养的食物对人们的身体健康有益，并通过儿歌、故事等形式让幼儿明白偏食、挑食给人们健康带来的危害。这样不但能丰富幼儿的知识，还能使幼儿更积极主动地进餐。

比如，在幼儿吃紫菜前，告诉幼儿紫菜中有一种东西对身体非常有帮助，能让小朋友变得更健康、聪明。

儿歌《白米饭》，教育幼儿不浪费粮食。

白米饭

白米饭，喷喷香，
农民伯伯种的粮。
我们吃饭要爱惜，
浪费一粒不应当。

（二）进餐时

（1）在盛饭时，不宜把饭菜盛得太满，以免让幼儿心生恐惧，生怕因吃得慢或吃不完而受到指责。幼儿喜欢一次次自己去添饭，并自豪地说："我吃了两碗""我再吃一碗"。因此，在给幼儿准备第一碗饭时，要根据幼儿的饭量盛得适中，留下机会让幼儿自己添饭，以培养幼儿吃饭的自信心和动手能力。

（2）在就餐过程中，应充分尊重幼儿的进餐节奏，避免因其吃饭速度较慢而进行催促。此类行为可能导致幼儿情绪紧张，进而影响其正常进餐，不利于幼儿的身心健康。相反，应给予幼儿足够的时间，让他们在轻松愉快的氛围中享受进餐过程，促进幼儿的健康成长。

（3）在进餐过程中，务必密切关注每位幼儿的情绪波动。一旦发现有幼儿出现食欲不佳的情况，应立即主动询问，探究其背后的原因，并针对性地提出解决办法。

幼儿进餐

（4）若观察到幼儿存在挑食行为，切忌采取批评或强迫的方式，而应积极运用正面激励的方法，引导幼儿逐步改变挑食习惯。若问题持续存在，应考虑在适当时机与家长进行沟通，共同探寻原因，形成家园合力，共同协助幼儿克服不良的饮食习惯。

（5）在就餐过程中，应及时给予每位幼儿充分的鼓励与肯定，使幼儿感受到进餐是一件令人愉悦的事情，从而增强其就餐的积极性。

（6）在轻柔的音乐氛围中进餐，有助于营造愉悦的就餐环境，进一步激发幼儿的食欲。

（三）进餐后

（1）提醒幼儿将各自的餐具妥善放置于指定区域，并遵循正确的步骤进行擦嘴、漱口及洗手，以形成优良的卫生习惯，确保幼儿的健康与安全。

（2）餐后，组织幼儿进行较为安静的活动。如散步、看书、画画等，以利于食物的消化吸收。

（3）餐后，保育师应及时跟幼儿交流："今天吃的什么？吃饱没有？吃了几碗？"同时，应对幼儿良好的进餐行为进行正面强化。比如，对幼儿说："你吃了这么多啊！难怪你长得这么高。"

总之，保育师要努力营造一个愉快的就餐氛围，让幼儿开开心心地吃饭，并体会到吃饭的快乐；尽量不要在饭桌上斥责幼儿，以免影响幼儿就餐的情绪。只有创设一个健康宽松的就餐环境，多给幼儿一些就餐的时间，改变"过多强调纪律"的就餐气氛，才能使幼儿在进餐活动中身心都得到健康发展。

二、指导独立进餐

幼儿独立吃饭，是幼儿时期最基本的生活自理能力训练。它不仅是对幼儿饮食习惯的养成，更是对他们自我服务意识的一次启蒙。保育师应给予幼儿足够的支持和引导，让他们在实践中逐渐掌握这项技能，为将来的成长打下坚实的基础。

（一）幼儿的进餐常规

《幼儿园教育指导纲要（试行）》提出："教师要尊重幼儿不断增长的独立需要，在保育幼儿的同时，帮助他们学习生活自理能力，锻炼自我保护能力"；"既要高度重视和满足幼儿受保护、受照顾的需要，又要尊重和满足他们不断增长的独立要求，避免过度保护和包办代替，鼓励并指导幼儿自理、自立地尝试"。对照《3—6岁儿童学习与发展指南》健康领域的要求和建议，可以把幼儿的进餐常规分解为以下几点。

（1）小班：能熟练地使用勺子吃饭。

（2）中班：会用筷子吃饭。

（3）大班：能熟练地使用筷子。

（二）指导幼儿独立进餐的基本方法

指导幼儿独立进餐的基本方法

1. 正确使用勺子

勺子是每个人从小学习使用的第一种餐具。保育师在观察幼儿进餐时发现，有的幼儿由于不会使用勺子，不是让成人喂饭，就是把饭菜弄得到处都是。看似简单地用勺吃饭，其实包括了对手部小肌肉灵活性和手眼协调能力的锻炼。因此，幼儿在小班学会使用勺子吃饭是很有必要的，而且还为以后使用筷子吃饭打下了良好的基础，更为独立进餐良好习惯的培养创造了条件。

2. 正确使用筷子

使用筷子进餐是幼儿生活自理能力培养的重要组成部分。在教授幼儿使用筷子时，须明确告知其应使用两根筷子，即一双筷子来进食。筷子应放置在右手大拇指与其余四指之间，食指应抵住一根筷子，中指则置于两根筷子中间，无名指抵住另一根筷子，小拇指则放置于无名指下方以协助夹合动作。

保育师在教授过程中，须正确示范并详细解释筷子的握持方法与进餐时的正确坐姿，同时强调使用筷子时的安全注意事项。例如，就餐时不得随意转动或挥舞筷子，以防意外戳伤；盛取汤品时，应将筷子暂时放置于桌面，而非手持；筷子应作为进餐工具使用，禁止将其当作玩具玩耍。

在进餐过程中，保育师应密切关注幼儿的筷子使用情况，对于不正确的握筷方法及时予以纠正，以帮助幼儿养成正确使用筷子的良好习惯。同时，保育师还应积极鼓励幼儿在家中和幼儿园均使用筷子进餐，增强其自理能力。

案例分析

豆豆性格比较内向，刚入园时显得很不适应，总是哭闹。每当吃饭时，他都要教师或者保育师喂饭。开始时，教师和保育师认为是分离焦虑比较严重的原因，过一段时间就会好。但是一段时间过后，当大多数小朋友的情绪都稳定了并且能自己吃饭以后，豆豆还是不自己动手吃饭。当保育师喂饭时，他就能全部吃完；保育师不喂，他就不吃了。教师和保育师问他为什么不自己吃，他哭着说："因为我不会用勺子自己吃饭。"针对豆豆在幼儿园进餐的表现，保育师和教师与豆豆的家长进行了面谈。从交谈中，他们了解到豆豆上幼儿园前主要由姥姥、姥爷照看，每天三顿饭都由姥姥喂，从来不自己吃，所以到了幼儿园自然也不会使用勺子进餐，开始由依赖姥姥变为依赖教师。

* 分析

针对案例中豆豆的表现，保育师可以和豆豆玩"碰碰头"的游戏。"手指家里有五个兄弟，开饭喽，大哥和二哥碰碰头，问声好，他们最喜欢勺子上面的漂亮图案了，也想和图案碰碰头。其他的三个兄弟呢，最喜欢玩捉迷藏，他们藏在哪里了？找一找，原来藏在勺子下面了！好了，五个兄弟都准备好了，大家就可以一起吃饭啦！"通过这个游戏，可以帮助豆豆很快记住勺子的用法。在刚开始时，幼儿可能还不熟练。比如，可能握着握着勺子就变成铲勺子了，这时保育师可以悄悄地走到他身边，对他说："别忘了，小手指要和小图案碰碰头哟！"通过这样的反复提醒，慢慢地，幼儿就能掌握使用勺子的方法。当幼儿的用餐行为有进步时，保育师要马上表扬他，鼓励他继续保持良好的行为。

第三节 组织饮水

一、准备饮用水

学前托育机构饮用水的水质必须严格遵循国家饮用水标准，确保水质中不含有任何可能危害幼儿健康的病原微生物、化学物以及放射性物质。饮用水应保持无色、清亮且口感清纯，以充分满足幼儿的日常饮水需求。为确保幼儿每天能够摄取到足够且优质的饮用水，保育师应切实承担起相关责任及工作。

（一）准备白开水

冷却后的白开水，因其适宜的温度和纯净的特质，被公认为最适合幼儿的饮品，无论春夏秋冬，均可安心饮用。白开水准备程序如下。

1. 倒掉剩水

将保温桶内前一天的剩水倒掉。

2. 清洗与消毒保温桶

用清水清洗保温桶并消毒。清洗与消毒方法如下。

（1）每天用专用清洗剂及清洁刷进行清洗，特别注意桶底、盖子、边缘及水嘴的清洁，而后用流动水反复冲洗干净。

（2）每周消毒一次，将保温桶四周及盖子、桶的壶嘴用消毒液及清水各擦洗一遍，然后用流动水冲洗干净。

（3）保温桶用久了经常出现水垢，可放置适量的醋水浸泡 24 小时，轻刷掉并冲洗干净即可。

3. 倒入白开水

清洗完毕后，将晾温后的白开水倒入保温桶，测试水温，加盖，扣好安全锁。

（二）准备桶装水

1. 桶装水的准备工作

准备婴幼儿饮用桶装水时，应选择矿泉水和纯净水交替饮用。这是因为纯净水在过滤、净化过程中，除去了水中的细菌、病毒、杂物，同时也把其中对幼儿身体有益的微量元素和矿物质几乎全部滤掉。因此，建议幼儿在饮用纯净水时，与矿泉水交替，以补充体内微量元素，防止因微量元素长期缺乏导致的疾病。

桶装水不宜放置在阳光直射的地方，饮用前保育师应检查水桶有无破裂或异常，查看生产日期及合格证明，水质是否新鲜，水量是否能满足幼儿一天的饮水等；水量不足时，应及时更换。拆封后的桶装水，应在 10 日以内饮用完。

2. 饮水机的准备工作

保育师应每隔 1 ~ 2 个月对饮水机进行一次清洗消毒，具体步骤如下。

（1）拔掉电源，取下水桶，打开排污管口（立式在机子后边，台式在机子底部）。

（2）逆时针旋转，取下“聪明座”，用酒精棉仔细擦洗饮水机内胆和盖子的内外侧。

（3）按照消毒剂的说明书配制消毒水，倒入饮水机并充盈整个腔体，留置 10 ~ 15 分钟。

（4）打开饮水机的所有开关，包括排污管和饮水开关，排净消毒水并用清水反复冲洗。

（5）冲洗几次后，把饮水机向后侧倾斜，排出不慎滴入的液体，并用干抹布擦拭机身。

（6）打开冷热水嘴并放水，检查出水是否流畅，后通电检查电源有无异常，测试水温。

3. 水壶的准备

（1）清洗、消毒水壶及水嘴。

（2）将凉开水与热水兑好的温水倒入水壶，并测试水温，确保水温适合。

4. 水杯的准备

水杯应实行专人专用制度，并确保每日进行清洗消毒工作。保育师在使用水杯供应豆浆、牛奶等易附着于杯壁的饮品后，应立即进行清洗消毒，以防止细菌滋生，确保水杯的清洁与卫生。

在清洗消毒工作完成后，保育师须确保将洁净且已消毒的水杯妥善放置在指定位置，确保杯把和标志均朝向外部。同时，须特别注意避免杯口与柜壁接触，以免产生二次污染。在口杯安置妥当后，保育师应及时关闭柜门，以有效防止灰尘落入，确保水杯的卫生安全。

（三）准备自制饮料

在酷暑难当的夏季或干燥凉爽的秋季，保育师可制作一些适宜的饮料，以发挥其防暑降温、补充体能等多重功效。在自制饮料的过程中，务必确保所使用的材料均来源于正规渠道，且处于保质期内的新鲜状态。同时，制作过程中须对原料进行充分煮沸处理，以确保其卫生安全。此外，为呵护幼儿健康，不建议为其提供冰镇过的饮料材料。

在自制饮料时，不建议添加药材类原料。在为幼儿准备饮用水的过程中，保育师应注意以下事项。

（1）为确保幼儿安全，饮水机和保温桶应被妥善安放在幼儿活动区之外，并应采取固定措施以防止意外移动。在无须使用时，务必上锁以确保安全锁的有效性。

（2）在自制饮料方面，应避免让幼儿长期单一饮用某一种饮料，而应变换花样以满足其多样化的口味需求。例如，可根据季节变化，从周一到周五安排五种不同的自制饮料，以丰富幼儿的饮食体验。

（3）在通常情况下，最适宜幼儿的饮用水温度为 40℃。然而，在实际操作中，应根据气温的变化对水温进行适当调整。如在寒冷的冬季，可保持水温在 40℃ 左右；而在炎热的夏季，则可将水温略作降低，以确保幼儿饮用的舒适度。

拓展链接

自制饮料“冰糖绿豆汤”

（1）原料：绿豆、冰糖、水，比例为 1∶1∶15。

（2）步骤：

将绿豆淘洗两遍后放入水里浸泡 1 小时左右；

将泡软的绿豆再次淘洗，去掉空皮及坏豆；

将绿豆倒入锅中，加水，大火煮沸；

煮沸后漂去浮沫，转中火熬煮 30 分钟，加入冰糖并搅拌；

冰糖完全融化后，关火，放置温热即可饮用。

（3）注意事项：绿豆属凉性食品，幼儿不宜食用过多、过密。

二、培养幼儿的饮水习惯

水是人体组织、体液的主要成分，是维持生命必不可少的物质。年龄越小，身体含水量越高，幼儿身体中的水分约占其体重的 70% ~ 80%。

培养幼儿的饮水习惯

饮水与幼儿身体健康关系密切，充足的饮水可维持正常的新陈代谢，调节体温，确保咽部湿润、大便畅通，提高机体抵抗力。因此，及时定量饮水并培养幼儿良好的饮水习惯对幼儿身体发育非常重要。幼儿的新陈代谢比较旺盛，每天消耗的水分占体重的 10% ~ 15%。因此，幼儿每天的需水量越大，约在 1 200 ~ 1 600 毫升。除去营养素在体内代谢生成的水和饮食摄入的水分外，幼儿每天还应直接饮水至少 600 毫升。

婴幼儿饮水

培养幼儿良好的饮水习惯，有以下几个小妙招，保育师应酌情掌握，灵活应用。

（一）运用音乐、儿歌培养幼儿正确的饮水习惯

培养良好的饮水习惯与幼儿积极自主的饮水态度互为补充、相互促进。保育师可充分利用音乐与儿歌的积极影响，为幼儿营造一个愉悦舒适的饮水环境。具体而言，保育师在日常生活中应注重收集一些旋律优美的音乐作品和易于记忆、韵律流畅的儿歌等素材，并在幼儿饮水时适时播放这些音乐或带领幼儿一同诵读儿歌，使幼儿感到排队饮水变得富有趣味性和吸引力，进而有助于引导幼儿逐步养成良好的饮水习惯。

拓展链接

饮水歌

小朋友，爱喝水，你先我后来排队。
排好队伍到橱前，伸手去拿小水杯。
小水杯，要分清，自己拿，去接水。
每次半杯刚刚好，喝完洗净小水杯。

宝宝天天爱喝水

宝宝天天爱喝水，小水杯，放点水。
我和水杯亲亲嘴，咕噜咕噜喝下去。

（二）通过游戏活动，培养幼儿正确的饮水习惯

在日常的游戏及教学活动中，积极融入培养幼儿正确饮水习惯的理念。通过创设多样化且富有趣味性的场景与游戏，引导幼儿在轻松愉快的氛围中深刻认识饮水的重要性。通过亲身参与游戏的方式，幼儿将能体验并逐渐养成良好的饮水习惯，为其健康成长奠定坚实基础。

拓展链接

典型的游戏活动

“我的小花园”区域角活动：在饮水区，组织幼儿设计制作了“我的小花园”区域角。幼儿每喝一杯水，就可以在自己的小花朵上贴一朵花瓣。保育师每个星期对幼儿的饮水情况进行一次统计，并将统计结果制作成一张“你的花儿有几朵”的表格，于每周一在走廊内公布。这样，幼儿、家长、保育师都能一目了然地了解幼儿每一周的饮水量，并激发幼儿喝水的积极性。

“快乐饮水吧”区域角活动：在班级的一角创设了一个非常漂亮的“快乐饮水吧”，放置保育师和幼儿自制的桌子、凳子、水杯、水壶、饮水机等虚拟物品，并提出要求如剧烈活动后的幼儿不能进入这个区域，进入本区域须将手洗干净等，以此来体验并培养幼儿良好的饮水习惯。

“两粒小豆苗比较”活动：保育师拿出两粒豆苗（一粒长得旺盛，另一粒已经枯萎）让幼儿观察，从而让幼儿知道长得旺盛的豆苗是因为每天浇水，而枯萎的豆苗是经常不浇水造成的，从而引出小朋友和豆苗一样，都离不开水；只有多喝水，才能长得美丽、健康的道理。

（三）通过故事培养幼儿正确的饮水习惯

保育师可以运用富有趣味性的故事，阐述水对幼儿成长发育的不可或缺性，从而使幼儿深刻理解他们无法离开水的滋养。同时，保育师也会强调，如果幼儿饮水量不足，将会导致身体出现不适的症状。通过这些引导，促使幼儿实现从被动听从指令“要我喝水”到主动自觉“我要喝水”的转变，进而培养幼儿形成自主、文明饮水的良好习惯。

（四）发挥榜样作用

保育师可与幼儿一起饮水，从而发挥榜样的力量，让幼儿纷纷效仿，愿意多喝水。每次到了喝水的时间，保育师可说：“老师都渴了，我想去喝点儿白开水，你们谁觉得渴，咱们一起去喝水吧！”

（五）赢得家长的配合

幼儿很长一段时间是在家庭中度过的，所以家庭环境中对幼儿饮水习惯的培养也非常重要。保育师应利用各种途径让家长了解一些饮水的常识，鼓励家长在家营造定时喝水的气氛，使幼儿不论在家中还是学前托育机构都能自觉喝水，从而在不知不觉中养成喝水的好习惯。

三、组织小班幼儿饮水

小班幼儿普遍缺乏安全卫生的饮水知识，部分幼儿可能因沉迷于玩耍而忽视饮水，还有部分幼儿因觉得水淡而无味，对饮水产生抵触情绪。因此，保育师在组织小班幼儿饮水时，须特别注意以下关键要点。

（一）引导小班幼儿正确找到自己的水杯

小班幼儿尚未形成使用个人水杯饮水的良好习惯，部分幼儿为方便起见，随意取用水杯进行饮水。在此情境下，保育师应负责引导幼儿认识潜在的健康风险。若不慎误用他人水杯，特别是当该幼儿患有感冒时，感冒病菌有可能通过水杯媒介传播至你体内，进而增加你感染感冒的风险。

为确保小班幼儿安全、卫生地饮水，保育师在指导幼儿饮水时，应牢记每个幼儿的水杯标识。在幼儿取用水杯的过程中，保育师应耐心指导幼儿识别并牢记自己的水杯标志及其存放位置，确保幼儿能够准确无误地取用到自己的水杯，从而有效预防病菌传播，维护幼儿的身体健康。

（二）组织小班幼儿进入指定区域或就座

根据学前托育机构饮水形式的多样性及实际状况，应采取相应的布置措施。对于采用保温桶、饮水机、温水机等饮水设备的机构。由于小班幼儿端水过程中，可能出现的泼洒情况，建议组织幼儿分组进入保温桶、饮水机、温水机存放区域进行饮水，以确保幼儿的安全与卫生。同时，若机构使用水壶或提供自制饮用水时，应确保使用干净、整齐的桌子，并引导幼儿有序地坐在指定位置进行饮水，以维护良好的饮水秩序与卫生环境。

（三）为小班幼儿接水或倒水

小班幼儿年龄比较小，身体协调性差，对危险的认知能力也不够。如果强硬要求其自己接水或倒水，可能发生烫伤自己或他人的危险。因此，保育师可根据实际情况为小班幼儿接水或倒水，并确保水的温度和水量适中，具体要求如下。

1. 保温桶 / 饮水机

在幼儿园中，若饮水设备为保温桶或饮水机，保育师须负责协助并指导小班幼儿正确取水。在取水过程中，幼儿应一只手紧握杯把，另一只手轻轻转动水龙头，直至杯中水量达到半杯时，及时关闭水龙头。此外，保育师也可预先为小班幼儿准备好兑好的温水，直接递予幼儿饮用，以确保其饮水安全与健康。

2. 水壶

在幼儿园中，若饮水设备为水壶，幼儿须将各自的水杯取出并妥善放置于桌子中央位置。随后，保育师将按照既定顺序为幼儿们倒水，并在过程中，特别提醒幼儿们暂时避免大幅度挥动手臂，以确保倒水安全，避免意外情况的发生。

（四）指导小班幼儿正确拿水杯喝水

针对无法正确握持水杯的幼儿，保育师须采取讲解与示范相结合的方式，指导幼儿学习并掌握正确的水杯握持方法。正确的握持方式应为：右手紧握杯柄，左手轻托杯口，以有效提升水杯的稳固性，预防意外滑落。在幼儿饮水时，保育师须叮嘱幼儿坐定于指定区域，采用小口慢饮的方式饮水，并严禁在行走或嬉戏时饮水，以免发生呛水或跌倒等意外情况。幼儿饮水完毕后，保育师还应指导幼儿将水杯稳妥放回原处，以促进幼儿形成良好的饮水习惯。

四、组织中、大班幼儿饮水

对于中、大班幼儿，保育师可采取组织措施，引导他们自主进行接水和饮水活动，以培养其独立性和自理能力。

（一）随时提醒接水、饮水要点

（1）提醒幼儿，在接水时应礼让，保持有序排队；严禁打闹、推搡等不良行为，以确保接水过程的安全。

（2）向幼儿强调，在接水时不宜接得过满。建议每次接取半杯水量，待饮用完毕后再行接取，以避免泼洒或溢出的情况发生。

（3）若幼儿从饮水机接取饮用水，应特别提醒他们先接取凉水，再逐渐加入热水，以有效预防烫伤事故的发生。

（4）对于自制的饮料，建议使用水壶进行盛放，并确保将水温冷却至约 40℃ 后再提供给幼儿饮用，以保障其健康与安全。

（5）提醒幼儿注意保持口杯平稳，避免倾斜或晃动导致水洒出。同时，保持地面干燥，防止因地面湿滑而引发的滑倒风险。

（6）对幼儿强调在喝水时的安全问题，务必端稳杯子，谨慎饮用，以免水洒到衣服上造成麻烦。

（二）观察监督幼儿饮水情况

（1）保育师应保持对幼儿饮水情况的密切观察，积极鼓励幼儿完成饮水任务，确保水量充足。对于无法完成饮水任务或私自倾倒水的幼儿，保育师须及时发现并了解其原因，为仍须补充水分的幼儿提供必要的协助，确保他们能获得足够的饮水。

（2）保育师应时刻关注患病幼儿的饮水状况，对于饮水不佳的幼儿，应耐心、细致地解释多饮水的益处，并鼓励其增加饮水量。此外，根据幼儿的患病情况，保育师可自制适宜的饮料，并向幼儿介绍饮料的种类及其简单功效，以激发其饮水的兴趣，促进幼儿的健康成长。

（三）鼓励幼儿多喝水

幼儿如果经常是拿着水杯排长队接水，时间长了难免会失去喝水的兴趣。此时，保育师可采用“小水壶自己倒水喝”形式，让其自己倒水自己喝水。这样，不仅避免了排队的拥挤，也提高了幼儿的自理能力。当幼儿使用小水壶时，由于小肌肉的发展不完善，会有水洒到桌子上的现象。此时，保育师可为幼儿准备一些小毛巾，让幼儿自己整理桌面。这样，既方便又干净，还增强了幼儿的服务意识。

（四）指导幼儿将水杯放回

引导幼儿将水杯稳妥地放回原处，确保杯把朝向外部。同时，避免杯口与杯橱壁产生接触，以维持整洁与卫生。

第四节　组织盥洗

盥洗在幼儿一日活动中占据着举足轻重的地位，它不仅是满足幼儿生理需求与生活需求的必要步骤，更是培育幼儿良好生活习惯的重要途径。培养幼儿养成良好的盥洗习惯，对于保障其身体健康具有基础性意义。实践表明，良好的盥洗习惯能有效帮助幼儿抵御细菌侵袭，预防腹泻和肺炎等常见疾病，是保障幼儿健康成长的经济高效手段之一。据统计，重视并培养幼儿的盥洗习惯，可有效减少幼儿疾病的发生。因此，保育师必须充分认识到盥洗环节的重要性，培养每位幼儿都能养成良好的盥洗习惯。

正确的盥洗方法

一、教会正确的盥洗方法

保育师要了解科学洗手的完整流程，并将洗手步骤以清晰易懂的图文形式展示在盥洗室内，以便提醒幼儿遵循正确的洗手步骤进行操作。确保幼儿能养成良好的卫生习惯，有效预防疾病传播，维护幼儿群体的身心健康。

正确的洗手步骤如下。

（1）挽：挽袖子，以免弄湿衣服。

（2）湿：在水龙头下把手淋湿，擦上肥皂或洗手液。

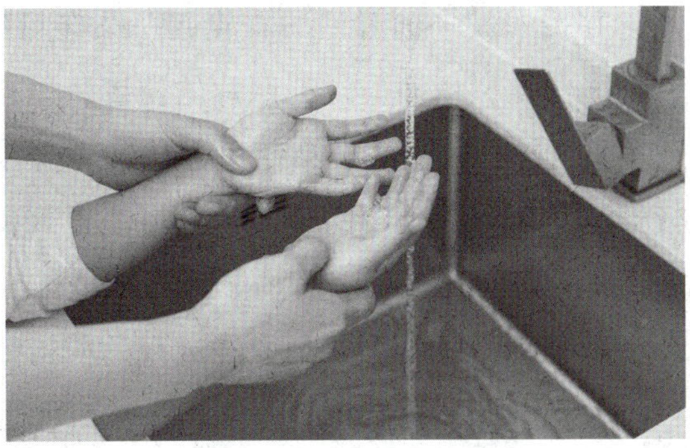

教幼儿正确洗手

（3）搓：手心、手背、指缝相对搓揉20秒。其中，包含六个步骤：掌心相对，手指并拢相互摩擦；手心对手背沿指缝相互搓擦；掌心相对，双手交叉沿指缝相互摩擦；一只手握另一只手的大拇指旋转搓擦；弯曲各手指关节，在另一手掌心旋转搓擦；搓洗手腕。

（4）冲：用清水把手冲洗干净（持续10秒钟）。洗手时水量适中，节约用水，不玩水。

（5）捧：用手捧清水将水龙头冲洗干净，再关闭水龙头。

（6）甩：双手五指自然下垂，在水池里甩三下，防止手上的水滴在地上。

（7）擦：用干净的毛巾将手擦干或用烘干机烘干。

二、做好盥洗前的准备工作

幼儿每天在幼儿园，会有好几次盥洗活动，保育师应做好相关的准备工作。

（1）放好肥皂、消毒毛巾和卫生纸。

（2）提示幼儿盥洗时不拥挤、不玩水，地面有积水时要轻走、慢走，以防滑倒。

（3）对于身体不适的幼儿，要给予特殊的照顾和帮助。

三、正确指导盥洗

幼儿盥洗时，保育师要时刻关注幼儿的盥洗情况，引导幼儿有序、安全地洗手。

（1）同幼儿一起进入盥洗室，对幼儿的盥洗进行具体指导。

（2）在指导幼儿进行盥洗活动时，保育师务必保持动作的轻柔，运用和蔼可亲的语言，以确保幼儿的舒适与安全。同时，保育师应避免留长指甲或佩戴可能对幼儿皮肤造成伤害的戒指，以免发生不必要的意外。

（3）在幼儿进行盥洗的过程中，保育师应全程陪同，不得擅自离开。待所有幼儿完成盥洗活动并离开后，保育师须负责清理消毒环境，确保地面水渍被彻底拖净，各类物品摆放整齐，方可安全离开。

除上述要点外，保育师还可以采取以下措施。

（1）指示性图片。保育师可采取在盥洗室墙面张贴简明易懂的图片，并辅以详细指导，引导幼儿依照图示步骤进行盥洗活动。图示内容，应包括“开启水龙头—湿润双手—涂抹肥皂—揉搓手心手背—彻底冲洗—关闭水龙头—甩干手部”等关键步骤。通过图示的引导，幼儿能更为高效且彻底地完成洗手过程，既保证了洗手的效率，又确保了手部的清洁度。

（2）评比栏。保育师可在图示附近特设一评比区域，用以表彰在盥洗环节表现认真的幼儿，并授予其一面鲜艳的红旗或一朵夺目的小红花，以示鼓励。随后，可将这些荣誉标志妥善粘贴于评比栏中对应幼儿照片的位置，以鼓励并激发其他幼儿的积极性。

（3）正确示范。保育师可通过亲身示范的方式，有效指导幼儿按照规范、正确的方法进行盥洗，以确保幼儿的个人卫生习惯得到良好的培养和维护。

（4）生活活动比赛。保育师可以依据幼儿的年龄特征和具体状况，合理组织分组竞赛活动，以充分激发幼儿参与盥洗过程的积极性与主动性。

（5）录像纠错。在幼儿盥洗时，保育师可以用摄像机录下幼儿不同的行为表现。然后通过录像回放观摩，让幼儿找一找哪些是对的、哪些是错的并说一说原因，从而发现自己在洗手环节中存在的问题，坚持按照正确的方法洗手。

（6）家园合作。幼儿园里每一项工作都需要得到家长的支持与配合。因此，保育师与家长在教育理念上达成共识非常重要。除了经常与家长沟通，了解幼儿在家中的盥洗情况，使幼儿园的教育更具针对性外，保育师也要让家长了解幼儿园盥洗习惯培养的要求及方法，使家园教育保持同步，形成合力。

（7）游戏参与。保育师可以引导幼儿玩各种有趣的游戏，在参与游戏的过程中帮助幼儿了解盥洗的重要性，学习科学的盥洗方法。保育师可以运用听故事、念儿歌的形式对幼儿进行盥洗教育。比如，在洗手时，让幼儿边洗边念：“洗手前，先卷袖，再用清水洗洗手，擦上肥皂搓一搓，指间指缝都搓到，哗哗流水冲一冲，我的小手洗净了。”洗完手后，带领幼儿一起表演《洗手歌》：“哗哗流水清又清，洗洗小手讲卫生，大家伸出手儿比一比，看看谁的最干净。”幼儿在不知不觉中受到儿歌或歌曲的引导，不但可以养成洗手的好习惯，还受到了卫生教育。这样，对提高幼儿的生活自理能力以及独立性、克服困难等意志品质的培养都有重要意义。

第五节 指导如厕

如厕，作为幼儿园日常活动中的关键生活环节，不仅体现了幼儿最基本的生活自理能力，同时也是衡量其卫生习惯的重要标准。幼儿时期作为人生旅程的起点，是生理与心理迅速且连续发展的关键时期，蕴含着巨大的发展潜力和可塑性。因此，培养幼儿的如厕能力对其未来的成长与发展具有至关重要的意义。

一、幼儿如厕常规

针对不同年龄段的幼儿，其如厕常规存在着明显的差异。

幼儿如厕常规

（一）小班

（1）学习并遵循有序的如厕流程，掌握并实践正确的如厕技巧与方法。

（2）在产生如厕需求时，应及时前往卫生间解决，并了解在如厕后应擦拭干净，保持个人卫生。当需要协助时，应主动向教师提出请求。此外，还须学习并掌握如厕后正确的洗手步骤和方法，以确保个人卫生安全。

（3）在如厕过程中，应保持专注，避免进行任何形式的玩耍活动，以确保个人安全。

案例分析

轩儿在上幼儿园小班。由于她在幼儿园经常拉裤子、尿裤子，导致家长很苦恼。有一天在课外活动时，全班的小朋友都在活动区玩耍，唯独轩儿一个人悄悄地躲在角落里，神情紧张地看着周围。保育师观察到此情景之后，迅速走近轩儿了解情况。轩儿羞羞地低语说，自己拉在了裤子里。

* 分析

在幼儿园，尤其是小班幼儿，时不时地会拉在或者尿在裤子里。原因有三个：一是幼儿因贪玩忘了上厕所；二是幼儿不会脱提裤子；三是幼儿换了陌生环境，不愿在幼儿园大小便。

针对以上情况，保育师要“对症下药”。比如，对于因贪玩忘了上厕所的幼儿，保育师要及时提醒他们上厕所；对于情绪紧张的幼儿，要多跟他们说话，再运用肢体语言亲近他们（如抱抱、亲亲等），从而消除他们的紧张情绪；对于不会脱裤子的幼儿，保育师一方面要提醒家长给幼儿穿宽松的裤子；另一方面可以在区域活动中，通过给洋娃娃穿脱裤子，帮助幼儿掌握穿脱裤子的方法。保育师还可以把生活中发生的事编成小故事，让幼儿在听故事的过程中学习如厕的方法。

最重要的一点，对于尿湿裤子或拉在裤子里的幼儿，保育师要及时为幼儿换上干净的裤子，同时不责怪、不批评幼儿。

（二）中班

（1）养成定时排便的习惯。如遇困难，应勇于主动提出需求，并在如厕后自觉并正确执行洗手程序。

（2）掌握正确的如厕方式，确保如厕活动有序进行。对于大便后，应学会使用手纸进行臀部清洁。

（3）明确了解厕所非游戏场所，应遵守相关规定，同时学习并掌握基础的自我保护方法。

（三）大班

（1）养成定时排便及排便后正确洗手的良好习惯，以保障个人卫生和健康。

（2）自觉遵守如厕秩序，大便后应正确使用手纸清洁身体，以保持整洁。

（3）避免在厕所内嬉戏玩耍，以确保个人安全，并了解和掌握一些自我保护的基本方法。

二、组织如厕的基本方法

保育师可以采取以下两种方法，组织幼儿如厕。

（一）童谣法

对于简洁明快、朗朗上口、幽默风趣的童谣，幼儿非常喜欢朗诵，也容易接受理解。幼儿在诵读童谣的同时，强化和约束着自己的行为。比如，让幼儿在排队如厕时学念儿歌：“小朋友，有礼貌，一个一个排好队。前面有人等一等，前面没人再上去，知道排队来如厕。”引导幼儿在学习擦屁股时念儿歌：“小手纸，手中拿；小屁股，翘起来；手纸对准小屁股，轻轻地擦一擦，再把手纸折一折，然后再来擦一擦，屁股擦得真干净。”在洗手时，可以让幼儿学说儿歌：“小朋友，来洗手，伸出手，淋淋湿，抹上肥皂搓一搓；清清水里洗一洗，再用毛巾擦一擦，我的小手最干净。”

（二）榜样法

幼儿常规的养成是一个循序渐进的过程，也是一个从遵守规则、执行规则到内化为自觉行动的过程，即一个从他律转变为自律的过程。在这个过程中，榜样、奖励非常关键。因此，在培养幼儿良好如厕习惯时，保育师应经常运用榜样、奖励等方法。比如，在组织幼儿排队如厕时，让未轮到的幼儿欣赏有序幼儿的良好行为；在组织幼儿洗手时，组织几名洗手方法好的幼儿进行示范，通过榜样示范，刺激其他幼儿产生要学习的愿望。同时，被学习和模仿的幼儿也会因此产生自豪感，从而巩固良好的如厕习惯。

案例分析

课间，有几位小朋友正在排队等待上厕所。其中一位小朋友刚刚蹲下准备小便，然而就在这时，旁边的一位心急的小朋友便急匆匆地跑了过来，试图抢占位置。结果，由于动作过于匆忙，他不小心将尿尿在了旁边小朋友的鞋子上，甚至溅到了对方的身上。被尿液打湿的小朋友顿时一阵尖叫，引得周围的幼儿都纷纷投来好奇的目光。

* 分析

针对案例中的情况，保育师可以这样做：①在盥洗室的墙上贴上小朋友有序排队的图片，从行为规范的角度告诉幼儿应该怎样做。②请幼儿担当值日生，帮助教师维持秩序。值日生是一个光荣的职务，是老师的小帮手。因此，幼儿园的值日生活动总是受小朋友欢迎的。保育师可以请既遵守规则又具有良好行为习惯的小朋友，轮流当值日生，让值日生协助自己监督和管理其他幼儿。比如，在培养幼儿良好的如厕习惯时，可以请值日生协助保育师检查小朋友是否拥挤等。幼儿的一些不良习惯在值日生的指导和督促下，可以得到改进，良好的习惯也能逐步形成。

第六节　组织睡眠

午睡环节作为午间保育工作中至关重要的组成部分，其保育方法是否科学合理，直接关系到幼儿入睡时间的充足与否以及睡眠质量的优劣。同时，进一步影响着幼儿身体各部位能量的有效调节，乃至幼儿整日生活与学习的整体效果。与其他保育环节相比，午睡环节最为突出的特点在于，要求绝大多数幼儿能同步实现安静入睡。面对性格差异显著的幼儿群体，保育师需积极采用科学有效的方法，从而确保午睡环节的顺利进行。

一、幼儿午睡常规

对照《3—6 岁儿童学习与发展指南》健康领域的要求和建议，可以把幼儿的午睡常规分解如下。

（一）小班

（1）在教师或保育师的提醒下，按时睡觉和起床，并能坚持午睡。

（2）在教师或保育师的帮助下，有主动穿脱衣服、鞋袜的意愿和行为，并知道衣物应有固定的放置地点。

（3）午睡时，能保持安静。有如厕及其他要求时，能主动表达意愿并及时如厕。

（二）中班

（1）每天按时睡觉和起床，并能坚持午睡。

（2）能自己穿脱衣服、鞋袜，扣纽扣，并能把自己的物品整理整齐。

（3）安静就寝，同伴间有相互协作的愿望和行为。

（三）大班

（1）养成每天按时睡觉和起床的习惯。

（2）能根据冷热增减衣服，会自己系鞋带，并能按类别整理好自己的物品。

（3）午睡姿势正确、习惯好，能指导和帮助能力弱、年龄小的同伴穿脱衣物。

二、组织睡眠的基本方法

睡眠对于恢复幼儿机体的活动能力、确保幼儿身心健康具有至关重要的作用。因此，幼儿园应致力于确保幼儿能获得充足的休息时间。在组织幼儿午睡时，保育师应积极营造一个宁静、舒适的睡眠环境，以有助于幼儿更好地入睡。同时，保育师还须鼓励幼儿自主完成力所能及的日常活动，并对幼儿的尝试与努力给予充分的认可和支持，避免因幼儿操作不熟练或动作较慢而过度干预或代替。此外，保育师还应指导幼儿学习和掌握基本的生活自理技能。诸如，穿脱衣物等，以培养幼儿的独立性和自主性。

（一）睡前准备

入睡前的准备工作是保证幼儿良好睡眠的前提和保障。一般情况下，保育师应做好以下几项工作。

1. 营造适宜的睡眠环境

保育师应确保寝室空气流通、温度适中、光线柔和，以营造适宜幼儿安静入睡的环境。通常情况下，寝室应全天保持开窗通风状态。但在寒冷季节，可于午睡前半小时关闭窗户，以保障寝室内温度舒适；午睡前应拉合窗帘，以减少室内光线亮度；同时，应避免产生嘈杂的谈话声或走动声，以确保幼儿能快速进入睡眠状态。

2. 准备适宜的床铺被褥

保育师须根据季节更迭，适时更换适宜的被褥，以确保幼儿舒适安全。同时，在安排铺位时，应充分考虑幼儿的个体差异，科学合理地规划。具体而言，对于体质较弱的幼儿，应优先安排在避风处，以避免风寒侵袭；对于怕热的幼儿，则适宜安排在通风良好的区域，但要注意避免直接吹到穿堂风，以防感冒；对于入睡困难或喜欢交谈的幼儿，应安排在便于保育师观察照顾的位置，以便及时给予必要的关注和引导。此外，建议在床铺上标明幼儿的姓名或贴上照片，以方便教师和幼儿快速准确地识别，从而提高管理效率。

3. 组织适宜的睡前活动

保育师在幼儿完成午餐之后、午睡之前，可以安排一系列宁静的活动。例如，引领幼儿进行悠闲的散步，聆听柔和的音乐、情节舒缓的童话故事以及悦耳的儿歌，帮助幼儿放松心情、稳定情绪，从而为其顺利进入睡眠状态做好充分准备。

保育师讲故事

4. 快速排除安全隐患

为确保幼儿的安全与健康，每日在幼儿上床休息之前，须仔细检查其口腔内部，确保无食物残渣遗留，并提醒幼儿饭后务必进行口腔清洁，养成良好的口腔卫生习惯。同时，须详细查看幼儿是否随身携带玩具或其他小型物品。若发现有此类物品，应代为妥善保管，避免发生意外。此外，还须仔细检查幼儿的佩饰是否已放置在安全位置。例如，女孩的发卡、手链、胸花、头饰等饰品，以及男孩可能随身携带的小玩具、弹球、小零件等物品，均须确保存放于不易触及的安全区域。

5. 督促提醒幼儿排尿

在幼儿睡前，应提醒幼儿适量减少饮水，以避免因摄入过多水分而影响睡眠质量；同时，在睡前 10 分钟，应再次提醒幼儿进行大小便，以便协助其减少生理上的不适与干扰，确保幼儿能拥有一个安稳的睡眠环境。

（二）睡间指导

为了保证幼儿拥有良好的睡眠质量，保育师应关注幼儿的个体差异，有针对性地提出相关要求，逐步引导幼儿养成良好的生活习惯和初步的生活自理能力，帮助幼儿逐步建立自我服务的意识。

睡间指导

1. 指导幼儿脱放衣物

小班幼儿年龄偏小，自理能力差，保育师可以指导幼儿边念儿歌边学习脱放衣物。比如，“拉下小拉链，两手开小门。左手帮右手，拉拉小衣袖。后面拉一只，前面拉一只。宝宝本领大，衣服脱好了！”也可以采取图案提示的方法。比如，在床底下相应的位置，画上小鞋子或者小脚丫的图案，帮助幼儿正确摆放鞋子；还可以采取请大班哥哥姐姐帮忙的方法，指导幼儿学习正确脱放衣物的方法。而到了中班，就可以在小班的基础上偏重指导幼儿学会协作和相互帮忙，互相提醒、监督，逐步养成正确的脱放衣物习惯。大班幼儿的自理能力增强，保育师可以请值日生协助指导和监管，并适时进行指导和整理，保证班级幼儿的常规基本达到统一标准。将鞋袜放在床下，将外衣、外裤叠整齐放在指定的位置，把外衣放在外裤上面便于起床时穿着；幼儿能按顺序脱放衣物，形成“脱放鞋袜—叠整衣裤—料理床铺—上床盖被”的生活自理习惯。

案例分析

小班的灰灰小朋友，在家都是妈妈给他穿、脱衣服，从来不用自己动手。在幼儿园睡午觉时，他也需要保育师帮他脱衣服，脱完衣服后他总是随手将衣服扔到床上。保育师告诉他要把自己的小衣服叠整齐后放在床头，他无助地看着保育师不知该怎么动手。

* 分析

保育师可以将叠各种衣服的方法编成生动形象的儿歌，引导幼儿学习叠衣服的方法。比如，“小衣服，躺平了，两扇大门要关好，左臂弯一弯，右臂弯一弯”。儿歌说完了，幼儿也能把自己的小衣服叠好了。对于托、小班的幼儿，保育师应在生活活动中有意识地引导幼儿认识衣服的前后、了解平铺衣服的方法，进行简单的对折练习。在午睡环节，保育师还可以给幼儿做示范，告诉幼儿：“我会这样做，请你跟我这样做。”请幼儿模仿保育师的叠衣方法，最后由保育师统一整理。

2. 纠正幼儿不良睡姿

保育师应坚持每天提醒幼儿右侧卧躺下，尤其是对于小班幼儿，他们对左右方向还识别得不是十分清楚，保育师可用示意图或是语言进行提示。比如，对幼儿说：“我们的小脸要和小枕头交朋友，把小脸贴到拿勺子的手的这一边的枕头上。”发现幼儿有不良睡姿时，保育师应立即指导幼儿纠正；冬季应提醒幼儿将被子盖到脖子下面，把双手放入被子中；发现幼儿踢被子或蒙头睡，应及时帮忙盖好或拉下被子，并在起床后及时对幼儿进行教育。

案例分析

明明小朋友是一个活泼可爱的小男孩，并深受教师和同学的喜爱。然而，他在午睡时却有一个不太好的习惯，就是喜欢趴着睡或者蒙头睡觉。这种行为不仅对他的健康不利，还可能影响他的睡眠质量。保育师在日常的观察中发现了明明小朋友的这个习惯，深知幼儿期是习惯养成的关键时期，因此决定及时纠正他的睡姿。保育师耐心地告诉明明，趴着睡觉或者蒙头睡觉会影响呼吸，导致氧气不足，长期下来会影响身体的正常发育。同时，还通过讲解生动有趣的绘本和故事，帮助明明理解正确的睡姿对身体的重要性。

在保育师的悉心指导下，明明逐渐意识到了自己的问题，并努力改正。然而，明明的好奇心强，精力旺盛，他常常会不自觉地回到原来的睡姿。每当这时，保育师就会轻轻地走到他身边，温柔地提醒他调整睡姿。经过一段时间的努力，明明小朋友终于养成了良好的睡姿习惯。现在，他午睡时总是保持平躺或侧卧的姿势，呼吸顺畅，睡眠质量也得到了提高。

* 分析

不正确的睡姿常常与家庭生活习惯有关，可能是幼儿模仿成人形成的，也可能是成人不太重视幼儿的睡姿导致的。因此，保育师要分别跟幼儿和家长讲解正确睡姿对身体的益处和不正确的睡姿对身体的影响，要说明右侧卧是比较适宜的睡眠姿势——不会压迫心脏，睡眠有稳定感；而仰卧容易导致舌根下坠，阻塞呼吸；俯卧会压迫心脏和肺部；左侧卧会压迫心脏、胃部，容易让人在睡觉时翻来覆去，睡眠不稳定。对幼儿应多鼓励，多让幼儿模仿，督促其采用正确的睡姿；与家长则应多交流沟通，并请家长在家里配合、指导幼儿采用正确的睡姿。

3. 安抚幼儿快速入睡

幼儿精力旺盛，兴奋时间长，上床后很难在短时间内入睡，保育师可以用轻柔的语气对全体幼儿提出睡眠的要求。比如，“把眼睛、嘴巴闭上”“静静地躺着”“把身子侧过去”“把小手放入被子里”“让我帮你把被子盖好，要不然小脚丫会露出来，你会冷的”等。也可以用轻缓地抚摸、暗示的表情或提醒的手势等引导不能入睡的幼儿尽量入睡。还可以在入睡前跟小朋友交代任务："请小朋友们做个好梦，醒来后我们比比谁的梦最美。"引导幼儿尽量克制自己，闭上眼睛，进入梦乡。

案例分析

幼儿园小班的小朋友乔乔，在午睡时总是迟迟不肯入睡，不是在床上翻来覆去，就是趴在床上四处张望；有时自言自语或唱歌；有时还不停地跟保育师说要上厕所小便，等保育师带他来到卫生间后，他又说没有小便。

* 分析

才进入幼儿园的小班幼儿，一开始往往难以独立入睡。分析起来，可能存在两方面的原因。一方面是幼儿来到陌生的环境，因为内心焦虑或过于兴奋难以入睡；另一方面是在家养成了大人哄睡或陪睡的习惯，一时难以适应独立入睡。因此，建议保育师扮演家长的角色，轻轻拍着幼儿入睡，使他们深深地感受到"老师喜欢我""老师和妈妈一样好"，从而情绪放松，逐渐对新环境产生安全感。当幼儿适应环境后，保育师再逐步减少陪伴的次数，直至幼儿能够独立入睡。对于依恋家长而不能入睡的幼儿，教师或者保育师可以让幼儿带一张家长的照片或自己喜欢的其他东西，让幼儿心理得到安慰。对于一些分离焦虑严重的幼儿，保育师要与其家长协商，让幼儿午饭后回家睡觉，从半日入园逐渐过渡到全天入园。有的幼儿精力旺盛，保育师不要强求幼儿必须入睡，否则会让幼儿产生心理负担。可以对幼儿说："睡不着没关系，闭上眼睛，躺着休息一会儿。"

4. 坚持巡回安全检查

保育师要保持坚守岗位，严禁擅自离开，且不得从事任何与工作无关的活动。确保在幼儿发生意外事件时，能迅速反应，及时抵达事发地点，采取必要措施。同时，须严格执行每15分钟一次的巡回检查制度，细致观察幼儿的睡眠状况，根据季节变化及时采取相应措施。如冬季为幼儿加盖被子，夏季调节室内温度，并为出汗的幼儿擦拭头部汗水。特别关注服用药物或发烧的幼儿，一旦发现异常情况，应立即妥善处理，确保幼儿的身心健康。

（三）起床整理

起床整理环节对于维护幼儿园秩序、保障幼儿健康至关重要。通过精心组织起床整理工作，可以有效减少混乱现象，预防幼儿因疏忽而生病。反之，若对此环节重视不足，可能会导致家长对保育工作的满意度下降，甚至可能因疏忽大意而引发意外事故。因此，保育师应充分认识到起床整理工作的重要性，以严谨、细致的态度做好每一个环节，确保幼儿的安全与健康。保育师应做好以下几点。

1. 营造起床环境

无论是在寒冷的冬季，还是炎热的夏季，保育师都应在幼儿起床前5分钟，确保窗户已紧闭，以预防幼儿因外界温差变化而受凉。然后，播放柔和宁静的音乐或讲述节奏舒缓的故事，以温柔的方式逐渐唤醒幼儿的意识。对于部分存在赖床现象的幼儿，保育师可采取轻拍或轻声呼唤的方式，耐心引导其起床。

2. 督促幼儿起床自查

为确保幼儿健康，避免感冒，指导幼儿坐在床上先行穿好上衣，然后起身穿裤子。同时，提醒幼儿进行自查。检查是否少穿了衣物、穿反了鞋子、穿错了裤子或漏穿了袜子等。若有不当之处，及时自行调整，逐步培养幼儿正确的起床穿衣习惯。

对于年龄较小且自理能力相对较弱的小班幼儿，保育师应待班上其他教师到齐后，再统一组织起床。对于个别醒得较早的幼儿，按照谁先醒、谁先穿的原则，协助其穿衣。此外，在督促幼儿自查方面，可以引入大班幼儿协助。以大带小的方式进行检查，以减少幼儿的等待时间，确保活动的顺利进行。

3. 严格午检制度

保育师应在幼儿起床过程中观察幼儿的精神状态。对表现异样的幼儿，如平时活跃的幼儿突然很安静、幼儿脸色苍白或者有不正常的潮红等，保育师要即刻进行体温检查，或是送到医务室请保健医生处理。尤其是对于托、小班幼儿或者性格内向的幼儿，保育师更要仔细、重点地进行观察，做到有问题及时处理。在组织幼儿如厕时，保育师也要适当地观察幼儿的小便情况。发现小便颜色加深或是小便过多、过少等问题，都应有针对性地处理。尤其是在干燥季节，保育师要督促所有幼儿多喝水。保育师可以通过集体活动讲解水对人们身体的重要性，以此来引导不爱喝水的幼儿；还可以让幼儿对比一下不同颜色的小便图片，引起幼儿对喝水重要性的关注，保证幼儿主动饮水、补充充足的水分。

案例分析

在午睡期间，当大部分幼儿都已睡着后，小微突然大哭起来。保育师询问后得知，她把手链上的一颗珠子放到耳朵里，掏不出来了，保育师赶紧送她去了医院。

* 分析

案例中，保育师没有尽到午睡工作的职责。表现在：没有做好午睡前的检查，没有发现手链上的珠子；没有进行巡回检查，所以没发现幼儿在玩珠子；没有尽到告知和指导家长的义务，导致家长让幼儿带了存在安全隐患的物品到幼儿园。保育师和教师要严格执行保育工作的各项制度，在午睡环节，要严格落实检查和巡视工作，真正以幼儿的生命安全为首要任务，做好午睡的各项检查工作。

4. 打扫整理寝室

幼儿起床速度不一样，教师和保育师应提前做好分工，一人为女孩梳头，一人组织其他幼儿如厕、饮水或游戏；待全部幼儿离开寝室后，教师可协助保育师整理好床铺，保持床面整洁、枕被摆放整齐；保育师负责打扫寝室卫生，开窗通风，保持寝室空气流通。

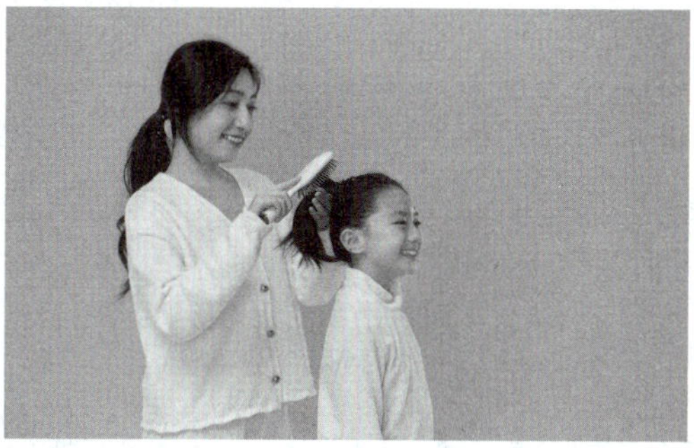

保育师为幼儿梳头

思考与练习

1. 幼儿入园之时，对其身体观察的内容有哪些？
2. 简述幼儿的情绪特点。
3. 如何指导幼儿独立进餐？
4. 如何组织不同年龄段幼儿饮水？
5. 如何教会幼儿正确的盥洗方法？
6. 组织幼儿如厕的基本方法有哪些？
7. 组织幼儿睡眠的基本方法有哪些？

第五章 安全健康管理

★【本章概述】

由于幼儿生活经验相对匮乏，尚未形成充分的防范与自我保护意识，同时其自我保护能力亦有限。因此，幼儿期成为个体生命中极易遭遇事故与危险的阶段。然而，此阶段至关重要，是建立与培育幼儿防范与自我保护意识、加强并提升其自我保护能力的关键时期。如何有效减少意外伤害事件的发生，切实提升幼儿的生存质量，已成为亟待解决的重要课题。

★【学习目标】

1. 了解室内物品安全的注意要点。
2. 了解安全教育的要点。
3. 熟悉幼儿园的卫生保健制度。
4. 能熟练处理常见意外事故。
5. 掌握婴幼儿伤害预防的相关知识。
6. 能对婴幼儿进行安全照护。
7. 掌握婴幼儿常见病的保健。
8. 通过深入学习和全面理解相关知识，掌握系统且扎实的安全知识体系，确保心中始终牢记安全准则；时刻关注安全事项，从而切实有效地维护幼儿的人身安全与生活安全。

第一节　安全管理

一、预防安全事故

保育师应具备高度的责任心，严格履行各项工作职责，并时刻将安全置于首位。同时，保育师须积极学习并掌握婴幼儿的心理特性，提升观察婴幼儿行为的能力，以有效预防事故的发生。在日常对婴幼儿进行保育与教育的过程中，保育师应重点关注婴幼儿的精神状态、行为举止、食欲情况、大小便情况、睡眠状况以及体温等关键指标。如发现婴幼儿出现异常情况。如原本活泼好动的幼儿突然变得沉默寡言、活动减少、精神萎靡、面色潮红；或进食时食欲不佳，甚至出现呕吐现象；或小便颜色加深，大便次数增多或拉稀等，保育师应迅速作出反应，对幼儿进行进一步的医学检查，以准确判断异常表现的原因；并采取相应措施，确保婴幼儿的健康与安全。

（一）安全保障

1. 室内物品安全

在活动室，幼儿接触物品繁多。其中，包括家具、电器、插座、饮水机、区域活动材料以及卫生清洁用品等，这些物品均可能潜藏安全隐患。因此，保育师在日常工作中务必保持高度警觉，进行细致入微的检查，确保及时排除潜在的安全风险，以保障幼儿的健康成长与学习环境的安全稳定。

室内游戏室

（1）固定设备安全。固定设备安全的要求见表 5-1。

表 5-1　固定设备安全要求

名称	安全要求
玩具柜	购置玩具柜时，优先考虑圆角柜。对于已经购置的方角柜可以用软包护角包起来。柜子放置时，尽量背后有所倚靠（靠墙或两个柜子背靠背）。如果是单独置于活动室中间，则要考虑柜子自重及稳定性
空调、电视、净化器、加湿器等设备	所有电器化设备的遥控器应放置在幼儿不易接触的位置；不用且裸露在外的插座，一定要用安全插头保护起来。配合后勤部门定期检查室内线路和各种电器设备，保证安全使用
饮水机	使用饮水机时，请专业人员将饮水机热水调至 40℃，让幼儿接水时养成排队、不拥挤的好习惯；喝水前，先用嘴唇触碰感觉温度，温度适宜了再大口喝。注意保持饮水机周围干燥、清洁
消毒柜	放置在教师办公室，在幼儿不在场时开启使用。消毒结束后，不要立即打开柜子；等温度稍微冷却后，再打开

（2）玩教具安全。玩教具安全标注和注意事项如下。

①提供给幼儿的玩教具材质应符合国家幼儿玩教具安全卫生标准。

②材料符合幼儿年龄段特征，并有一定的安全措施。如剪刀应是圆头的安全剪刀、小班不能提供体积太小的玩教具等。

③在玩教具发放前，教师要清点检查玩教具的数量，做到心中有数。活动结束后收回玩教具时，更要清点数量，以免发生意外。

安全剪刀

④对于第一次使用的工具和材料，教师要详细介绍正确的使用方法和注意事项。

（3）清洁用品安全，具体要求如下。

①清洁工具按照标志悬挂、放置在固定位置。

②洗涤用品和消毒用品放置在幼儿不易够到的置物柜内。

③严格按照要求使用 84 消毒液和洁厕剂。

④给物品擦拭消毒时，将按比例兑好的消毒水放置在幼儿够不着的位置。

（4）生活用品安全，具体要求如下。

①幼儿衣着安全。鼓励幼儿在园穿着宽松、简洁、便于活动的衣服；不穿具有安全隐患的衣服。如衣服帽子绳过长、裙子过长、鞋子过大、衣服上有小饰品等。

②勺子、筷子使用安全。注意培养幼儿良好的常规习惯。吃饭离开座位时，将勺子、筷子放在桌上；不拿着勺子、筷子走或跑。

2. 组织活动安全

无论是集体活动还是区域活动、室内活动还是户外活动，保育师要对参加活动的幼儿人数了然于心，活动前、中、后点名确定。此外，保育师要留意活动场所安全通道，熟记逃生路线，以便在遇到任何安全问题时能够快速撤离。幼儿园活动安全指导要点，见表 4-2。

表 5-2　幼儿园活动安全指导要点

类别	安全指导要点
集体活动	（1）活动开始前和活动结束后，均要清点幼儿人数，做到心中有数、眼中有全体幼儿。 （2）幼儿的座位安排要有一定空隙且留出安全通道，在幼儿自愿选择相邻伙伴的基础上，教师要根据幼儿性别、性格特点等进行细微调整，尽量男女幼儿、内外向幼儿搭配。 （3）在集体教学活动中的教具要安全，提供给幼儿的教具、学具数量要与回收回来的教具、学具数量一致。 （4）注重幼儿良好常规培养，避免拥挤、混乱或大声喧哗
区域活动安全	（1）根据区域范围大小、活动区特点，限定好各个区域进区人数、进区规则。 （2）定期检查区域材料是否有松动、损坏等，排除安全隐患。 （3）保育师与教师合理站位，有主有次，兼顾全班幼儿
户外活动安全	（1）活动开始前和活动结束后，均要清点幼儿人数，做到心中有数、眼中有全体幼儿。 （2）提前确认户外活动场地和活动器材没有安全隐患。 （3）制订符合幼儿年龄特点和身心发展特点的活动计划，活动前有热身，活动后有放松。 （4）活动过程中注意观察体弱幼儿、身体缺陷幼儿、生病初愈幼儿身体状况。 （5）根据天气情况为幼儿准备汗巾、保温杯

3. 过渡环节安全

幼儿过渡环节安全指导要点，见表 5-3。

幼儿过渡环节安全指导要点

表 5-3　幼儿园过渡环节安全指导要点

类别	安全指导要点
来园	（1）在来园接待时，要坚持晨间检查。重点检查幼儿着装和携带物品的情况，特别是要通过查看幼儿的衣服口袋和书包，检查幼儿是否携带不适宜的物品来园。 （2）幼儿可能携带的不适宜物品主要有三类。一是容易丢失或可能被幼儿误吞的贵重物品。如手镯、项链、戒指等；二是可能对幼儿造成伤害的具有一定危险性的物品。如打火机、火柴、剪刀、针、铁钉、纽扣、玻璃球、带有子弹的玩具手枪等；三是容易造成幼儿呛、噎、窒息的食品。如果冻、花生、豆子、爆米花、瓜子、口香糖等零食。 （3）对于身体不适的幼儿，建议家长带回家休息或及时就诊，以免延误病情

表 5-3（续）

类别	安全指导要点
饮水、盥洗、如厕	（1）组织幼儿饮水、盥洗、如厕时，要根据盥洗室厕位数和水龙头数量分批次进行，避免拥挤碰撞。 （2）毛巾架靠墙放置，不占用安全通道，随时保持盥洗室地面干燥，防止幼儿滑倒
用餐	（1）保育师取回餐点后要全部加盖或加保鲜膜，放置在专用桌子上，由保育员在旁看管，等温度适宜后再给幼儿分发食用。 （2）教师分餐时，在定量基础上，坚持“少量多添”原则，避免在取餐时因过满溢出来。 （3）培养幼儿良好用餐习惯，使其正确使用勺子、筷子，安静进餐，不说话，不打闹
午睡	（1）做好午睡前的检查。首先，检查幼儿床褥有无异物，是否干净干燥；其次，检查幼儿身体有无异常，嘴里有无饭菜。 （2）做好午睡间的巡视。首先，检查幼儿有没有把玩具、扎头发的皮筋、发卡等小物件带上床，睡觉时着衣厚度是否合适、舒服，是否有安全隐患；其次，纠正幼儿不良睡姿，注意观察幼儿呼吸、面色是否正常；最后，根据室内温度情况及时调整幼儿盖被子情况。 （3）做好午睡后的检查。首先，检查幼儿有没有遗漏衣服、袜子；其次，检查幼儿是否遗尿、遗便；最后，检查幼儿枕头、被褥情况，看看幼儿是否有大量出汗情况
离园	建立幼儿接送制度，家长凭接送卡入园，防止幼儿走失、被冒领。每天来接领幼儿的最好是家庭固定人员；如有变动，提前和班级教师做好沟通和确认

（二）安全教育

为确保幼儿安全，保育师在职责履行过程中，应全面细致地做好安全防护工作，有效消除潜在的安全隐患，积极预防安全问题的发生。同时，保育师还须加强对幼儿的安全教育和引导工作，通过系统的教学和实践活动，提升幼儿的自我防护意识和自我保护能力，确保幼儿能够在安全、健康的环境中茁壮成长。

“知道必要的安全保健常识，学习保护自己”是《幼儿园教育指导纲要（试行）》在健康教育中提出的总目标之一。幼儿生长发育迅速，但还未完善，可塑性强，但知识经验缺乏；活动欲望强烈，自我保护意识薄弱。因此，增强幼儿的安全意识，提高幼儿的自我保护能力是幼儿园实施健康教育的根本保证。

安全主题教育

1. 安全主题教育

在明确界定各年龄段教育目标的基础上，依托每月特定的安全教育主题，通过一系列直观、形象、富有活力的游戏化教学方式，向幼儿普及安全知识，加深幼儿对安全问题的感知、体验、操作及理解。在进行安全教育时，保育师与教师紧密配合，策划活动主题，精心布置并准备活动场景，充分运用游戏化的教学手段和情境设计，使幼儿能通过亲身感受、情景模拟等方式，切实掌握相关安全知识。

（1）安全教育目标。不同年龄阶段幼儿的安全教育目标，见表 5-4。

表 5-4　不同年龄段幼儿的安全教育目标

年龄段	安全教育目标
小班幼儿	①不接受陌生人的东西、不跟陌生人走。 ②不接触危险物品，不去危险的地方。 ③懂得玩大型器械的方法与规则，上下楼梯时不拥挤。 ④不乱吃东西，不将异物放入口、耳、鼻中。 ⑤身体不适时能主动告之，知道打针、吃药能治病、防病
中班幼儿	①知道自己的幼儿园名称、父母姓名、家中的电话号码、住址；与家人失散时，懂得找民警帮助。 ②不玩危险游戏，注意保护自己不受伤害。遇到危险时，知道躲避与求救。 ③不吃不清洁的食品，知道保护自己的身体器官。 ④配合成人要求治病与防病
大班幼儿	①认识常见的安全标志，知道遇到危险时简单的自救方法。 ②初步了解自己身体各部分的功能，知道简单的保护方法。 ③了解简单的防病知识，知道通过运动来增强自己的体质

（2）加强安全自护教育。幼儿园安全自护教育内容，见表 5-5。

表 5-5　幼儿园安全自护教育

类别	名称	安全教育内容
生活中的安全自护教育	进餐	进餐或饮水时，不说话、不打闹，避免呛到；用手摸摸碗或杯子，看看温度是否适宜，以免烫伤嘴；吃东西前，应先查看生产日期和保质期，不能食用过期食品；知道不能乱吃或乱喝没有生产标志的食物
	睡眠	知道饭后不能立即入睡，不能趴着睡、蒙头睡，不能含着东西入睡，不把玩具、小物件带上床
	行走	在活动室慢慢行走，不快速跑，避免摔倒或碰伤。上下楼梯时，知道扶着栏杆扶手靠右行驶，不追赶、不打闹。知道过马路时要和大人手拉手，要走人行横道，确认无车辆时再匀速通过
	药物	知道不能把药物带到幼儿园，不乱吃、乱尝药物；知道 120 是急救电话，认识防毒标志
	防触电	知道不能用手触碰电源插头、插座，不在靠近电源的地方嬉戏玩耍
	开关门	不随意、频繁关门或开门，不在门边玩耍；不把手放在门框、抽屉里，关门或开门前确认没有其他小朋友把手放在门上；知道“安全门”的作用

表 5-5（续）

类别	名称	安全教育内容
生活中的安全自护教育	剪刀	使用安全剪刀，知道传递剪刀的正确方法
意外事故中的安全自护教育	防火、防烫伤	不在有火源、有开水的地方玩耍；不玩火柴、打火机和蜡烛等物品；知道 119 是火警电话，认识防火的标志
	防雷电	知道打雷下雨时，不能在大树及高大的建筑物下避雨；不在雷雨天看电视
	防洪水	了解自救知识，知道在水中抓住能浮起来的物品，或上树，或爬到地势较高的地方自救
	防地震	了解地震发生时的一些现象，知道地震时要躲避在相对安全位置；逃生时，走安全通道，有序撤离，不能乘坐电梯
	防拐骗	知道自己及父母的姓名、家庭住址、电话号码、父母的工作单位；不接受陌生人的玩具、食品，不跟陌生人走，不跟陌生人说话；遇到危险时，知道大声呼救；知道 110 是报警电话
	防异物	不将豆类、别针、硬币、玻璃球、纽扣等放入口、鼻、耳中

2. 安全疏散演练

每月精心策划并组织幼儿参与“地震”“火灾”“防爆”等一系列安全演练活动，让幼儿深入了解并熟悉应急逃生路线和通道。

3. 随机安全教育

在幼儿的日常生活中，不可避免地会存在一些潜在的安全风险。保育师作为幼儿的指导者和保护者，应敏锐地捕捉到这些教育时机，及时开展安全教育，以进一步增强幼儿的安全意识。例如，当幼儿在下楼过程中因奔跑速度过快而摔倒在台阶上时，保育师应立即把握这一教育机会，引导幼儿就刚刚发生的意外情况进行深入讨论。如“为何会发生摔倒的情况”“摔倒后应该如何妥善处理”“如何有效避免此类情况再次发生”等。通过此类讨论，保育师可以对幼儿进行警示教育，帮助幼儿认识到潜在的安全风险，并学会采取正确的应对措施，从而有效预防类似事件的再次发生。

游戏中的安全教育

二、常见意外事故的处理

（一）鼻腔异物的处理

婴幼儿因好奇心旺盛，常将花生米、小珠子、纽扣等微小物品放入鼻腔中。此举不仅严重妨碍呼吸功能，更可能诱发鼻腔炎症，甚至导致异物误入气管，形成气管异物，对婴幼儿的生命安全构成威胁。因此，保育师在日常工作中须保持高度警觉，细心观察婴幼儿的行为举止。一旦发现鼻腔异物，应立即采取安全措施取出，确保婴幼儿的安全与健康。

步骤如下。

（1）让幼儿深吸一口气，用手堵住无异物的一侧鼻子，用力擤，异物即可排出。

（2）若异物仍未取出，切不可擅自用镊子夹取圆形异物，应立即送医院处理。

（二）咽部异物的处理

咽部异物，常见类型包括骨刺、骨头渣、瓜子壳、枣核等。

在处理咽部异物时，最佳方式是使用镊子进行精细操作以取出异物。切勿采取大口吞咽的方式，以免导致异物进一步深入，增加风险。若无法自行取出，应立即前往医院就诊，由专业医生进行处理，确保安全有效。

（三）眼内异物的处理

婴幼儿眼内异物最为常见的是小沙粒、小飞虫等，处理的具体步骤如下。

（1）引导婴幼儿轻柔地闭合双眼，并严禁其揉搓眼部区域，以避免对角膜造成任何不必要的损害。

（2）保育师在处理婴幼儿眼内异物之前，必须确保双手已彻底清洁并消毒。若异物仅附着于眼结膜表面，应使用清洁且柔软的手绢或棉签进行轻微擦拭；若异物深入眼结膜囊内部，则须轻柔地翻动眼皮以便清除。

（3）在翻动上眼皮时，引导婴幼儿目光向下，保育师须用拇指与食指轻轻夹住其眼皮并朝上翻起；而在翻动下眼皮时，则引导婴幼儿目光向上，保育师须用右手拇指轻轻下拉下眼皮。若上述方法均未能成功取出异物，且婴幼儿仍感到严重不适，可能存在角膜异物的情况，此时应立即送往医院接受专业诊疗。

（四）外耳道异物的处理

外耳道异物一般分两种：一种是非生物性异物，如幼儿觉得好玩而塞入的豆子、小石头等；另一种是生物性异物，如小昆虫等。

（1）外耳道异物如果是非生物性异物，可用倾斜头、单脚跳跃的动作，使异物自动出来。若以上方法无效，应上医院处理。

（2）外耳道异物如果是小昆虫，可用强光接近幼儿的外耳道，或吹入香薰的烟雾将小虫引出来。若以上方法无效，应立即去医院处理。

（五）气管异物的处理

气管、支气管进入异物多见于 5 岁以下的幼儿。婴幼儿口含食物或小物件，在哭闹、嬉笑时最易发生气管异物。婴幼儿气管有异物时，会出现呛咳、吸气性呼吸困难、憋气、面色青紫等现象。此时情况紧急，应立即加以处理。

（1）若是较小幼儿气管出现异物，应将其倒提起来，拍背。

（2）若较大的幼儿气管出现异物，可让其趴卧在成人腿上，头部向下倾斜，成人轻拍其后背；或成人站在幼儿身后，用两手紧抱幼儿腹部，迅速有力地向上勒挤。若幼儿不能呼吸，应做人工呼吸。

拓展链接

病情轻重的判断

1. 依据发生意外的原因进行判断

有些意外事故发生后，必须在现场争分夺秒地进行正确而有效的急救，以防止可以避免的死亡。如溺水、触电、外伤大出血、气管异物、中毒、车祸等。也有些意外事故虽然不会顷刻致命，但也十分严重，如果迟迟不做处理或处理不当，也可造成死亡或终身残疾。在烧伤、烫伤、骨折等上述意外事故发生后，都要实施急救。

2. 依据伤者的情况进行判断

当人体受到外界的强大刺激，或疾病发展恶化至最后阶段，重要的生命机能已经紊乱、衰竭，新陈代谢降低到最低的水平，呼吸、心跳等也发生了改变。

（1）呼吸的变化。垂危患儿的呼吸已由正常节律变得不规则，时快时慢，时深时浅，出气也已不均匀了。鼻翼或胸廓，如果鼻翼扇动，而胸廓在吸气时反而下陷，这都说明其呼吸已十分困难。若呼吸已停，应立即做人工呼吸。

（2）脉搏的变化。垂危患儿的脉搏由规则节律的跳动变得细快而慢或节律不齐，说明心脏功能和血液循环出现了严重障碍。一旦心跳停止，应立即做胸外心脏按压。

（3）瞳孔的变化。瞳孔直径一般为 3 mm，遇到光线后能迅速收缩。垂危患儿眼睛无神，瞳孔已不能随光线的增强而迅速缩小。最后瞳孔会逐渐散大，对光线完全失去反应能力。

（六）蚊虫咬伤的处理

夏秋季节蚊虫多，被蚊虫叮咬的机会也随之增多。婴幼儿多见的是被蚊子、蜂类蜇伤、被洋辣子拉伤。

（1）被蚊子咬伤时，可用清凉油、绿药膏、酒精等涂于患处。

（2）被蜂和洋辣子刺伤时，伤口处会疼痛红肿。此时，可先用橡皮膏将皮肤中的刺粘出来，然后再将肥皂水涂于伤处。

（3）如果是被黄蜂蜇伤，可将食醋涂于伤处。

（七）惊厥（抽风）的处理

婴幼儿出现惊厥的原因很多，以高烧惊厥较为常见。如患上呼吸道感染、流行性脑脊髓膜炎、中毒性痢疾等均会造成婴幼儿高烧，进而发生惊厥。此外，婴幼儿缺钙可引起手足抽搐、癫痫、低血糖、中毒等，也会造成婴幼儿惊厥。

婴幼儿惊厥的表现通常是突然发作，意识丧失，头向后仰，眼睛凝视，呼吸细弱且不规则，唇青紫，四肢和单侧或双侧面部抽动，持续的时间可由 1 ~ 2 min 到 10 min，甚至半个小时以上不等。婴幼儿惊厥后，保育师千万不可惊慌失措，不可大声呼叫或用力摇晃、拍打幼儿，应采取以下措施。

（1）让幼儿侧卧，以便于及时排出分泌物，防止异物被吸入气管。同时，松开衣领、裤带，以保持血液循环的畅通。

（2）不要紧搂幼儿，可轻按幼儿抽动的上下肢，避免幼儿从床上摔下来。

（3）将毛巾或手绢拧成麻花状放于上下牙之间，以免幼儿咬伤舌头。但如果幼儿牙关紧闭，无法塞入毛巾，则不可硬撬。

（4）随时擦去痰涕。

（5）用针刺或重压人中穴，即唇沟的上三分之一处。

（6）在急救处理的同时，应做好去医院的准备工作。当婴幼儿发烧时，切忌包裹过严过厚。否则，会使体温持续上升，导致惊厥。

（八）中暑的处理

日光长时间照射婴幼儿的头部，可使其中暑，出现头疼、头晕、耳鸣、眼花、口渴甚至昏迷的症状，应采取以下措施进行处理。

（1）将幼儿移至阴凉通风处，解开其衣扣，让其躺下休息。

（2）用凉毛巾冷敷头部，用扇子扇风，帮助幼儿散热。

（3）让患儿喝一些清凉饮料，或口服十滴水、人丹等。

（4）在炎热的夏季，婴幼儿户外活动的时间应避开阳光最灼热的阶段。可在树荫或屋檐下游戏，避免阳光直接照射。天气炎热时，保育师应提醒婴幼儿多喝水。

（九）冻伤的处理

婴幼儿冻伤多为轻度冻伤，常见于耳朵、面颊、手、足等处，仅伤及表面，局部红肿，有痛和痒的感觉。冻伤伤愈后虽然不会留下疤痕，但受冻处还易复发。因此，平时应注意不要让婴幼儿穿过小的鞋子，洗手后将手仔细擦干。脚出汗的幼儿应及时换掉汗湿的袜子，并注意经常按摩手、脚、耳、鼻等处。

（十）头部摔伤的处理

婴幼儿玩耍时摔伤头部的情况并不少见，严重时还会导致出血。对此，应采取以下的措施。

（1）出血时，马上用一块清洁的纱布轻轻按压伤口，以达到止血的目的，并及时送医院。

（2）若摔伤后未见出血，要对幼儿进行 24 小时的密切观察。如果出现以下症状，应及时送往医院急救。

①受伤后有恶心、呕吐的现象；

②受伤后有过意识丧失的现象，或正处于意识丧失的状态；

③头部剧烈疼痛；

④眼、耳、鼻周围有出血；

⑤抽风、麻痹、言语障碍。

（3）婴幼儿摔伤头部后，务必要通知其家人。

（十一）溺水的处理

如果发生婴幼儿溺水，现场急救是非常重要的。急救措施主要有倒水、人工呼吸和胸外按压。

（1）倒水。首先将溺水儿俯卧在大人肩头，头朝下、足朝上，不时颠颤，让水从其体内倒出。

（2）人工呼吸。使溺水儿仰卧，头尽量后仰，并清除口腔堵塞物。一手托其下颌，使呼吸道畅通，另一手捏其鼻孔，口对口吹气，然后松开鼻孔，使气体因胸廓的自动下落而被排出。吹气的力量不要过大，每分钟进行 20 次人工呼吸，吹气排气的时间比为 1 ∶ 2。如果溺水儿牙关紧闭，可采取口对鼻的方法进行人工呼吸。

（3）胸外按压。如果溺水儿心跳停止，在做人工呼吸的同时还应进行胸外按压。方法是让溺水儿仰卧，双手交叉将手掌放在其胸骨中下段，适度用力，有节奏、带冲击性地按压，每分钟 60 ～ 100 次。

（4）在进行抢救的同时，应抓紧联系急救中心或最近的医院，以争取最大的抢救机会。

（十二）触电的处理

（1）尽快切断和脱离电源。应立即关闭电源，或用干燥的竹竿、木棒等非导电物体将电线从触电幼儿的身上挑去。切记，保育师自身也要注意安全，并采取相应的绝缘措施。

（2）按压心脏和进行人工呼吸。脱离电源的幼儿如果心跳、呼吸停止，应立即进行心脏按压和人工呼吸，方法同上。

（3）立即送往最近的医院抢救。电流的震荡作用能引起人体器官的严重损伤，还会深入肌肉、骨骼、内脏，所以，即使现场急救成功，也不要忘了送幼儿到医院进行检查和治疗。

拓展链接

急救的原则

1. 挽救生命

呼吸和心跳是最重要的生命活动。在常温下，呼吸、心跳若完全停止4分钟以上，生命就有危险，超过10分钟则很难起死回生。如果在患儿呼吸、心跳已很不规律，快要停止或刚刚停止时，还是迟迟不采取急救措施，而只等医生的到来，或者送到医院后再实施抢救，往往会造成不可挽回的后果。所以一旦患儿的呼吸、心跳有严重的障碍时，当务之急就是要立即实施人工呼吸、按压心脏等急救措施；抓住最初的几分钟到10多分钟的时间，帮助患儿呼吸、心跳，以期恢复患儿的自主呼吸，维持其血液循环。

2. 防止残疾

发生意外后在实施急救措施挽救生命的同时，还要尽量防止患儿日后留下残疾。如婴幼儿发生严重摔伤时，有可能造成腰椎骨折，施救时就不能用绳索、帆布等担架抬救患儿，也不能抱或背患儿，否则会损伤脊髓，造成其终身残疾。这样的急救方式虽说可以挽救奄奄一息的生命，但却会造成患儿终身的不幸，而这种不幸是可以通过采用恰当的急救措施避免的。如发生上述摔伤，一定要用门板之类的木板担架转运患儿。

3. 减少痛苦

意外事故造成的损伤往往是很严重的，常常会给患儿的身心带来极大的痛苦，因而在搬动、处理时动作要轻柔，语气要温和。不要认为救命要紧，其他事情都可以不管不顾，这样反而会加重患儿的病情。

第二节 健康管理

一、卫生保健制度

幼儿园的卫生保健制度，作为确保婴幼儿健康成长、有效预防和控制事故发生的关键举措，具有极其重要的意义。为此，幼儿园必须建立健全并坚决执行各项卫生保健制度，以确保幼儿的安全与健康。

此外，幼儿园的卫生保健制度，也是防止疾病发生或在园内传播、保障婴幼儿身体健康的基本保障。因此，幼儿园必须高度重视卫生保健制度的建立与执行，确保制度的有效性和实施力度，为幼儿的健康成长创造安全、卫生的环境。

（一）生活制度

幼儿园在制定生活制度时，必须综合考虑与之有关的各种因素，制定出既切合本园实际情况又符合婴幼儿发展特点的合理的生活制度。一般而言，在制定生活制度时，主要依据以下几个方面。

1. 依据婴幼儿生理活动的特点制定

根据神经生理学的相关理论，人类在进行特定活动时，大脑皮层中仅有与活动相关的神经细胞处于活跃状态，执行相应的工作功能，而其余部分的神经细胞则处于抑制状态，以实现休息。这种机制构成了工作区域与休息区域的划分。工作区域与休息区域并非固定不变，而是会随着活动的性质与方式的转变而相应调整。这种交替性的活动模式，确保了大脑皮层各区得以轮流休息，从而维持机体的正常工作能力，有效预防过度疲劳的发生。

鉴于婴幼儿的神经系统尚未完全发育成熟，若某种性质的活动持续时间过长，极可能导致大脑皮层相关区域的神经细胞出现疲劳现象。因此，当婴幼儿进行某一活动达到一定时间后，应适时调整活动的性质，以确保婴幼儿大脑皮层的神经细胞得到充分的休息，避免疲劳积累，从而维持其良好的工作能力。

因此，幼儿园在制定生活制度时，应充分考虑到各类活动的轮换安排，确保劳逸结合、动静交替的科学原则得以贯彻实施。具体而言，可在教育活动之后合理安排自由游戏环节，以调节幼儿的学习状态；在室内较为安静的活动结束后，可组织婴幼儿到户外进行体育活动，以锻炼身体，释放活力。通过这样科学合理的活动安排，既能有效调动和锻炼婴幼儿大脑皮层各机能区的神经细胞以及身体的各器官、系统，又能确保它们得到轮流且充分的休息，从而全面促进婴幼儿身心的健康发展。

2. 依据婴幼儿不同年龄阶段的特点制定

（1）婴幼儿的年龄特点。婴幼儿期是生长发育极为迅速的时期，因此，幼儿园的生活制度必须首要考虑满足婴幼儿生长发育的各类需求。在制定生活制度时，须科学、合理地规划婴幼儿的进餐时间，确保其饮食规律且营养充足。同时，还须保障婴幼儿拥有充足的休息时间和适宜的户外活动时间，以促进其健康成长和全面发展。

（2）在规划婴幼儿的生活制度时，必须充分考虑到不同年龄段婴幼儿的特性，确保制度设计能够精准满足其成长需求。具体而言，年龄较小的婴幼儿需要更为频繁的进餐以保证营养摄入，同时需要更长的睡眠时间以促进身体发育，而相应的游戏和教育活动时间则宜短暂。随着婴幼儿年龄的增长，进餐次数和睡眠时间可逐步减少，而游戏和教育活动的时长则可逐渐延长，活动次数也应相应增加。这样的安排确保婴幼儿在不同成长阶段都能得到恰当的照顾和教育，促进其全面发展。

3. 依据所处不同地区的特点和季节变化制定

我国幅员辽阔，南北气候迥异，东西时间差异显著。鉴于此，各幼儿园在制定生活制度时，应充分结合本地区的地理特征以及本园的实际情况，确保制度的科学性与合理性。同时，考虑到不同季节的气候特点，幼儿园还须对生活制度中的相关环节进行调整与优化。例如，在夏季，由于昼长夜短，幼儿园可适当提前婴幼儿的入园时间；寄宿制幼儿园，也可相应提前早晨起床的时间，并适当推迟婴幼儿晚上睡觉的时间。此外，为确保婴幼儿每天拥有充足的休息时间，中午时段可适当延长婴幼儿的午睡时间。如有必要，幼儿园还可根据当地的具体情况和实际需求，制定适应不同季节特点的生活制度，以更好地满足婴幼儿的成长与发展需求。

4. 依据家长的需要制定

鉴于婴幼儿的年龄特征，其入园及离园过程必须由家长亲自负责接送。因此，幼儿园在制定生活制度时，务必充分考量家长的实际情况及需求，提供更为贴心的家长服务。例如，针对家长的需求，幼儿园可适当提前入园时间，并酌情延后离园时间。同时，在膳食安排方面，幼儿园亦可由原先的一餐两点，增加至三餐一点或三餐两点等，以满足家长及婴幼儿的多样化需求。

生活制度建立以后，应该严格地实施，以保证婴幼儿在园内生活的规律性。但由于婴幼儿在园内的活动并不是一成不变的，有时会有一些特殊的活动介入。例如，开运动会、组织外出进行远足活动、进行健康检查等。因此，婴幼儿一日生活的安排既应保证一定的稳定性和规律性，又应具有相对的灵活性。

婴幼儿之间存在着较大的差异。例如，有的幼儿精力十分旺盛，睡眠的需要较少，而有的幼儿由于体质较弱等原因，往往需要比其他幼儿更多的睡眠时间。又如，有的幼儿吃饭的动作较慢，吃饭需要较长的时间等。对此，生活制度在具体实施的过程中，还应该兼顾婴幼儿个体的差异，适当地加以区别对待，以适应不同幼儿的特点，满足幼儿的不同需要。

（二）健康检查制度

幼儿园应建立健全健康检查制度。健康检查的对象，应包括新入园的婴幼儿、在园的婴幼儿以及幼儿园的全体工作人员。

健康检查制度

对婴幼儿进行定期的和不定期的健康检查，可以了解每个幼儿的生长发育情况和健康状况，以便采取相应的措施，更好地促进其健康成长。同时，对幼儿的疾病也可以做到早发现、早隔离和早治疗。

1. 入园前的健康检查

即将进入幼儿园生活的婴幼儿，在入园前必须进行全面的健康检查，以鉴定其是否能过集体生活，防止将某些传染病带到幼儿园中。而且，入园前的健康检查还能为幼儿园更好地了解和掌握每名婴幼儿生长发育的特点以及健康状况提供重要的资料。

检查视力

入园前健康检查的主要内容如下。

（1）了解幼儿的疾病史、传染病史、过敏史、家族疾病史等。

（2）检查幼儿当前的生长发育与健康状况。如身高、体重、胸围、头围，心肺功能、视力、听力、皮肤、牙齿、脊柱的发育，血常规、肝功能等。

（3）了解幼儿预防接种完成的情况等。入园前的健康检查，通常是在当地的妇幼卫生保健院（所）进行。目前，许多城市都有统一规定的入园前健康检查的项目。

2. 入园后的定期健康检查

婴幼儿入园后应定期进行健康检查。一般而言，1 岁以内的婴儿每季度应体检一次；1 ~ 3 岁的婴儿，每半年体检一次，每季度量体重一次；3 岁以上的幼儿，每年体检一次，每半年测量身高和视力一次，每季度量体重一次。

幼儿园应为每名婴幼儿建立健康档案，以便全面了解和判断每名婴幼儿生长发育的情况。

每次健康检查以后，保育师协助医务保健人员对婴幼儿个人和集体进行健康分析、评价以及疾病统计，并据此提出在促进婴幼儿健康成长方面的相应措施。

3. 每日的健康观察

每日入园后，医务保健人员与保育师须严格按照规定，对每位幼儿进行细致的健康检查和全面观察。一旦发现任何疾病症状，应立即采取隔离措施并及时进行治疗，以确保病情不进一步恶化或在园内扩散。婴幼儿每日的健康观察工作，主要包括入园时的晨检以及全日持续的健康状态监测。

（1）入园晨检。晨检是幼儿园卫生保健工作的一个重要环节。通过这一环节不仅可以及早发现疾病，而且对于一些不安全的因素也可以及时加以处理。同时，还能了解幼儿在家庭中的生活情况，有利于保育师更好地做好当日的工作和密切家、园之间的联系。

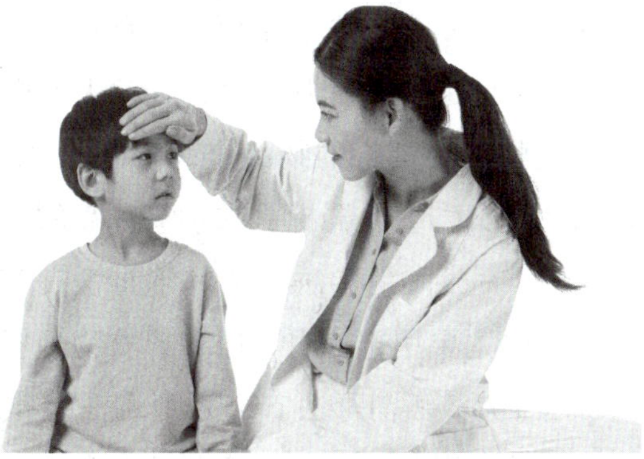

幼儿晨检

晨检工作应在每天清晨入园时进行，寄宿制幼儿园应在早晨起床以后进行。负责晨检工作的人员可以是医务保健人员，也可以是具有初步医学知识的保育师。

婴幼儿晨检的主要内容，概括起来是“一摸，二看，三问，四查”。晨检中，如果发现幼儿有身体不适或生病迹象，应劝说家长带幼儿去医院检查，或暂时将幼儿隔离，请保健医生进一步检查，然后再确定是否入班。

（2）全日观察。幼儿入园以后，保育师在进行日常保育和教育的过程中，应随时观察幼儿有无异常表现，重视疾病的早发现。全日观察的重点是幼儿的精神状况、食欲状况、大小便状况、睡眠状况、体温等。

平时活泼爱动的幼儿突然变得不爱说话、不爱活动、无精打采了；幼儿吃饭时没有食欲，甚至出现呕吐等现象；幼儿小便颜色加重、大便次数增多或拉稀等，都反映出幼儿的身体出现异常，应进一步对其进行身体检查，以确定是否生病。

为了保证婴幼儿的健康，幼儿园的工作人员在进入幼儿园工作以前，都必须进行严格的健康检查，健康检查合格者方能进入到幼儿园中从事保教工作。在幼儿园中工作的全体人员，每年还必须进行一次全面的健康检查。

幼儿园工作人员的健康检查，除了一般性健康检查，还包括胸部 X 光透视，肝功能，阴道霉菌、滴虫以及淋病、梅毒等项目的检查。健康检查不合格者，应立即调离或暂时离开工作岗位。待疾病痊愈后，须持有关的健康诊断证明，方可恢复工作。

（三）消毒制度

幼儿园建立并严格执行消毒制度，是预防疾病发生以及切断传染病传染途径的一项重要措施。

幼儿园应做好预防性消毒和传染病疫源地消毒两方面的工作。对日常用水、食物、餐具、餐桌、盥洗用具、玩具、图书等的经常性消毒和定期消毒，称为预防性消毒。当发生传染病后对疫源地进行消毒，称为疫源地消毒。幼儿园常用的消毒方法有物理消毒法和化学消毒法。

1. 物理消毒法

物理消毒法主要包括机械消毒、煮沸消毒、蒸汽消毒、日晒消毒等方法。

（1）机械消毒法。机械消毒法是指利用洗涤、通风换气等方法，杀灭和消除环境中的致病性微生物。这种方法主要用于玩具、室内空气等的消毒。

（2）煮沸消毒法。煮沸消毒法是指利用水的高温作用将物品中的致病性微生物杀灭。其方法是将需要消毒的物品全部浸入水中，煮沸 15 分钟以上。这种方法主要用于各种耐热和不怕水的餐具、金属器械、衣物等物品的消毒。

（3）蒸汽消毒法。蒸汽消毒法是指利用蒸汽的高温作用将物品中的致病性微生物杀灭。这种方法主要用于毛巾、尿布、衣物、餐具等物品的消毒。

（4）日晒消毒法。日晒消毒法是指利用日光中紫外线的作用杀灭附在物品表面上的致病性微生物。其方法是将需要消毒的物品放在日光下持续暴晒 3 ~ 6 小时。这种方法主要用于衣服、被褥、图书、玩具等物品的消毒。

2. 化学消毒法

化学消毒法是指利用化学药品进行消毒的一种方法。

幼儿园常用的清洁、消毒剂有酒精、碘酒、高锰酸钾、消毒灵、肥皂水、洗衣粉、去污粉、漂白粉、石灰、来苏儿、过氧乙酸等。

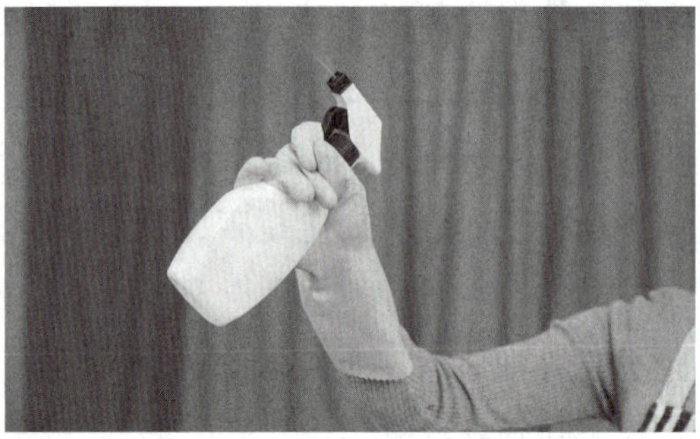
消毒

消毒剂最好是液体状态或者溶于水的，以便于与致病性微生物迅速接触从而起到消毒的作用。使用消毒剂时，应严格掌握消毒剂的有效浓度和浸泡时间。物品浸泡前通常要洗刷干净，然后再将其全部浸泡在消毒液中进行消毒。

在实际操作中，有时还可以将物理消毒法与化学消毒法有机结合起来进行，以提高某些物品的消毒效果。

（四）隔离制度

隔离制度作为幼儿园预防和控制传染病传播与蔓延的关键举措，其核心在于将传染病患者、病原携带者或疑似患者与健康人群进行有效分隔，从而阻断或减少彼此间的接触机会。同时，为确保隔离措施的有效实施，幼儿园还须开展彻底的消毒工作，并落实合理的卫生制度，以全面保障幼儿的健康安全。

幼儿园的隔离室最好能有两间以上，隔离室的用品应专用。幼儿园的隔离制度，主要包括以下几方面的基本措施。

1. 对患儿应及时隔离

一旦发现婴幼儿患传染病，应立即采取隔离措施，确保患儿与其他健康婴幼儿的有效隔离。根据传染病的种类及患儿病情的严重程度，须评估并确定隔离治疗的地点，可选择留园进行隔离治疗，或安排患儿返回家中进行隔离治疗，或直接送往医院实施更为专业的隔离治疗。对于患有不同传染病的患儿，应分别实施隔离措施，以杜绝交叉传染的风险，确保患儿及园内其他婴幼儿的健康安全。被隔离的患儿应使用自己的餐具、盥洗用具和专用的便盆等，保育师应对其使用过的物品和排泄物及时或定时进行消毒。

根据卫生防疫要求，针对患儿所在班级，须进行彻底的消毒工作，以确保环境的清洁与安全。对于与患儿有过直接或间接接触的婴幼儿或成人，须采取必要的检疫措施，包括但不限于观察或隔离，以防止疾病的进一步传播。在检疫期间，该班级将暂停接收新生，并避免与其他班级发生接触，以降低交叉感染的风险。检疫期满后，经过确认未出现相关症状的人员，方可解除隔离措施。对于患儿本身，须在隔离期满并痊愈后，经医生出具健康证明，方可返回幼儿园及班级，以保障全体师生的健康安全。

2. 对可疑患儿应进行临时隔离

在发现婴幼儿存在患传染病的潜在迹象时，保育师务必及时联系保健医生进行专业诊断。无论诊断结果如何，均应对该婴幼儿实施个人临时隔离措施。此隔离措施可在其家中执行，亦可在园区内特设的隔离室进行，但务必确保与已确诊的传染病患儿保持分隔，以防交叉感染。

3. 对患病工作人员应立即隔离

在园内，若工作人员患传染病，必须立即采取隔离措施，以确保疾病的传播得到有效控制。同时，对于与该员工有过接触的人员，也须进行严格的检疫工作，以排查潜在感染者。此外，对于疫源地，必须进行全面彻底的消毒处理，以消除病毒残留，确保园区的卫生安全。

4. 婴幼儿离开幼儿园返回时的观察和检疫

婴幼儿如果离开幼儿园一个月以上或到外地，在返回幼儿园时应向家长询问幼儿有无传染病接触史。同时，对其进行必要的健康检查。对未接触传染病的幼儿要观察两周；对有传染病接触史的幼儿，应进行个人临时隔离，待检疫期满以后方可回班。

5. 工作人员家中发现传染病，应及时向幼儿园报告

园内工作人员或婴幼儿的家中如果发现有传染病患者，应及时报告幼儿园领导，并在保健室备案，幼儿园对此应酌情采取相应的防范措施或隔离措施。

（五）预防接种制度

婴幼儿进入幼儿园以后，预防接种的任务应该由幼儿园承担起来，配合卫生防疫部门共同完成儿童的计划免疫工作。因此，幼儿园应建立预防接种制度，严格按照规定的接种种类、剂量、次数、间隔时间等进行预防接种，并防止漏种、错种或重复接种。

预防接种工作的主要内容如下。

（1）婴幼儿进入幼儿园以后，保育师应协助医务保健人员应根据预防接种卡上的记录进行全面的登记，确定其哪些接种已完成、哪些接种尚未进行，以保证预防接种的衔接性。

（2）在每次进行预防接种前，应提前在幼儿园大门前的黑板上写出通知，预先通知家长预防接种的时间、接种疫苗的种类以及注意事项等，以取得家长的共同配合。

（3）在进行预防接种的过程中，保育师和医务保健人员应相互配合，共同做好接种的登记和检查工作。尤其应防止漏种、错种或重复接种，保证接种任务的顺利完成。对于没有接种和因患病暂时不能参加接种的幼儿，应登记在案。

（4）婴幼儿接种以后，医务保健人员应在生活和活动方面给予必要的建议和指导，保育师应配合进行。同时，医务保健人员和保育师应共同做好婴幼儿接种后的观察工作，发现幼儿出现异常情况应及时采取相应措施。

（5）对未参加预防接种的婴幼儿，医务保健人员或保育师应与其家长进行联系，并与家长协商，共同做好补种的工作。

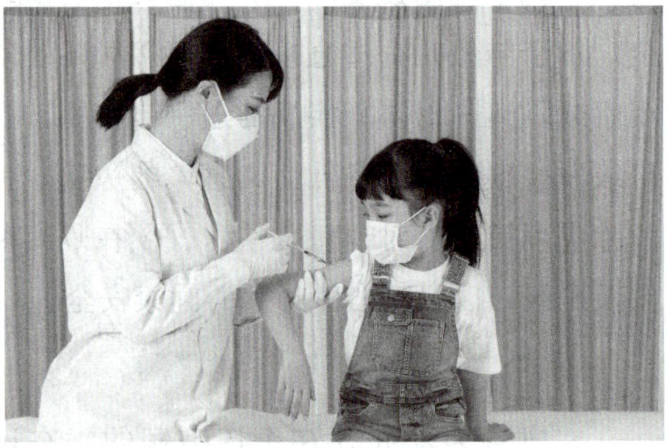

接种疫苗

二、幼儿常见传染病的早期发现及预防

传染病是由各种病原体引起的，能在人与人、动物与动物或人与动物之间相互传播的一类疾病。传染病具有传染性和流行性。其传播和流行必须具备三个要素，即传染源（能排出病原体的人或动物）、传播途径（病原体传染他人的途径）及易感者（对该种传染病无免疫力者）。幼儿园是传染病的高发场所，幼儿属于易感人群。因此，防止传染病的发生和流行成为幼儿园一项非常重要的工作。

做好预防工作可以有效降低传染病的传播。对于传染病，幼儿园要以预防为主开展各项应对工作。保育师是班级传染病预防的主要执行者，应有高度的预防传染病意识，在平时的工作中，可以从两方面入手。一方面，培养幼儿良好的卫生习惯。如勤洗手、不抠鼻、不揉眼、不吃手等；另一方面，做好班级卫生消毒工作。如灭蚊蝇，高温消毒幼儿入口物品，利用日光、消毒灯、消毒剂消毒幼儿所有接触到的物品等。

幼儿园常见传染病的早期发现和预防。

（一）流行性感冒

1. 早期发现

流行性感冒是由流感病毒引起的一种传染性极强的急性呼吸道传染病，简称流感。近年来，流感病毒变异后出现了许多新型的流感，如甲流、禽流感等，多在冬末春初流行。人可多次患流感。流感主要经飞沫传播，也可以通过接触病人的唾液、痰液污染的餐具、毛巾、玩具等物品传播。流感起病急，高热（高达 39℃ ~ 40℃）、畏寒、全身酸痛；与普通感冒相比，打喷嚏、流鼻涕、咽喉痛等呼吸道症状比较轻微，少数人会出现恶心、食欲不佳、腹泻、便秘等症状，持续 3 ~ 4 天后逐渐退热，全身症状也随之好转，乏力可持续 1 ~ 2 周。

2. 预防措施

（1）流感多发季节，应嘱咐家长不带幼儿去人员密集场所。

（2）加强平日锻炼，保证充足的水分、睡眠和营养。天气变化时，及时给幼儿增减衣服。

（3）做好班级传染病常规预防工作，尤其是开窗通风和物品消毒。

（4）接种流感疫苗。

（二）红眼病

1. 早期发现

红眼病，学名急性结膜炎，是幼儿常见传染病。急性结膜炎是由细菌引起，也可因病毒所致，传染性强，主要通过分泌物从手、手帕、毛巾、洗脸水、玩具等物传染。症状主要表现为患儿自觉眼内有异物感、灼热感、怕光、轻微疼痛或流泪，眼睛因结膜充血而变红，且有多量黏性或脓性分泌物。

2. 预防措施

当幼儿发生红眼病后，应立即隔离并通知家长带幼儿到相关医院就诊，同时做好班级的环境、物品、玩具等卫生消毒工作。患儿的毛巾要单独洗、单独消毒，并要暴晒 4 ~ 6 小时。

红眼病的预防，主要包括以下几点。

（1）平时注意培养幼儿良好的卫生习惯，告诉幼儿不要用脏手揉眼睛，不要用脏的手帕或毛巾擦眼睛，以免将细菌带入眼睛内。

（2）培养幼儿良好的生活常规，用正确方法洗手，不要乱用其他小朋友的毛巾。

（3）通过生动有趣的教育活动，帮助幼儿懂得保护眼睛的重要性，掌握一些简单的保护眼睛的方法。

（三）猩红热

1. 早期发现

猩红热是由乙型溶血性链球菌所引起的急性呼吸道传染病。此病主要通过空气飞沫（说话、咳嗽、打喷嚏）直接传染，也可由带菌的玩具、生活用品等间接传播。由于该病菌不耐热、对干燥抵抗力弱，故间接接触传染性可能性很小。本病易感者为 2 ~ 8 岁儿童，一年四季都可发生，一般多发于冬春季。

猩红热起病急骤，发烧、咽痛为早期症状。之后，1 ~ 2 天全身皮肤发红、瘙痒，并广泛分布着针尖大小的皮疹，疹与疹之间皮肤发红，无正常皮肤，压之暂褪色；在肘弯、大腿根等皮肤褶皱部位，皮疹密集呈现一条条红线；口唇周围不出皮疹而显苍白，形成一个围绕口周的苍白圈。病后 2 ~ 3 天，舌乳头肿大突出，像杨梅，故也叫“杨梅舌”，2 ~ 4 天退净，体温逐渐下降，疹退后脱皮。

2. 预防措施

（1）做好班级传染病常规预防工作，特别是开窗通风。

（2）帮助幼儿养成咳嗽、打喷嚏时捂嘴巴的习惯。

（3）在人群密集的地方，可戴口罩，防止吸入带有病毒的飞沫。

（四）手足口病

1. 早期发现

手足口病是肠道病毒引起的常见传染病之一，多发生于 5 岁以下的婴幼儿。本病的传染源是病人或健康带病毒者，主要是通过空气飞沫传播或密切接触传播。患儿突然起病，初期有轻度上感症状，约半数病儿发病前 1 ~ 2 天或发病的同时有发热，体温在 38℃ 左右。随之，口腔内（舌及两颊、唇齿侧）出疹。由于口腔疼痛，患儿流涎、拒食，随后手、足等远端部位出现或平或凸的斑丘疹或疱疹，斑丘疹在 5 天左右由红变暗，然后消退。

2. 预防措施

（1）做好晨、午检，注意观察婴幼儿体温、口腔、手、足等的疱疹和溃疡发生情况，以便早发现、早隔离、早治疗。

（2）做好地面、餐桌、水杯、毛巾等消毒工作，对空气定期进行紫外线消毒。

（3）帮助幼儿养成咳嗽、打喷嚏时捂嘴巴的习惯，鼓励幼儿饭前、便后勤洗手。

（4）在流行期间，不带幼儿到拥挤的公共场所，可适当佩戴口罩，防止飞沫吸入。

（五）水痘

1. 早期发现

水痘是由水痘带状疱疹病毒初次感染引起的急性传染病，常发于冬春季。病毒潜伏于病人的鼻咽分泌物及水痘的浆液内，从病毒的潜伏期到发病后，皮疹干燥结痂一直具有传染性。病初经空气、飞沫传播，疱疹破溃后可感染健康皮肤，也可经衣物、用具等间接传播。发病初为低热，1 ~ 2 天后可有头痛、全身不适及轻微上呼吸道的炎症表现。随后，出现丘疹，从头皮、面部延及躯干及四肢，1 ~ 2 天变为疱疹，一周内结痂，但皮疹有分批出现的特点。因此，在发病期间，可见丘疹、疱疹和结痂同时存在，常伴痒感，干痂会慢慢脱落。

2. 预防措施

（1）接种水痘疫苗，可预防疾病发生或发病时减轻症状。

（2）做好班级传染病常规预防工作，特别是开窗通风和物品消毒。

（3）密切观察与患儿有接触史的幼儿，关注幼儿的体温、精神状态以及是否有皮疹。

（4）培养幼儿日常良好的卫生习惯，勤洗手，外出后更换外衣。

（六）流行性腮腺炎

1. 早期发现

流行性腮腺炎是由腮腺炎病毒所引起，为呼吸道飞沫传染病，常发于冬春季节，多见于 2 岁以上的幼儿，在发病初期传染性最强。病儿发烧 1 ~ 2 天后腮腺肿痛，也有不发烧而出现腮腺肿痛的幼儿。肿痛部位以耳垂为中心，前至下颌角，后至乳突前下弥漫性肿大，边缘不清，可一侧或双侧。由于张口时疼痛而不敢进食，食欲减退。

2. 预防措施

（1）家长按时带幼儿做好预防接种。

（2）加强晨、午、晚检，及早发现疑似病例幼儿，避免更大范围传染。

（3）做好班级传染病常规预防工作，特别是开窗通风。

（4）在人多聚集地区，可以让幼儿适当戴口罩，防止带有病毒的飞沫吸入。

戴口罩

（七）麻疹

1. 早期发现

麻疹是由麻疹病毒引起的急性传染病，病毒存在于眼结膜、鼻、口、咽和气管等分泌物中，通过喷嚏、咳嗽和说话等由飞沫传播。该病传染性极强，多见于冬春季节，患者是唯一的传染源。发病初为发热、流涕、咳嗽、畏光、流泪等；2 ~ 3 天后，口腔内两颊出现小白点，周围有红晕，随后出现皮疹，从耳后部到颜面、胸背、四肢、手足心。疹间皮肤正常，疹退后，留下色素沉着及脱屑，病程约 10 天。

2. 预防措施

（1）接种麻疹减毒活疫苗。

（2）室内通风，保持空气新鲜，可定期用紫外线对空气进行消毒。

（3）培养幼儿养成咳嗽、打喷嚏时捂嘴巴的习惯。

（4）在传染病流行期间，不到人多、拥挤的公共场所。

（八）风疹

1. 早期发现

风疹是风疹病毒引起的呼吸道传染病，除鼻咽分泌物外，血、粪、尿中亦有病毒存在，一般通过飞沫传播，传染性较小。风疹病初期有发热、咳嗽、流鼻涕等症状，体温多在 39℃以下。发热当日或者次日就出现皮疹，从面部开始到躯干再到四肢，1 天内布满全身；但手心和脚心一般都没有皮疹。皮疹形成淡红色、细小均匀的斑丘疹，3 天左右消退。患儿耳后或枕部的淋巴结肿大。

2. 预防措施

（1）按时接种疫苗进行预防。

（2）培养幼儿良好卫生习惯。咳嗽、打喷嚏时有捂嘴巴的习惯，以及饭前、便后用流动肥皂水洗手。

（3）做好地面、餐桌、水杯、毛巾等消毒工作，尤其是卫生间的消毒工作。

（4）室内定时通风，保持空气新鲜，可用紫外线定期对空气进行消毒。

（5）在传染病流行季节，幼儿不去公共场所。

（九）细菌性痢疾

1. 早期发现

细菌性痢疾是由痢疾杆菌引起的肠道传染病，多发于夏季。细菌性痢疾主要通过水或食物传播，也可通过日常接触和苍蝇传播。此病起病急，临床表现为发热、呕吐、腹痛和腹泻，总想解大便，但是每次大便量不多，有拉不完的感觉。大便里有黏液和脓血，重者出现高热、意识不清、面色苍白等症状。

2. 预防措施

（1）加强食品卫生与水源监测工作，把好“食物入口”关；不吃生冷、腐败变质、不清洁的食物。

（2）培养幼儿良好的卫生习惯。如饭前、便后用流动水、肥皂或洗手液洗手。

（3）做好地面、餐桌、水杯、毛巾等消毒工作，尤其是卫生间的消毒工作。

（4）消灭蚊、蝇、老鼠等传染病媒介。

（十）流行性乙型脑炎

1. 早期发现

流行性乙型脑炎简称“乙脑”，是由乙型脑炎病毒引起的中枢神经系统急性传染病，俗称“大脑炎”。乙脑经蚊子叮咬而传播，常发于夏秋季节。发病的最早表现是发热，体温迅速升到 39 ~ 40 ℃以上；伴有剧烈头痛、恶心、呕吐、颈项强直，甚至伴有抽搐、惊厥症状；还会引起程度不同的意识障碍，从嗜睡到深度昏迷。

2. 预防措施

（1）按程序接种流行性乙型脑炎疫苗。

（2）做好地面、餐桌、水杯、毛巾等的消毒工作。

（3）在夏秋季节采取必要的防蚊、灭蚊措施。

思考与练习

1. 简述幼儿园活动组织安全注意事项。
2. 简述幼儿常见意外事故的处理方法。
3. 简述幼儿园的卫生保健制度。
4. 简述幼儿头部摔伤的处理防范。
5. 发现幼儿园内有疑似生病的患儿时，保育师应该如何处理？
6. 简述流行性感冒、手足口病等幼儿常见传染病的预防措施。

第六章

早期学习支持

★【本章概述】

婴幼儿作为积极的认知主体，在与外界环境的持续互动中汲取知识，其每日的经历都将深刻影响他们的身心发展。因此，婴幼儿的学习并非孤立存在，而是贯穿于日常生活的方方面面，包括日常护理、师幼互动、游戏活动等各个环节。作为幼儿园的专业保育人员，必须了解并掌握婴幼儿的发展规律，通过细致观察与分析，准确把握婴幼儿的发展状况。在此基础上，合理安排婴幼儿的一日生活，确保各项活动既符合婴幼儿的身心发展特点，又能有效促进其全面发展。同时，还须通过多种方式，积极支持婴幼儿的学习与发展，为他们的未来成长奠定坚实基础。

★【学习目标】

1. 了解动作训练的意义及原则。
2. 掌握粗大动作训练和精细动作训练的原则。
3. 掌握不同年龄阶段幼儿倾听与表达和阅读与书写的支持。
4. 能设计与支持促进婴幼儿的语言、认知和情感与社会性发展。
5. 通过深入研究和系统学习相关知识，深刻认识到保育师在幼儿早期教育阶段所扮演的关键角色以及其所肩负的重要职责。保育师须充分尊重幼儿的年龄特点与身心发展规律，坚持保育与教育相结合的原则，以促进幼儿的全面发展。

第一节 促进动作发展

作为从事幼教工作的专业人士，保育师应为婴幼儿提供多元化的机会，使他们能充分锻炼大、小肌肉，提升协调能力，维持健康状态，并积极与同龄人一同协作。在婴幼儿身体发育的过程中，存在两大核心里程碑，即大动作发育与精细动作发育。大动作发育主要聚焦于腿部、手臂及躯干等大肌肉群的成长与发展；而精细动作发育则侧重于手部、腿部及眼部等小肌肉群的锻炼与提升。根据头尾发展和近远发展的原则，大动作发育往往先于精细动作发育进行。

一、运动训练的意义

（一）促进大脑发育

婴幼儿运动能力的发展是一个逐步推进的过程，这一过程受到大脑神经与肌肉的协同控制。该过程对于婴幼儿大脑的进一步发育具有积极的促进作用，能有效增加大脑毛细血管的数量，进而加速血液循环，为大脑提供更多的养分和氧气。同时，运动还有助于推动大脑神经元之间建立更为稳固的永久链接，进而提升婴幼儿在身体调节、平衡控制、反应速度以及灵敏度等方面的能力。此外，运动对于儿童运动技巧的提升以及大小肌肉的发育水平，也产生了显著的积极影响。

婴幼儿的运动对于其大脑的刺激与发展具有至关重要的作用。然而，单纯跑来跑去并不构成真正意义上的运动，这种行为更倾向于表现为婴幼儿好动的天性。真正的运动应能促进大脑的发育，并有助于手眼协调、身体协调以及各部分之间的协同作用，这样的活动才能称之为运动。

（二）促进身体健康成长

健康的体魄是智力全面发展的坚实基石。通过实施运动训练，可以显著提升个体的身体机能水平，进而推动其生长发育的进程。鉴于当前部分婴幼儿在身体发育方面存在一定的不足，则更应聚焦于运动领域，针对婴幼儿的基础性问题进行精准而有效地解决，以促进其全面健康发展。

（三）促进语言和社交能力

鉴于部分婴幼儿存在语言能力薄弱，甚至缺乏语言表达能力，或仅能发出简单字词的现象，仅依赖单一的语言训练手段，显然不足以应对。语言的形成与发展是一个极其复杂且多维度的过程，涵盖了语言器官的正常发育、呼吸与气息的有效调控、认知能力的持续增强以及语言环境所带来的积极影响等多个关键要素。因此，在针对此类婴幼儿实施语言训练时，必须全面而深入地考虑这些要素，并采取综合性的训练措施，以全方位促进其语言能力的稳步发展。

经过科学研究表明，剧烈的跳跃运动能有效激发大脑的运动语言中枢，对于促进脑部发育和语言能力的提升具有显著作用。部分婴幼儿之所以在语言发展方面存在不足，很大程度上是因为其大脑对口腔运动的控制能力尚未充分发展。因此，通过加强运动锻炼，特别是跳跃运动，可以有效刺激婴幼儿的运动语言中枢，从而有助于其语言能力的进一步提升和发展。

二、动作训练的原则

（一）粗大动作训练的原则

（1）发展性原则。训练大动作要根据婴幼儿大动作发展的水平进行，训练难度要略高于现有的发展水平。如已经会扶坐了，就要逐渐训练独坐。婴幼儿动作发展的顺序遵循从上到下（抬头—翻身—坐—爬—站—走）的原则，练习时必须遵循这个发展顺序。否则，不仅不能促进婴幼儿动作发展，还会影响其生长发育。

（2）快乐性原则。在进行大动作训练时，应避免单调乏味地仅以训练为目的，而应致力于激发婴幼儿对活动的兴趣。寓教于乐，使婴幼儿在愉悦而宽松的游戏环境中，感受与保育师协作游戏的乐趣，从而在不知不觉中实现动作发展的目标。

（二）精细动作训练的原则

（1）发展性原则。在婴幼儿成长的不同阶段，应为他们提供适宜的物品，使他们能有机会进行精细动作的训练。通过系统的触摸、抓握、拍打等动作练习，可以有效促进婴幼儿感知觉和动作行为的发展，进而有助于其大脑细胞的发育及手眼协调能力的形成。这一做法对于婴幼儿的全面发展，具有重要意义。

（2）操作性原则。为确保婴幼儿能进行精细动作训练，须配备适宜的操作玩具。在保育师的悉心引导下，婴幼儿将按照既定步骤进行操作，待其熟练掌握操作技巧后，便可独立玩耍，从而提升其精细动作技能的发展。

（3）渐进性原则。大脑发育是逐渐进行的，精细动作的发展也是由简单到复杂的过程。因此，为婴幼儿提供的玩具，也遵循由简单到复杂的原则。精细动作的训练，也应遵循渐进性的原则。

拓展链接

“对捏撕纸”游戏

对捏撕纸（适宜年龄：1 ~ 3 岁）是一种能够有效训练幼儿精细动作的活动。

1. 游戏准备

幼儿衣着宽松，精神状态良好，已学会抓握动作，手眼协调取物等；适合幼儿坐的小椅子、小桌子；各种材质的纸如餐巾纸、皱纹纸、挂历纸等；玩具小碗等。

2. 游戏目标

（1）认识大拇指和二食指。

（2）初步学会大拇指和食指对捏撕纸。

（3）愿意积极参与活动，体会活动的快乐。

3. 互动与游戏

（1）创设情境导入活动。保育师、教师和幼儿一起坐在桌边，将手肘依在桌上，同幼儿一起边念儿歌边做动作。大拇指大拇指点点头；二食指二食指点点头；三中指三中指点点头；四无名指四无名指点点头；小拇指小拇指点点头。

（2）讲解、示范动作要点。出示不同材质的纸张，让幼儿摸一摸，感知每一种纸张的不同。“宝宝，看一看、摸一摸，它们有什么不一样？”边示范撕纸，边介绍撕纸的方法。大拇指二食指，在一起做游戏，你追我赶真有趣。请幼儿拿起一张纸尝试进行撕纸，如果幼儿无法撕开，则选择较柔软的纸张或者在纸张上撕开一条小口，指导幼儿将纸撕成长条。

4. 观察与评估

幼儿操作时，保育师、教师需要观察幼儿手部力度是否适中、是否三指捏。

5. 个性化指导

在撕纸游戏中，手指灵活度待提升的幼儿，保育师可以提前将纸撕个小缝，让幼儿顺着小缝向下撕。

6. 生活与自理

（1）与幼儿一起欣赏自己的作品。

（2）与幼儿一起进行玩教具材料的整理。

第二节 促进语言发展

一、对幼儿倾听与表达的支持

语言是交流思想和表达思维的重要方式。在幼儿的成长过程中，尤其是幼儿期，语言的发展，特别是口语的练习，显得尤为关键和重要。这一阶段，幼儿的语言能力在各个领域均有所体现，并且对其他领域的学习与进步产生深远影响。在运用语言进行沟通交流的过程中，幼儿不仅锻炼了自身的人际交往技巧，也提升了理解他人意图和判断交往环境的能力，更在无形中强化了组织思想和表达观点的能力。通过语言这一媒介，幼儿能获取更为丰富的信息，从而使学习不再局限于个体的直接感知，实现了知识和认知的跨越式发展。

保育师作为婴幼儿早期成长教育的重要工作者，在促进婴幼儿语言能力发展方面扮演着举足轻重的角色。婴幼儿通过掌握语言技能，能更有效地进行交流、参与游戏，培养对书籍的热爱并从中汲取知识，同时能运用口头和书面方式表达个人的感受与想法。保育师为婴幼儿创设的学习环境，以及与婴幼儿进行互动的方式，都将对婴幼儿语言技能的习得产生深远影响。

为有效促进婴幼儿的语言发展，保育师可实施一系列精心设计。具体而言，当婴幼儿发出初始的“咕咕”之声时，保育师应以温暖的微笑予以回应，从而积极鼓励其发声行为，激发其语言探索的兴趣。同时，保育师应向幼儿逐步引入并解释新的词汇，以逐步丰富其词汇量，助其建立更为广泛的语言基础。

保育师讲故事

此外，针对不同年龄段的婴幼儿，保育师应定期安排朗读活动，选取适宜的阅读材料，通过声情并茂地讲述，培养其阅读兴趣和良好习惯。同时，保育师应创设机会，鼓励幼儿在集体活动中积极分享个人的想法和感受，以提高其语言表达能力和思维逻辑水平。

（一）0～1岁

1. 加强婴儿听力与发音能力的训练

（1）建议选取一系列优美且充满欢乐的乐曲和歌曲，并设定定时播放，以营造愉悦的氛围。

（2）可选用声音悦耳动听的玩具，用以吸引婴幼儿的注意力，激发他们的好奇心。

（3）通过适当的方式，使婴儿的情绪达到兴奋状态，鼓励他们发出各种声调，促进语言感知能力的发展。

（4）针对发音器官进行专门的训练，为婴儿未来模仿成人说话奠定坚实的基础。

2. 与进行认知活动相结合

（1）从出生开始坚持与婴儿说话，把说话融入日常生活当中，边做边说，把自己正为婴儿做的事情说出来。

（2）把婴儿生活中经常接触和使用的实物，用简单的词汇、响亮的声音说出来，对婴儿进行反复地刺激，长时间地积累，为婴儿今后开口说话做准备。

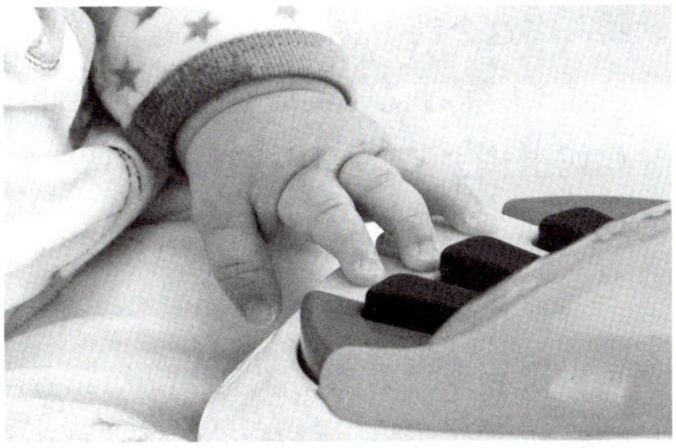
婴幼儿音乐玩具

3. 适时激发婴儿说话的欲望

（1）在满足婴儿吃、喝、睡等基本需要后，要因势利导，与婴儿做发音游戏。与婴儿面对面进行交流，做一些夸张的口型和动作，让婴儿反复进行模仿训练。如妈妈、爸爸等。

（2）从生活中取材，引导婴儿边做动作边练习发音。保育师一边说一边表演动作，让婴儿模仿，然后由保育师说，婴儿来表演。如“笑一个”“拍拍手”“把球扔过来”等。反复练习之后，婴儿自然而然地把动作和名词联系起来。

（二）1～2岁

1. 帮助幼儿增加词汇量

通过日常生活中的户外散步、到公园玩的机会，可以引导幼儿认识与日常生活相关的物品。如花草树木、交通工具、各种动物。主动告诉幼儿想要知道的一切，指导时要加重语气，突出每次新出现的词汇，多说几遍，而且还要鼓励幼儿把听懂的话说出来。扩大词汇量、丰富知识和发展语言是紧密联系、同时进行的。

2. 指导时注意示范发音

幼儿有了表达意愿和感情的需要后，会积极主动地说话。开始时，会出现单音重复（如“车车”“灯灯”等）、以音代物（如“嘀嘀”代车、“汪汪”代狗）、以词代句（用“凳凳”表示坐）等情况。保育师要多听幼儿发音和说话，用规范的语言做出示范，但不要刻意纠正幼儿不正确的发音，从而避免他们产生语言障碍。

3. 运用游戏进行语言训练

运用游戏进行语言训练。例如，可以通过“看图说话”“我问你答”“打电话”“手指游戏”等进行语言训练。

4. 运用故事和儿歌进行训练

选择与幼儿年龄相匹配的故事和儿歌进行训练，选择内容要生动、情节简单、语言规范，对幼儿有吸引力；语速不要太快，尽量配上一些动作。

（三）2～3岁

1. 丰富幼儿的生活

尽量扩大认知和交往的范围，适时地教会幼儿相应的词语。

（1）看图说话。与幼儿一起看生活用品的图片，边看图片边讲各种物品的特点和用途，让幼儿模仿成人的语言，边指着图片，边练习说话。每天练习 2 ～ 3 次。

（2）练习表达。带幼儿户外观察，边看边提问，让幼儿用语言回答问题。如“这是什么动物”“这个动物在干什么”等。

（3）练习说完整的句子。学会使用包括主语、谓语、宾语的句子。例如，“我要喝水”“妈妈上班去了”“阿姨讲故事”，并逐步学会使用一些简单的形容词。再如，“我要红色的皮球”“爸爸吃大个的苹果”等。

2. 满足幼儿的求知欲

多讲故事，多念儿歌、指导幼儿看图画、听音乐。每次听完（看完）之后，指导幼儿回忆和理解故事的内容，让幼儿复述故事内容。这样，既可丰富幼儿的语言，又可训练其注意力、记忆力。

（1）儿歌练习。最好由 3 个音节的儿歌学起，要带着表情教幼儿一句一句学唱，边唱边打拍子，边配合一些动作，以增强韵律和快乐感。如“布娃娃，笑哈哈，大眼睛，黑头发，爱干净，又听话”。

（2）复述故事。教幼儿看图说话。开始时，由保育师讲图片中的内容，从让幼儿认真听并模仿，逐步过渡到提出问题让其回答，并按照问题的顺序复述。在给幼儿讲故事或图片时，不断提出问题引导幼儿回答“如果”后面的话。“小花猫出去玩时，如果肚子饿了怎么办？”“如果小兔子找不到家怎么办？”，通过这种训练，幼儿可以初步学会推理。

（四）3～6 岁

1. 多给幼儿提供倾听和交谈的机会

在幼儿的成长过程中，多给他们提供倾听和交谈的机会是至关重要的。这样的互动不仅能够促进幼儿的语言发展，还能培养他们的社交能力和情感认知。当幼儿身处一个充满对话和交流的环境中时，他们能接触到更多的词汇和句式，从而逐渐积累起丰富的语言素材。此外，倾听还能帮助幼儿理解语言的规则和逻辑，进而提升他们的表达能力。

2. 引导幼儿学会认真倾听

（1）要耐心倾听别人（包括幼儿）的讲话，等别人讲完再表达自己的观点。

（2）与幼儿交谈时，要用幼儿能听得懂的语言。

（3）对幼儿提要求和布置任务时，要求他注意听，鼓励他主动提问。

3. 注意结合情境使用丰富的语言

在与幼儿交流时，可结合具体情境，运用多样化的语言，以确保他们能准确理解所传达的信息。同时，把控语气与语调，使幼儿能深刻体会到不同语气、语调所蕴含的情感与意图。例如，对于幼儿提出的不合理要求，应以坚定而明确的语气表达拒绝之意；而在讲述故事时，则应尽可能通过不同的语气和语调，生动地展现故事中人物的高兴、悲伤等情感状态。此外，根据幼儿的理解能力，还须有意识地运用一些反映因果、假设、条件等逻辑关系的句子，以帮助其逐步建立起对复杂语言结构的理解与应用能力。

4. 引导幼儿清楚地表达

在与幼儿进行交流时，保育师应确保自身的语言表达清晰、简练。若幼儿因急于表达而表述不清，应提醒其保持冷静，鼓励其慢慢阐述。同时，保育师须耐心聆听，适时给予补充，协助幼儿梳理思路，并引导其以清晰的语言表达自身意图。

5. 注意语言文明

保育师应注重语言文明，为幼儿树立良好榜样。在与他人交流时，务必保持专注倾听，恰当使用礼貌用语；在公共场合应控制音量，避免高声喧哗，并杜绝使用不雅或粗鲁的言辞。当幼儿表达个人见解时，保育师应主动蹲下身子，以平视的方式与幼儿交流，耐心聆听其完整表述。

6. 帮助幼儿养成良好的语言行为习惯

鉴于幼儿教育的重要性，结合具体情境，向幼儿们强调一些必要的交流礼节。在与长辈交流时，应表现出应有的礼貌与尊重；当有客人来访时，应主动上前打招呼，展现热情好客的品质；在得到他人的帮助时，应诚恳地表达谢意，说声谢谢。同时，还应提醒幼儿，在集体生活中，应遵守相应的语言规则，不随意打断他人的讲话，以维护良好的交流氛围。

拓展链接

“送娃娃回家”游戏

“送娃娃回家”是一个婴幼儿听、说训练游戏。

1. 游戏准备

保育师与幼儿面对面坐着，旁边放着一个布娃娃。

2. 游戏目标

学习使用代词“你”“我”，表达自己的愿望。

3. 互动与游戏

（1）保育师拿着布娃娃问幼儿：“这是谁？”，引导其回答“这是布娃娃”。

（2）保育师说“哇哇哇，娃娃哭了”，问幼儿怎么办。如果幼儿不会说，保育师就说：“娃娃要回家，要怎么安慰娃娃？”

（3）保育师示范说“不要哭，我送你回家”，说“我”时用手拍自己，说“你”时，用手拍娃娃。

（4）保育师指导幼儿表达自己的意思。

4. 观察与评估

在游戏中通过观察，引导幼儿说出完整的句子。边说边做动作，将“我”和“你”的动作，明确区分开。

5. 个性化指导

不愿意开口表达的幼儿，保育师要多鼓励、引导，多加以语言带动，逐步激发幼儿开口模仿。

6. 生活与自理

在日常活动中，鼓励幼儿使用代词“你”“我”，表达自己的想法。

二、幼儿阅读与书写的支持

（一）0～6个月

在婴儿出生后，应为其提供恰当的视听刺激以促进其发展。当婴儿成长至3个月大时，其对于呈现的男孩、女孩的黑白图片，会展现出微笑的反应，且面部表情活跃，似乎在与图片中的宝宝进行“交流”。待至 4 个月大时，若向婴儿展示婴儿大卡片，其能较长时间地注视。进入 5 个月阶段，当播放“苹果在哪里”的声音时，婴儿会主动寻找声源方向。至 6 个月大时，婴儿在听到特定名称时，会尝试用眼睛寻找对应的卡片或物体，表现出初步的视听协调行为。

（二）6个月～1岁

指导婴幼儿看书

这一阶段，婴儿用眼寻找听到名称的物和卡片的速度大大加快，视听联系的行为更为熟练。随着婴儿手的动作的发展，会用手指出听到名称的物和卡片。起先是由保育师握着宝宝的手被动地指物、指卡片，逐渐地过渡到宝宝听名称能用手指出物或卡片，“阅读”的行为便开始产生了。随着婴儿爬、站立动作的发展，逐渐扩大宝宝的视野，宝宝的求知欲日益增强，不再满足保育师说名称宝宝指了。常常是宝宝自主地指着物或卡片说名称，“阅读”的行为更为主动了。如果此时忽视了宝宝的学习积极性，不能及时应答，宝宝会很不高兴，进而影响今后的阅读兴趣。

（三）1岁～1岁半

当幼儿会走路时，探索欲望日益增强，会主动进行卡片与实物的联系。如有的幼儿会指着窗户的卡片，再指着家里的窗户，此时家长要做出应答：“宝宝真棒，知道这是窗户，那也是窗户。”还有的幼儿会说“一样的”。此时家长应提供相匹配的卡片和实物让幼儿去配对。如水果与水果卡片，将卡片排在桌面上，让幼儿将水果放在水果卡片上配对，使听到的词与卡片和实物建立意义联系，理解卡片的形象所代表的实际意义。

（四）1岁半～2岁

此时期幼儿已会说出许多卡片和实物的名称，很有成功感，并对卡片的名称进行联想。比如，“睡觉”的卡片，宝宝会联想出“爸爸睡觉”“妈妈睡觉”“宝宝睡觉”等，还会对物的特征进行联想。如会说“电风扇转转转，空调转转转，排气扇转转转，轮子转转转”，概括能力初步形成。此时期，环境中的卡片以类的形式出现，潜移默化地对幼儿进行类的教育。此时期，幼儿喜欢翻书看书，还会边看边说，为相同的卡片配对。

（五）2岁～2岁半

幼儿能从众多的卡片中找出“水果”的卡片、“蔬菜”的卡片、“交通工具”的卡片等，类的意识初步形成；并开始用手指着图书，边指边说，能手口一致地点读图谱与念儿歌。

（六）2岁半～3岁

在此阶段，幼儿展现出对探求知识的浓厚兴趣，频繁询问“为什么”，热衷于深入思考各类问题。在阅读图书时，他们已能针对简单问题给予回应。起初，幼儿会模仿成人进行故事的复述；随后，他们开始学习以问答形式讲述故事，即所谓的问式讲述；最后，幼儿将逐渐发展至能自主阅读图书并流畅讲述其内容。

（七）3～6岁

此阶段的幼儿，在阅读与书写能力上飞速发展，应对其提供如下支持。

对3～6岁幼儿阅读与书写能力的支持

1. 为幼儿提供良好的阅读环境和条件

为了保障幼儿的阅读体验，准备一定数量的图画书。书籍既要符合幼儿的年龄特点，又要富有童趣，能充分激发幼儿的阅读兴趣。同时，为幼儿提供了一个相对安静的阅读环境，尽量减少各种干扰因素，以确保他们能专注于阅读，从而培养起良好的自主阅读习惯。

2. 激发幼儿的阅读兴趣，培养阅读习惯

经常抽时间与幼儿一起看书、讲故事；提供童谣、故事和诗歌等不同体裁的儿童文学作品，让幼儿自主选择和阅读。当幼儿遇到感兴趣的事物或问题时，和他们一起查阅相关资料，让他们感受图书的作用，体会通过阅读获取信息的乐趣。

3. 引导幼儿体会标志、文字符号的用途

向幼儿普及医院、公用电话等日常生活中常见的标志，使其认识到这些标志能代表特定的实体或功能。同时，结合日常生活中的实际情境，引导幼儿深入体会文字的实用性和重要性。例如，在购置新玩具时，可以将说明书上的文字内容朗读给幼儿听，帮助他们了解玩具的玩法和操作方法。

4. 引导幼儿以自己的经验为基础，理解图书的内容

与幼儿共读，指导幼儿细致地观察画面内容，结合画面深入剖析故事情节，帮助其建立画面与故事内涵之间的紧密联系；与幼儿共同回顾或探讨书中的情节脉络，引导其系统性地阐述故事的大体内容。在为幼儿朗读或讲述故事时，可预先保留故事名称，待幼儿聆听完毕后，自行为其命名，并阐述其命名的理由；激励幼儿进行自主阅读，鼓励其与他人分享在阅读过程中的发现、感悟与见解。

5. 在阅读中发展幼儿的想象和创造能力

鼓励幼儿依据画面线索讲述故事，大胆推测、想象故事情节的发展，改编故事部分情节或续编故事结尾；鼓励幼儿用故事表演、绘画等不同的方式，表达自己对书籍中故事的理解；鼓励和支持幼儿自编故事，并为自编的故事配上图画，制成图画书。

6. 引导幼儿感受文学作品的美

在引导幼儿欣赏或模仿文学作品的语言节奏和韵律时，应有意识地进行培养。在为幼儿读书的过程中，应运用表情、动作以及富有抑扬顿挫的声音，精准地传达文学作品中的情绪情感，从而帮助幼儿深刻体会文学作品的感染力和表现力。

7. 在写与画的过程中培养书写兴趣

准备供幼儿随时取放的纸、笔等材料，也可利用沙地、树枝等自然材料，满足幼儿自由涂画的需要；鼓励幼儿将自己感兴趣的事情或故事画下来并讲给别人听，让幼儿体会用写写画画的方式，可以表达自己的想法和情感；把幼儿讲过的故事用文字记录下来，并念给他听，使幼儿知道说的话可以用文字记录下来，从中体会文字的用途。

幼儿画画

8. 在绘画和游戏中做必要的书写准备

通过进行将虚线描绘的图形轮廓连接成实线等益智游戏，以此提升幼儿的手眼协调能力，并辅助其掌握由上至下、由左至右的书写技巧。同时，积极鼓励幼儿学习书写自己的姓名，以进一步培养其书写兴趣与基本技能。

拓展链接

亲子阅读“家禽”卡片游戏

亲子阅读“家禽”卡片，是一项早期阅读训练活动。

1. 游戏准备

每人一套公鸡、母鸡、小鸡卡片。

2. 游戏目的

认识家禽，模仿家禽的叫声；学会用叠字，看卡片报名称。

3. 互动与游戏

（1）保育师介绍活动目标，通过示范，指导幼儿学习的方法。

（2）保育师和幼儿面对面坐着，保育师将卡片放在脸的左侧，第一次只说名称，第二次加上叫声。如“公鸡喔喔”，并反复说，注意观察幼儿的注意力。当幼儿视线开始转移时，更换卡片，吸引幼儿的注意，反复 3 ~ 4 次。

（3）将卡片排在幼儿面前，保育师指着卡片，让幼儿说卡片上动物的名称和模仿动物的叫声。

4. 观察与评估

保育师的声调是否能抓住幼儿的注意力，幼儿对于保育师的表达是否会加以模仿。

5. 个性化指导

阅读兴趣度低的幼儿，可以通过换布偶形式，与幼儿进行语言交流，提升活动的趣味度。

6. 生活与自理

在日常生活中，家长应坚持亲子阅读，每天保证 10 ~ 20 分钟；多鼓励婴幼儿进行简单的输出，先从象声词开始。

第三节　促进认知发展

一、促进幼儿感知力发展

婴幼儿是积极主动的学习者，他们善用各种感官与周围世界中的个体与事物展开互动。在有爱的氛围下，婴幼儿通过主动探索，逐渐认识世界的面貌，学习建立联系、比较与对比以及分类的方法。保育师则以示范、提问、探索与实验等方式，为婴幼儿提供学习的助力，引导其进行更深层次的思维与推理。婴幼儿在生命之初几年所习得的知识与技能，以及养成的学习习惯，为其日后成为终身学习者奠定坚实的基础。

感觉、知觉统称感知觉，是所有认识的最初始、最起点的部分，感觉和知觉是紧密联系而又有区别的心理过程。

感觉和知觉的区别与联系，见表 6-1。

表 6-1　感觉和知觉的区别与联系

类别	感觉	知觉
区别	个别属性的反映	整体属性的反映
	低级阶段	高级阶段
联系	都属于认识过程的感性阶段	
	都是对事物的直接反映	
	感觉是知觉的基础	
	知觉是感觉的深入和发展	

拓展链接

认识物体游戏

根据幼儿认知发展的情况，开展认知训练游戏。

1. 游戏准备

各种形状的钟表若干。

2. 游戏目标

学习认识物品，能将听到的词与看到的实物联系起来，用眼睛寻找。

3. 互动与游戏

（1）保育师拿一个钟表，让幼儿观察，听钟表的秒针走的声音，告诉幼儿这是钟表，并反复重复“钟表”这个词。

（2）保育师逐一出示其他钟表，告诉幼儿“钟表”这个词。

（3）问幼儿“钟表在哪里？”让幼儿用眼睛寻找。

4. 观察与评估

幼儿能跟着保育师的指令找到钟表，并表达这是钟表。

5. 个性化指导

语言能力较弱的幼儿，做到肢体表达即可。

6. 生活与自理

对于生活中常见物品，我们要多用夸张的原因，向婴幼儿表达物品名称，鼓励幼儿模仿。

二、保护与提升幼儿的注意力

（一）幼儿注意力的发展特点

1. 3 岁以下

（1）注意无目的性。3 岁以下的幼儿由于尚未形成有组织、有目的的注意力，极易受到外界无关因素的干扰，导致无法持续专注于原定的任务。例如，幼儿往往会在短时间内频繁更换玩耍的玩具，并可能随意将玩具散落在地面，显示出注意力不集中的特点。

（2）注意无稳定性。根据研究结果显示，3 岁以下的幼儿普遍具有较短的持续注意时间，且注意力容易转移至其他对象。具体而言，幼儿的年龄越小，其注意力集中的时间则相应越短。一般而言，2 岁幼儿的注意力集中时间约为 6 ~ 7 分钟，而 3 岁幼儿的注意力集中时间则大约为 9 分钟。因此，在教育及照顾幼儿时，应充分考虑到其注意力特点，合理安排活动内容和时间，以提高教育效果及保障幼儿的健康成长。

（3）注意无细致性。在针对 3 岁以下幼儿的观察行为进行分析时，我们发现，这个年龄段的幼儿，主要聚焦于事物的表面和显著轮廓，而对于较为隐蔽或细微的特征则往往忽视。此外，他们在观察时，对于两个事物之间的关联性和差异性，也缺乏足够的敏感度。例如，若要求 3 岁的幼儿去识别并描述两个相似图形之间的差异，他们通常难以准确表达。

（4）注意无分配性。在 3 岁以下的幼儿发展阶段，其注意力往往难以同时聚焦于多个事物。因此，当母亲指向大楼并提醒幼儿观察时，若父亲几乎同时指引幼儿注意小鸟，这种情境很可能导致幼儿无法有效集中注意力于任何一者，从而使两者均无法引起其充分的关注。

2. 3 ~ 5 岁

随着幼儿与周围环境的互动日益频繁，其注意力的专注性得到了显著提升。在此成长阶段，幼儿能全神贯注地玩一个玩具，同时也能细心观察大人们的行为举止，这标志着有意注意开始萌芽。

（1）3 ~ 5 岁的幼儿有意注意得到了一定的发展，在没有外界事物的干扰之下，注意力可集中在大约 25 分钟。

（2）除了注意力的集中程度有所提高外，这个年龄段的幼儿，注意力的分配和注意力的范围都有所增加。但是，这一时期的幼儿注意力的自我控制能力差，容易受外界事物的干扰，虽有单向注意的萌芽，却仍以有意注意为主。

3. 5 ~ 6 岁

（1）5 ~ 6 岁时，经过不断地成长和发展，幼儿的自我控制能力得到了显著提升，现已能独立完成一系列活动。在这一过程中，他们的有意注意逐渐得到巩固，且单向注意也开始展现出发展的迹象。这一进步体现了幼儿心理发展的成熟与稳定，为他们的未来发展奠定了坚实的基础。

（2）注意力的覆盖范围得到了拓展，分配能力得到了显著提升。幼儿开始更加关注大人们对他们的言语和行为的评价，这体现了他们对外界信息的接收和处理能力不断增强。同时，各项感官的协调能力也明显增强，他们逐渐从单向注意转向多向注意，表现出更为成熟和全面的注意力特征。

（二）幼儿缺乏注意力的原因与对策

对于幼儿，特别是 3 岁以下的幼儿，不能苛求他们保持很长时间的注意力，应先分析他们缺乏注意力的原因，然后以平和的心态，科学地、逐步地、有针对性地培养他们的注意力。

1. 对活动本身缺乏兴趣

对策：尊重幼儿，让其自己选择玩具。只有自己选，幼儿才会喜欢，才有可能专心地去玩。对于一些幼儿初次尝试的游戏，保育师也可以进行引导。比如，拿出做好的手工“引诱”幼儿：“宝宝，看这个小包包多可爱，我们等会儿也做一个好吗？”

2. 学习内容过深或过浅

对策：结合幼儿生长的敏感期，提供适合幼儿身心发展所需要的内容和学习方法，培养手眼协调的能力。

到了 2 岁，幼儿能力增强，可以增加难度。如让幼儿穿珠子、钉钉子，同时给予其适度的引导。如果幼儿自己选择了一样玩具（这表明他喜欢这件玩具），但玩不了两下，就不玩了。

这既可能是因为玩具太难了，幼儿玩不了，也可能是因为太简单了，幼儿觉得没新意。这时，保育师可以试着介入，引导幼儿继续玩下去。玩具太难了，降低一下难度，力求让幼儿“跳一跳能够得着”。如果玩具太简单，就变换一下玩法，让幼儿重新喜欢上它。例如，刚开始用剪刀的时候，幼儿不会剪，尝试了几下就想放弃了。这时，可以拿着纸条，让幼儿剪。这样，幼儿从原来一手拿纸一手拿剪刀的双手配合到只需要拿剪刀剪，动作难度就降低了。幼儿会剪了，就会越剪越好，自信心也越来越强。

3. 家庭环境的影响

如家里人口多、住房紧张、父母脾气急躁；家庭气氛压抑，父母整天争吵不休等。

对策：为了确保幼儿拥有一个良好的学习环境，务必在家中为其营造一个安静的氛围。在幼儿面前，应尽量避免发生争执，以免对其产生不必要的负面影响。同时，在与幼儿交流时，应适当控制音量，声音温和，以免干扰其专注力。此外，也应鼓励幼儿自主探索玩具的玩法，以培养其独立思考与动手能力。

4. 每次提供的玩具过多

对策：每次为幼儿提供玩具时，建议数量不宜过多，应控制在两三样之内。

5. 健康状况不佳

对策：在幼儿呈现身体不适症状，如感到困倦或生病时，应适度控制其玩耍时间；避免过度消耗体力，确保幼儿得到充足的休息，以促进身体的恢复与健康。

拓展链接

找不同游戏

“找不同游戏”，是培养幼儿注意力的游戏（适合 2 ~ 3 岁幼儿）。

1. 游戏准备

两张大致相同但有几处不同的图片。

2. 游戏目标

锻炼幼儿的专注力，提高其注意力的时间。

3. 互动与游戏

保育师用趣味语言引导接下来的游戏名称、内容，增强幼儿兴趣点和参与度。让幼儿找出两张图片的不同之处。

4. 观察与评估

刚开始玩这个游戏时，两张图片的不同之处要明显一些，让幼儿很快找到，有成就感，然后再循序渐进换卡片，提升难点。

5. 个性化指导

专注力时间较短的幼儿，保育师需要提升游戏的趣味性。比如，游戏过程中加一些象声词，激发幼儿持续探索的欲望。游戏的时间不宜过长，让幼儿有适应的过程，在游戏中应多加鼓励和肯定。

6. 生活与自理

对于生活中相近或相似的物品，可以询问幼儿有什么不同之处，以此提高幼儿的探索兴趣，从而培养幼儿的注意力。

三、想象力训练活动的设计与支持

（一）想象力发展过程

在 1 岁半以后，幼儿开始玩假装游戏。在 2 岁前，幼儿的假装游戏比较简单，基本没有什么创新的成分，大多是生活的简单重复，与周围人群的生活没有什么联系。

到了 2 岁，幼儿的假装游戏则加入了一些比较复杂的内容。幼儿可能通过观察与思考，慢慢尝试概括自己或他人日常生活中的一些行为，再将这些行为加入他的假装游戏中去。比如，他会学着妈妈的模样，拿起一个玩具电话，对着话筒说：“喂！你好！你是谁呀？”然后，进行一番听起来十分有趣但是不见得合乎逻辑的“对话”，最后他也会煞有介事地跟对方说“再见”，并挂断电话，结束他的通话游戏。幼儿利用自己综合生活经验的能力，让新的生活经验变得更有意思。

3 岁是幼儿想象力游戏的一个分水岭。过了 3 岁，随着幼儿各种知识的积累，他们的想象力也越来越丰富，于是他们的假装游戏因为有了这些作为基础，便越发地登峰造极起来。除了日常生活中常常遇到的一些事情，他甚至开始想象一些成人根本就无法想象的事物来开展他们的假装游戏。3 岁以上的幼儿开始对“过家家”游戏产生浓厚兴趣，喜欢尝试各种不同的角色，来满足自己的好奇心，展示自己对不同角色的理解。

（二）想象力培养要点

想象力的培养，对于幼儿的成长及发展至关重要。它不仅是创造力的基础，也是认识世界和自我表达的重要工具。培养幼儿的想象力是一个多方面的过程，涉及丰富幼儿的感性知识、鼓励大胆想象、保护好奇心、利用各种艺术形式和游戏活动等多个方面。

想象力培养要点

（1）丰富感知体验。通过带幼儿进行参观、旅游等活动，让他们认识自然事物和各种动植物。这样，幼儿在见多识广之后，就容易把各种事物的某些特点联系起来进行想象，从而为创造想象奠定基础。

（2）保护好奇心理。好奇心是发展想象力的起点。当幼儿发问时，保育师要耐心完整地进行解释，并反问幼儿，以培养幼儿的想象主动性和探索精神。

（3）参与幼儿活动。利用各种艺术形式激发幼儿的想象。如童话、神话故事、音乐、美术活动等艺术形式，都能引起幼儿的遐想，激发他们的想象力。

（4）发展幼儿阅读习惯。阅读是想象力的基石。阅读可以帮助幼儿开发想象力，激发他们对想象世界的好奇心和想象力。保育师可以和幼儿一起阅读，选择幼儿喜欢的书籍，以此来让幼儿感受到阅读的魅力，并培养他们的想象力。

（5）要及时鼓励赞赏。鼓励幼儿大胆想象。无论幼儿的想象多么离奇，都要保护幼儿的想象力，鼓励他们大胆想象。

（6）多尝试新事物。保育师可以尝试与幼儿探索新事物，开拓世界范围，激发他们对生活的好奇心。这可以包括探索城市、尝试新食物、尝试新活动等。

（7）尝试不同玩具和游戏。不同的玩具和游戏可以帮助幼儿发展想象力。比如，积木、拼图、类乐高等建造游戏，可以让幼儿尝试新的构筑方式，像一位小建筑师一样拼搭出未来世界。应多为幼儿提供各种不同的游戏材料和玩具，促使幼儿去做相应的游戏，产生相应的想象。

（8）聆听音乐。音乐是一种能帮助幼儿放松和开发想象力的方式。让幼儿多听音乐，可以探索不同的音乐类型和风格，同时培养幼儿对节奏和旋律的敏锐感。

幼儿积木拼搭

拓展链接

“捏”出一个个惊喜

“捏”出一个个惊喜，是训练幼儿想象力的游戏。

1. 游戏准备

准备一盒无毒的橡皮泥或胶泥（也可以用一小团面代替）、一块光滑的木板或塑料板、一块擦手的湿布。

2. 游戏目标

训练幼儿的想象力，激发幼儿参与的欲望。

3. 互动与游戏

幼儿学着保育师的样子，取一小块橡皮泥，在手心儿里团成一个球，就是一个小皮球；把它拿在手里，拇指从上方转着一点点往下压，食指和中指扶在球的外端，球就变成了小碗；如果把球压扁，然后将外边微微上翘，它又变成了一个盘子……保育师可以教给幼儿一些方法，而后放手发挥幼儿的想象力，任由其捏出小锅、小勺，捏饺子、做面条，或者捏出星星、小花、小树……

4. 观察与评估

动手的过程也是动脑的过程。幼儿边捏边想，将自己已有的经验和探索结合起来，想法会越来越多，手指会越来越灵巧，内心也越来越自信。

5. 个性化指导

幼儿具有丰富的想象力，保育师要善于利用其这一特点，要用语言或举例对幼儿进行引导、启发，鼓励幼儿表达和展示自己的想象力。

6. 生活与自理

在日常生活中，面对幼儿自由发挥的作品，保育师要对幼儿进行表扬，因为表扬会让幼儿体验到成功的快乐，从而做得更好。

四、思维力训练活动的设计与支持

（一）思维特点

（1）思维的动作性。此特点在幼儿中尤为显著，即幼儿的思维模式与其动作行为紧密相连。一般而言，幼儿仅关注自身动作所直接接触的事物，其思考过程往往局限于动作执行之中，而无法在动作之外独立地思考。更为重要的是，幼儿往往无法对自己的动作进行深入反思，难以制订动作计划，也无法预见动作可能产生的后果。

（2）思维的兴趣性。在幼儿阶段，当幼儿聚焦于他们感兴趣的事物时，其思维活动往往表现得尤为活跃。

（3）思维的形象性。幼儿思维的主要方式，体现为具体形象性。在解决问题的过程中，幼儿的思维往往呈现出具体性和形象性的特点。

（4）思维的简易性。在幼儿的思考过程中，他们往往难以做到全面而综合考虑，常常容易忽视不同因素对问题的多维影响。

（二）思维力培养要点

思维力培养要点

（1）激发好奇心。培养幼儿的好奇心至关重要，有必要为他们打造丰富多样的探索与发现平台。在此过程中，应引导幼儿积极提问、勤于观察，并鼓励他们深入思考，勇于探索周遭世界，以此激发他们对未知领域的浓厚兴趣，并培养其探究精神。

（2）提供多样化的体验和活动。为了全面推动幼儿的综合发展，有必要为他们精心安排一系列丰富多样的体验与实践活动。这些活动应涵盖玩具探索、绘画创作、手工制作以及各类游戏等多个维度。通过引导幼儿积极参与并尝试各类活动，以锻炼他们的各项思维能力，拓宽他们的知识视野，并培养他们多元化的兴趣与爱好。

（3）引导幼儿独立思考。在幼儿的成长过程中，家长、教师和保育师要扮演好指导者和帮助者的角色。在提供适当支持的同时，也要引导幼儿学会独立思考，培养他们自主解决问题的能力。这样，幼儿才能在面对挑战时，展现出坚韧不拔的毅力和创造力。

（4）培养幼儿的创造力。培养幼儿的创造力同样重要。应为幼儿创造更多发挥创造力的机会。如自由绘画、模型制作等。这些活动有助于激发幼儿的想象力和创造力，让他们在创作过程中体验成功的喜悦，进而培养自信心和创新能力。

（5）鼓励幼儿表达自己的想法和看法。鼓励幼儿勇于表达自己的想法和看法。为幼儿提供充分的机会，让他们表达自己的思考过程和观点，这有助于提升他们的表达能力和思考水平。同时，还应认真倾听幼儿的想法，给予积极地回应和指导，帮助他们建立正确的价值观和世界观。

（6）多与幼儿互动交流。通过与幼儿进行频繁的沟通交流，了解他们的想法和需求，回答他们的疑问，可以更好地帮助幼儿发展思维能力，促进他们的全面成长。

拓展链接

“找玩具”游戏

“找玩具”是一款训练幼儿思维力的游戏。

1. 游戏准备

玩具若干。

2. 游戏目标

（1）发展幼儿的观察力和专注力。

（2）培养幼儿的方位知觉以及做事专心的习惯。

3. 互动与游戏

把幼儿带到户外，将玩具藏起来。在藏玩具之前，先让幼儿看一看、数一数、说一说有哪些玩具，再让幼儿边找边数，保育师在一旁启发幼儿：“两个了，还有什么呢？小汽车呢？看看树后面。”当幼儿全部找出来后，要予以表扬和鼓励。

另外，还可以准备一张图，指着图问幼儿：“这棵树下有什么动物呀？”如果幼儿不能全部找出来，可启发引导他找。在启发引导时，应注意用方位词。如“看看大树上面是什么”“再看看树的后面是什么”等，直到幼儿找到全部动物。

4. 观察与评估

观察幼儿是否能独立找到对应的玩具，并根据情况给予提示，尽量让幼儿独立完成任务。

5. 个性化指导

对于能力较弱的幼儿，可以放置少量玩具，然后根据幼儿的情况，再循序渐进地增加。

6. 生活与处理

在生活与处理方面，同样需要关注幼儿的个体差异，为他们提供个性化的指导。对于生活自理能力稍弱的幼儿，可以从简单的任务开始，逐步培养他们的独立性和责任感。

第四节 促进情感和社会性发展

一、婴幼儿的情感表达

（一）新生入园的分离焦虑

新生入园是幼儿园工作中至关重要的一环。婴幼儿初入幼儿园时，面对陌生的环境和人，难免会产生不安情绪。由于婴幼儿对父母或照看者有着深厚的依恋情感，一旦与父母或照看者分离，往往会产生所谓的“分离焦虑”，进而表现出情绪波动、哭闹不安、乱发脾气等反应，甚至可能出现闷闷不乐、不愿与老师和小朋友交流等情况。部分婴幼儿在入园数月后，情绪仍难以稳定。因此，协助婴幼儿尽快适应集体生活，有效缓解其适应难题，成为幼儿园工作中不可忽视的重要任务。

1. 接待和安抚工作

（1）入园前，安排家访，做好入园准备。

在婴幼儿即将入园的前一周，教师、保育师可以安排进行家访活动。深入了解婴幼儿在家的日常生活状态及习惯，以便更好地适应园内生活。同时，通过家访过程中与婴幼儿的短暂亲密接触，有助于婴幼儿对教师、保育师产生熟悉感，减轻入园时的陌生感和焦虑情绪。

在家访过程中，教师、保育师应积极与家长沟通入园后的相关细节，包括园内的作息安排、饮食习惯、活动安排等，以帮助家长全面了解幼儿园的生活环境和教育理念。此外，教师、保育师还可向家长建议，在入园前向婴幼儿描述未来托育园的生活状态，使婴幼儿对即将到来的新生活有所期待和准备。

若婴幼儿在家庭生活中有携带依恋物的习惯，教师、保育师应建议家长在入园前准备好这些依恋物，以便婴幼儿在需要时能随时找到安慰。同时，也可允许家长为婴幼儿携带熟悉且安全的玩具入园，以帮助婴幼儿更快地适应新环境，缓解入园初期的分离焦虑。

（2）入园后，密切观察婴幼儿的情绪，及时与家长沟通。

入园前几周是婴幼儿焦虑最严重的时段。婴幼儿的表现形式也不一样，有的会抱住家人，大声哭闹；有的会压抑情绪，小声抽泣。教师、保育师应密切观察婴幼儿，安抚他们的情绪，可采用拥抱、转移注意力等方式缓解他们的入园不适。

2. 家园合作共育工作

（1）家长在将婴幼儿交付给教师、保育师后，应迅速离开园区。即便婴幼儿表现出哭闹情绪，也应坚定信念，坚持送其入园。

（2）对于月龄较小的婴幼儿，建议家长从亲子活动入手，逐步引导幼儿适应幼儿园的环境和教师，随后再逐渐过渡至独立入园，以确保幼儿能平稳地融入新环境。

（3）在婴幼儿入园的第一周，建议家长适当提前接园时间，并逐步延长幼儿在园内的停留时间，直至其完全适应托育园的生活节奏。

（4）婴幼儿入园后，教师、保育师应积极引导他们参与各类游戏和活动，以帮助他们尽快适应托育园的生活，并与他们建立起新的师幼依恋关系。

（5）充分理解并接纳婴幼儿在入园初期可能出现的情绪波动，应让他们明白与家人暂时分离和想念家人的情感是正常的。在此过程中，婴幼儿可能会通过哭泣等方式宣泄情绪，教师、保育师和家长应给予充分的关爱和支持。

（二）幼儿拒绝行为的情感表达

1. 拒绝行为的情感表达分类

幼儿拒绝行为的情感表达方式，可以分为两类。一类是回应型拒绝，是指用言语或非言语型的行为来表示拒绝；另一类是无回应型拒绝，是指没有明显行为表现的拒绝方式。

（1）回应型拒绝。

①用言语型行为拒绝。言语型行为是指以语言为主要手段，间或附带有目光、表情、姿势、动作的行为的拒绝方式。在言语型拒绝行为中，拒绝的语言可以分为两种。一种是直接的拒绝。主要是指幼儿直接用“不要”“不好”“不高兴”“不愿意”等语言来表达拒绝，不说明拒绝的原因。另一种是间接的拒绝。主要是指幼儿在拒绝时会为自己的拒绝寻找理由，这类拒绝方式在大班幼儿中运用较多。

②用非言语型行为拒绝。非言语型行为是指单纯借用目光、表情、姿势、动作而不伴有语言的拒绝行为方式。例如，在下楼做操时，兰儿对走在前面的欣儿说：“今天我们一起玩骑自行车吧！”欣儿转过身对着兰儿摇摇头，就向大型玩具那边走去。再如，做操时，贝贝拿着做操的小棍戳了戳前面的莉莉，说：“往前走！往前走！”莉莉站在原地就是不肯往前走，扭动着身子不让贝贝再戳到。在两个例子中，受动幼儿一个以摇头表示拒绝，另一个以拒不执行来表示抗议，都是用非言语型行为来表达拒绝的情绪。

（2）无回应型拒绝。

无回应型拒绝，这是拒绝行为中比较特殊的一类，指的是那些没有明显行为表现的拒绝方式。例如，小李和小丁在玩穿线游戏。到了游戏结束的时间，小李对身边的小丁说：“该收玩具了。”小丁没有任何回应，继续自顾自地玩着，小李看见小丁没有动静，自己也继续玩了起来。在这个案例中，小丁听见小李让她收玩具的，但是她还想再玩会儿。

2. 拒绝行为的情感表达干预

幼儿园是幼儿日常生活、学习、娱乐的重要场所。婴幼儿由于各自从小生长环境及性格的不同，较容易产生以自我为中心的情绪及行为。保育师与幼儿日常接触时间较长，仔细观察幼儿的行为及情绪，有效干预并矫正其不当的行为。

（1）应允许幼儿合理拒绝行为的存在。

每个幼儿的生活环境不同，其兴趣、需要、能力等方面也存在差异，应尊重幼儿的个性，允许幼儿合理拒绝行为的存在。拒绝是幼儿在认知、情感和意志发展中遇到冲突时的一种表现，是幼儿自我意识发展的产物，也是幼儿适应生活、学会生存的必要技能。发现幼儿有拒绝行为时，不必一味地制止，或以成人的眼光去衡量，认为拒绝是不礼貌的表现，而要从幼儿的角度去理解他们的行为。应把幼儿合理的拒绝行为，看成是促进幼儿社会性发展的一种方式，抓住这一教育契机，为幼儿的发展提供支持。

（2）指导幼儿合理地运用拒绝行为。

教育必须既符合幼儿的现实需要，又有利于其长远发展。拒绝是幼儿个性化成长的需要。在允许幼儿存在拒绝行为的同时，还要让幼儿懂得什么能拒绝、怎么拒绝。首先，要让幼儿明白，当破坏规则、产生错误时，他人的劝阻和指正是不应该拒绝的；但是当同伴不合理的要求或是不合适的支配要强加于你时，就应该有拒绝的意识。其次，要让幼儿学会一些拒绝的技巧。比如，采取友好的态度表示拒绝，或是向同伴说明自己拒绝的理由。特别是在处理因拒绝引发的冲突时，更要帮助冲突双方寻找引起冲突的原因。在找出原因之后，引导幼儿针对自身的不足加以改进，以此促进幼儿交往技能的发展。

（3）帮助经常被拒绝的幼儿积极进行交往。

被拒绝幼儿是班级中的弱势群体。另外，被拒绝幼儿还是幼儿园里的低成就者，而且在成年以后较易出现偏离社会的行为。因此，针对这类幼儿的教育干预是极其必要的。保育师应向这些幼儿传授关键的社会交往技能，以提高他们受同伴欢迎的程度。比如，引导他们学会倾听别人的想法、平静地陈述自己的意愿、与别人达成共识等。同时，要为幼儿树立榜样，引导其他幼儿关心、爱护被拒绝幼儿，向他们表达积极的情感，让他们在宽松的人际氛围中与同伴进行交往。

二、激发婴幼儿积极社交互动

社交技能的培育与保持，自婴儿时期便已萌芽，且贯穿于个体一生的成长历程之中。众多幸福家庭的构筑与成功事业的铸就，往往离不开出色的社交能力作为支撑。尊重他人的见解与贡献，善于分享与交流，以友善的态度化解冲突，携手共克难题，以及建立深厚的友谊关系，这些都是婴幼儿在成长过程中逐步培养与磨砺的社交技能。

（一）婴幼儿发展社交技能的要素

促进婴幼儿社交技能发展的五个核心要素如下。

（1）深入理解婴幼儿社交发展的阶段与特点，为其提供恰当的引导与支持。

（2）充分利用环境资源，创设有利于婴幼儿积极社交互动的条件与氛围。

（3）积极鼓励婴幼儿参与各类游戏，通过游戏促进其社交技能的提升。

（4）引导婴幼儿建立积极、健康的人际关系，培养其良好的人际交往能力。

（5）注重培养婴幼儿的亲社会行为，引导其形成积极的社会态度与价值观。

（二）不同年龄阶段的社交行为表现

婴幼儿在不同年龄阶段的社交行为表现。

1. 1～3个月

对婴儿应更多地展现笑容。当对着婴儿微笑时，他们往往会以笑脸回应，甚至尝试模仿一些动作与表情。在这个阶段，婴儿的面部表情和肢体语言逐渐变得丰富多彩。当他们看到自己喜欢的人时，会自然而然地张开双手，躺在那里欢快地挥舞四肢，如同在跳舞一般。这是婴儿最初的社交表现，保育师应及时给予回应，以促进婴儿的情感发展和社交能力的提升。

2. 3～6个月

这时候的婴儿有了与人交流的欲望，开始通过手势表达自己的意愿，会用手指着一些东西，表示想要的意思。喜欢跟成人一起玩，没人陪着玩，可能还会哭闹，对他人的情感表现有反应。保育师可以通过俯身对婴儿微笑、说话，做各种面部表情等行为，来吸引婴儿的注意力。

3. 6个月～1岁

婴儿开始出现试探行为，面对陌生人会害羞或者不安，更加喜欢自己亲近的人，对于这些人的离开会哭；这个时候的婴儿，开始试探看护者的反应。比如，不吃饭的时候，或者哭的时候，试探看护者怎么办，想办法吸引注意力。这时期，可以适当地把一些陌生人介绍给婴儿，让婴儿充分熟悉他人。

4. 1～2周岁

如果说1岁以前幼儿的社交行为还不明显，那么，到了1岁以后，幼儿的社交需求就会变得越来越强烈。通常，1岁左右的幼儿已经有了社交的意愿。比如，在路上看到其他小朋友，会进行一些模仿行为，还会把食物送到别的小朋友嘴巴里去。这个时期，保育师可以适当给幼儿创造更多的社交机会，让其多与同龄幼儿接触。

5. 2～3周岁

这个年龄的幼儿，喜欢模仿和扮演类游戏，保育师可以创造这样的环境，多进行一些游戏互动。通过角色扮演让幼儿体验一些生活情景，以故事的形式给幼儿传递一些社交礼仪，增加幼儿的社交经验。比如，可以多给幼儿讲一些以小动物为主角的故事等。

幼儿玩耍

此阶段，幼儿会乐意和他差不多大的幼儿待在一起，但他们的互动和交流仍然比较少，看似大家在一起，实际上各玩各的玩具。此时是幼儿社交的启蒙阶段，幼儿能意识到身边有同伴，偶尔也会去观察他们，所以在此阶段可以让幼儿多接触同龄人。虽然幼儿不会马上就开始社交，但已经进入准备阶段。

6. 3 ~ 6 周岁

3 岁后，幼儿基本上就进入联合游戏阶段，他们会找同伴一起玩同一个游戏、互相模仿做同一件事。比如，玩过家家时，一个人煮饭，其他幼儿也会跟着煮饭、煮菜。他们之间会有简单的交流，但没有共同的目标。

此阶段的幼儿已经适应了周围有同伴的生活，他们也需要去拓展自己的社交圈。因此，通常 3 岁以后，幼儿就会进入幼儿园。除了幼儿园，还可以有意识地为幼儿创造社交圈，让他接触同龄人，让他和同龄人玩的时间更长一点。当玩耍时，保育人员要帮助幼儿用合适的词语描述自己的情感和渴望，引导幼儿在各种社交场景中学会解决矛盾与冲突；在和同伴的相处过程中，不断调整自己的行为，获得社交经验。

（三）激发婴幼儿的积极社交互动

1. 环境布设，促进社交发展

对婴幼儿成长环境进行布置设计，促进婴幼儿社交发展的技巧，见表 6-2。

表 6-2　对婴幼儿成长环境进行布置的技巧

区域	促进社交发展的技巧
接待 / 等候区	（1）确保空间足够大。当婴幼儿可能产生分离焦虑时，营造无压力的接送过渡期。 （2）张贴婴幼儿玩游戏的最新照片，方便家人与宝宝谈论
个人 / 集体游戏区	（1）提供多套受欢迎的相同物品，让婴幼儿不用分享或轮流玩。 （2）在墙上安装一面不易破损的镜子，让婴幼儿可以观察自己和其他人。 （3）提供娃娃和毛绒动物，让婴幼儿可以拥抱和照顾它们。 （4）为较大幼儿添加一些简单的娃娃护理用品（例如，奶瓶）。 （5）制作和展示与婴幼儿家人有关的书籍和海报，让婴幼儿在白天可以看到他们。 （6）在角落里放置豆袋椅或枕头，让婴幼儿可以暂时离开集体活动，休息一下
大运动区	（1）提供各种大小和材质的球，供他们滚、投、踢和捡。 （2）提供低矮的骑乘玩具，供婴幼儿推拉
户外	（1）提供几大桶水和一些大型颜料刷。 （2）在户外播放音乐，进行运动。 （3）提供多种节奏乐器。 （4）让婴幼儿接触大自然中景物、声音和气味。可以把他们抱起来观察树木，抓握树叶，观察不同的颜色。摇动树枝，向他们展示叶子是如何晃动的

2. 鼓励参与游戏，促进社交

幼儿期作为个体社会化的重要阶段，通过游戏方式对幼儿进行社会教育，培养其社交技能，进而激发幼儿的积极生活态度。此举有助于幼儿在快乐中茁壮成长，以积极的心态应对生活中的挑战。

（1）游戏与幼儿社会教育的重要性。

①培养社交技能。游戏是幼儿与同伴互动的主要载体。它作为一种富有吸引力的活动形式，能够有效促进幼儿掌握分享、合作、协商等关键社交技能，进而提升其沟通能力。通过游戏，幼儿能在轻松愉悦的环境中，自然而然地学习和锻炼社交技巧。在游戏中，幼儿不仅学会了如何与他人进行互动，还学会了如何尊重他人的观点和意见，以及如何处理可能出现的冲突。这些社交技能对于幼儿的成长与发展至关重要，有助于他们更好地融入社会，建立起更为和谐的人际关系。

②增强情感认知。游戏是一种非常有效的情感教育方式，因为它能让幼儿在轻松愉快的氛围中体验各种情感，从而更好地理解和尊重他人的情感和需求。通过游戏，幼儿可以学会如何表达自己的情感、如何与他人沟通和交流，以及如何处理人际关系中的各种问题。这些技能不仅对幼儿的成长和发展非常重要，也对他们未来的社交能力和情感健康有着积极的影响。

③塑造积极品质。游戏中的成功体验有助于培养幼儿的自信心和积极性，激发他们勇敢面对生活挑战的勇气。游戏中的每一次胜利，都会让幼儿感受到成功的喜悦，从而增强他们的自信心。这种成功的体验可以帮助幼儿在以后的生活中更加积极地面对各种挑战。游戏中的成功体验，可以帮助幼儿培养坚持不懈的品质，让他们在面对困难时坚韧不拔。此外，游戏中的成功体验，还可以帮助幼儿培养团队合作的精神，让他们在以后的生活中更加善于与他人合作。总之，游戏中的成功体验，对于塑造幼儿的积极品质具有重要意义。

（2）通过游戏对幼儿开展社会教育。

①选择合适的游戏内容。选择具有社会教育意义的游戏内容。如角色扮演、建构游戏、合作游戏等，这些游戏内容不仅有趣，而且能提供给幼儿一个安全、有趣的环境，让他们学习如何与他人合作、交流和解决问题。

角色扮演游戏是一种非常受欢迎的游戏类型。它可以让幼儿扮演不同的角色，学习如何与他人互动和合作。在游戏中，幼儿可以学习如何尊重他人、分享和合作，同时也可以提高他们的语言和沟通技巧。

建构游戏也是一种非常有趣的游戏类型。它可以让幼儿使用各种不同的材料和工具来建造自己的梦想。在游戏中，幼儿可以学习如何计划、组织和协调，同时也可以提高他们的创造力和想象力。

合作游戏则是一种需要团队合作的游戏类型。它可以让幼儿一起合作来完成任务或达到目标。在游戏中，幼儿可以学习如何合作、协调和沟通，同时也可以提高他们的团队合作和领导能力。

总之，选择具有社会教育意义的游戏内容，可以让幼儿在游戏中体验不同的社会角色，培养他们的团队合作和沟通技巧。这些游戏不仅能提供给幼儿一个安全、有趣的环境，同时也能促进他们的社交和情感发展。

②创设游戏情境。为幼儿创造一个安全、有趣的游戏环境，让他们感受到轻松愉快的游戏氛围，自由地与同伴进行互动交流。在这个游戏情境中，幼儿可以放飞自我，发挥自己的想象力和创造力，尽情地探索和发现。

家长或教师、保育师可以通过引导和启发的方式，帮助幼儿在游戏中发现问题、解决问题，让他们学会自主思考和自主解决问题。同时，通过游戏中的互动和交流，幼儿还可以培养自己的沟通能力和合作精神，提高自己的创新能力。

③鼓励幼儿参与集体活动。别让幼儿总宅在家里，多鼓励他们参加一些集体活动。比如，说运动会、艺术节等。参加这些活动，幼儿可以感受到团队合作的力量，也能学会跟别人合作、沟通。而且，通过参加集体活动，幼儿还能认识更多的朋友，拓展他们的社交圈子。

④引导幼儿尊重他人。在游戏中，引导幼儿学会尊重他人的意见和感受，培养他们的同理心和包容心。同时，教育幼儿遵守游戏规则、尊重他人的劳动成果，培养他们的责任感和公正意识。

⑤及时肯定幼儿的表现。当幼儿在游戏中表现出良好的社交行为时，家长或教师、保育师要及时给予肯定和鼓励，让幼儿感受到自己的进步和成就。这样可以增强他们的自信心和积极性，激发他们在游戏中更好地发挥自己的潜力。

思考与练习

1. 简述婴幼儿精细动作训练的原则。

2. 简述对幼儿的倾听与表达如何支持。

3. 简述对幼儿的阅读与书写如何支持。

4. 如何提升幼儿的注意力？

5. 幼儿想象力及思维力培养的要点有哪些？

6. 如何预防新生入园的分离焦虑？

7. 简述不同年龄阶段的社交行为表现。

第七章
教育活动配合

★【本章概述】

保育师的配教工作应全面贯穿于教育活动的始终，涵盖活动前期的准备阶段、活动环节间的过渡阶段、活动实施过程中的配合以及活动结束后的整理工作。为确保配教工作的顺利进行，保育师必须具备扎实的专业常识，并不断提升配教的专业技能。保育师应深入理解学前托育机构的教育目标和工作分配原则，熟练掌握教育活动前的各项准备事项、活动过程中与教师的协同配合以及活动结束后环境整理的具体流程与基本方法。此外，保育师还须对学前托育机构环境创设的原则和基本要求有所认识，并在此基础上提供必要的支持与配合，从而协助教师更好地完成教育教学任务，为幼儿的健康成长提供全方位的服务与支持。

★【学习目标】

1. 熟悉保育师在教育配合工作中的活动准备、活动过程中的具体工作内容。

2. 能做好保育工作记录与总结。

3. 深入地学习与理解，清晰地认识到幼儿园及保育师应将视线聚焦于教育的根本宗旨及育人的过程之中，确保所有工作均紧密围绕婴幼儿的成长与发展这一核心目标展开。

第一节 教育活动前的配合

一、熟悉教育活动方案

（一）室内教育活动前的准备和活动后的整理

1. 活动前的准备

根据活动方案所列明的活动准备内容，务必确保相关物质材料准备齐备。积极向相关负责人咨询物质材料的摆放要求，特别是特殊桌椅的摆放方式，确保符合活动需求。同时，仔细核查物质材料的数量是否与活动方案所规定的一致，确保其完好无损且能正常使用，无任何安全隐患。在活动过程中，须根据活动要求，协助教师适时、准确、有序地分发教学活动用品，确保活动顺利进行。

2. 活动后的整理

在配合教师整理活动场地的过程中，须对教育活动所使用的各项用品进行逐一清点与细致检查，确保无误后将其归置回原位。同时，对于活动过程中产生的废弃物，应严格按照规定，将其投放至指定的垃圾桶内。若活动过程中不慎产生碎屑或发生液体洒漏等状况，务必迅速采取行动，对地面进行及时清扫或拖擦，确保活动场地的整洁与卫生。

活动后整理场地

（二）室外教育活动前的准备和活动后的整理

1. 活动前的准备

为确保活动安全、顺利进行，务必对活动设施进行严谨细致地检查。应逐一排查滑梯是否积水、滑梯面是否干净无杂物影响光滑度。同时，核实摇椅、秋千等设备的螺丝是否紧固、重心是否稳定；还须检查吊环、秋千绳索的牢固程度。此外，活动场地的地面亦须确保平整，无凸起异物、积水、沙石、坑洼等安全隐患。保育师应持有高度责任心，不畏烦琐，全面检查可视范围内的安全状况。一旦发现潜在风险，立即采取措施排除。

对于幼儿个体操作所需的器械，应根据活动方案进行精准筹备。若涉及体操活动，务必保证体操器械的整洁完好，及时清理污渍、修补破损或进行更换，并根据幼儿人数调整器械数量，以确保体操活动的正常进行。若体育教学涉及其他体育器械和辅助材料，须按活动方案准备充足，并合理摆放，避免绳类器械缠绕，棍棒类器械应整齐有序，以便于幼儿安全取用。此外，器械的摆放位置应与执教老师进行充分沟通，确保遵循“安全、合理、实用”的原则。

2. 活动后的整理

活动结束后，保育师与教师共同承担体育器械的收纳与场地的整理工作，对于中大班的幼儿，保育师可指导其参与整理活动，以此培养其动手实践能力和责任意识。然后，保育师积极协助教师，确保幼儿安全有序地返回活动室；执教老师位于队伍前列，保育师则守护在队尾，共同维护幼儿的安全。幼儿安全进入活动室后，保育师及时展开对幼儿的活动后护理，确保每位幼儿情绪稳定且安全。最后，保育师对使用过的体育器械进行规范地整理与存放，以备下次活动之需。

案例分析

大班保育师安排好卫生工作之余，主动向主班赵老师了解下周的安排，并记下需要准备的活动材料，积极配合教师的教学活动。

周一，语言和艺术活动，保育师及时按活动的需要在合适的位置摆好挂图，分组放好油画棒和画纸；周二，科学和健康活动，保育师及时摆上操作材料和体育器械；周三，语言和社会活动，保育师准备好语言教育活动的挂图和月饼盒，在社会教育活动《好吃的月饼》开展的前一天提醒家长为幼儿带一个月饼。在当天早餐后及时收拾卫生，并按教育活动要求将提前到后勤部门领取的餐盘、水果刀、牙签以及幼儿带来的月饼摆放在活动流程需要的位置，桌子按要求靠活动室后面摆放，前面空出来留给幼儿坐成马蹄形。

总之，因为事先对教育活动方案的熟悉和教育活动流程的了解，保育师准备充分，考虑全面。尤其是在第二个集体教育活动中为幼儿分切月饼时，保育师还戴了口罩和一次性手套，注意到了教师未提及的卫生细节，令赵老师大为赞赏。

* 分析

以上案例，充分体现了保育师事先熟悉教育活动方案对配合准备工作有着非常重要的作用。因为保育师提前了解了教育活动方案，知道要准备哪些活动材料、活动流程中材料如何投放和桌椅如何摆放、在何时给予什么样的配合等，所以准备充分，考虑全面，甚至还准备了教师未涉及的卫生细节，使教师的执教活动得以顺利完成。

二、观察与熟悉幼儿

保育师须对幼儿有深入的了解，熟悉其不同年龄段的发展水平，以确保在教育活动中能实施有效地配合，从而为幼儿全面达成教育活动目标提供坚实的保障。保育师在日常活动中，应为幼儿提供恰当的行为指导。具体而言，保育师应通过细致观察，掌握不同年龄段幼儿的发展特点，保持与幼儿相处的恰当态度，以及针对特殊幼儿提供专门的指导。

（一）熟悉幼儿动手能力发展水平

1. 小班幼儿

剪直线，边线基本吻合；进行粘贴、涂色简单美工活动；能用简单线条和色彩大体画出人或事物。

2. 中班幼儿

剪直线构成简单的图形，边线吻合；进行绘画、捏泥、纸工制作等美工活动；能用图画和符号，表达自己的愿望或进行记录。

幼儿动手能力

幼儿绘画活动

3. 大班幼儿

剪曲线构成简单图形，边线吻合而且平滑；能用多种工具、材料和不同方法，表达自己的感受和想象；能用图画、图表、数字和符号，表现事物或记录事物。

（二）与幼儿相处的态度

在与幼儿互动的过程中，保育师应秉持严谨、稳重的态度，成为幼儿学习活动的坚实支持者、真诚合作者和明智引导者。在与幼儿的交往中，应展现出关怀、接纳与尊重的情感，确保每一名幼儿都能感受到温暖与支持。保育师应耐心倾听幼儿的心声，深入理解他们的想法与感受，为他们提供一个安全、自由、积极的表达空间。同时，应鼓励幼儿大胆探索、勇于尝试；并在他们遇到困难时，给予及时的支持与引导。

此外，保育师还应尊重幼儿在发展水平、能力、经验及学习方式等方面的个体差异，因人施教，确保教育策略的针对性和有效性。通过个性化的教育方式，努力让每一位幼儿都能在适合自己的节奏中感受到学习的乐趣，获得满足感和成功体验。

（三）对特殊婴幼儿的特别指导

1. 特殊婴幼儿

特殊婴幼儿，是指因个体差异而有各种不同的特殊教育需求的婴幼儿。

2. 特殊婴幼儿早期干预领域

通过婴幼儿心理发生和发展规律的研究，发现在发展的各个领域（如感觉、知觉、语言、注意、记忆、思维、情感和意志、个性、社会性等）都会有一些幼儿遇到问题，而在特殊婴幼儿中，除以上心理发展领域外，他们的实际生活训练也应引起研究者们的广泛关注。

3. 为特殊婴幼儿提供帮助与引导的方法

（1）最重要的事情是先了解特殊婴幼儿的成长环境与成长过程。生物学因素、父母及家庭因素、教育因素、社会环境因素等是几个重要的因素，每个婴幼儿的原因、问题都不同。

（2）反馈在幼儿园里观察到的情况，建议家庭根据婴幼儿情况，寻找更多专业支持。

（3）寻找婴幼儿的兴趣与长处所在，帮助婴幼儿树立自信。

（4）营造良好的班级心理环境，帮助婴幼儿纠偏。

（5）教师、保育师要端正心态，面对婴幼儿具有特殊问题行为时，更具耐心、细心、平衡心去看待，去理解包容婴幼儿。由于每个婴幼儿的发育水平、能力都不相同，差异巨大。因此，要因材施教，尊重每一个婴幼儿。

引导幼儿识读图片

4. 几种特殊婴幼儿活动特点与指导

（1）体弱儿。

体弱儿在身体素质与活动能力方面相对较弱，尤其是在活动速度与强度上与普通婴幼儿存在显著差距。为确保体弱儿在活动过程中能安全、顺利地进行，保育师必须针对其特点进行专门的教育与护理。在体育锻炼这一关键环节上，保育师须特别注重以下几点。

首先，体育锻炼必须遵循循序渐进的原则，确保体弱儿的活动量由小到大逐步增加，避免突然加大活动量带来的身体负担。与其他婴幼儿相比，应适当减少体弱儿每次活动的时间，并适当延长间隔休息的时间，以确保其能充分恢复体力。

其次，在整个体育活动过程中，保育师应密切关注体弱儿的身体状况，尽可能将其安排在自己视线范围内，以便及时提供必要的帮助。保育师还须定时为体弱儿擦汗、增减衣物，随时观察其活动负荷量，并根据实际情况灵活调整活动的难度与密度。此外，还应在技能上对体弱儿进行单独指导，帮助其提高运动能力。

在指导过程中，保育师应多鼓励、少批评，以增强体弱儿的自信心和积极性。体育活动结束后，保育师应特别提醒体弱儿及时饮水、充分休息，以促进身体的恢复与健康。

（2）肥胖儿。

肥胖儿身体较为笨重，其行动往往显得迟缓且易于感到疲劳。因此，在组织各类活动时，保育师须对肥胖儿实施个别化的教育与护理措施，促进其正常参与并享受活动乐趣。针对肥胖儿身体笨重的特点，保育师须适时适度地协助其完成各类动作，并在过程中不断给予鼓励与支持，以增强其自信心。同时，由于肥胖儿身体笨重，易发生失衡现象，保育师应密切关注其安全状况，确保其在活动过程中的安全。此外，肥胖儿童较易出汗的特点，保育师应预备充足的毛巾，以便于及时为其擦拭汗水，确保其身体舒适。

（3）好动儿。

好动儿的特性，其注意力难以持久集中，常伴随多余的动作、情绪易波动且易冲动、自我控制能力相对较弱。此类婴幼儿因过度活跃及动作频繁，可能对自身及他人造成一定影响。

保育师在组织集体活动时，应针对好动幼儿实施个别化的教育与指导措施，确保全班集体活动能够顺利进行，同时保护好动儿及其他幼儿的权益。在活动开展前，保育师须主动与好动儿进行沟通，提醒其注意自身行为，并提出明确的行为要求，阐明相关道理，引导其专心听讲、认真参与活动。

在活动进行过程中，鉴于好动儿往往难以自控，保育师应灵活运用语言、表情及动作等手段，给予积极的心理暗示，及时提醒其集中注意力。一旦好动儿表现出符合规定和要求的良好行为，保育师应立即予以正向强化，通过表扬、鼓励或奖励等方式，加以肯定。

表扬、鼓励幼儿

好动儿精力旺盛，保育师可额外安排一些适宜的活动或将其纳入为大家服务的角色中，以消耗其多余能量，并引导其参与有益身心的活动，促进其全面发展。

（4）胆怯儿。

胆怯儿不自信，不敢承受压力，由于紧张害怕而不敢坦然面对不熟悉的人，行为多退缩逃避。这种胆小和退缩的行为，往往在很大程度上影响了他们在学前托育机构里的生活和学习，容易导致胆怯儿受冷落，从而更加胆怯。目前，有些对胆怯儿的认识失之偏颇，认为幼儿腼腆、讲话声音低就是胆小的表现。但胆小不一定是胆怯，只要腼腆和声音低没有使幼儿不快乐、没有使幼儿失去自信、不影响幼儿的求知和探索，都是可以理解和接受的。

对幼儿一时的胆小表现，应心平气和地宽容和接纳。对于一贯不自信的胆怯儿，则应多加鼓励。作为保育师，更要耐心亲切地告诉幼儿："没关系，我会帮助你的，你本来就做得很好。"另外，对于胆怯儿，只鼓励是不够的，还必须通过实践来让幼儿真正体验到自己能行。自信心必须通过自身主动地、充分地活动发展起来。所以，保育师要更多地为胆怯儿创造锻炼机会，巩固其自信心，多给他们表现的机会，让他们在力所能及的事情中体验成功，增强自信。

案例分析

大班保育师，根据当天教师对科学教育活动《堆雪人》配合的需要，于活动中幼儿动手操作环节，放下手中的卫生工作，回到活动室配合教师进行个别指导。

幼儿正在剪图片。保育师因为对幼儿能力水平和性格的熟悉，以及对相应年龄段能力发展水平的了解，首先来到动手能力较弱的琦琦面前，手把手地引导琪琪尽可能将方形剪得与边线吻合平滑，以达到大班幼儿应达到的剪的动作水平。琪琪在指导下，剪出的方形平滑了许多，非常开心。然后保育师又来到自信心不足的严严面前，发现严严对数量的统计都是对的，及时称赞严严并将他的统计表向小组进行展示，严严非常自豪地笑了。保育师时不时看看顽皮的天天，看他是否遵守活动要求而安全使用剪刀，及时给予提醒。

保育师在熟悉幼儿个体特点及能力发展的基础上，针对性地配合教师对需要帮助的幼儿进行个体的关注和指导，从而使得幼儿整体顺利达到教育活动的目标。

＊ 分析

案例中的保育师，不仅做好环境卫生工作，照顾好幼儿吃、睡等生活活动，而且在充分熟悉幼儿实际发展水平和性格的基础上，根据教育活动需要，对幼儿进行与年龄段和个体发展水平相适应的指导。

三、参与主题环境布置

主题环境是为特定主题精心创设的，它并非一蹴而就的短期任务，而是贯穿于整个教育主题活动始终的重要元素。主题环境作为教育教学的直观展现，凝聚了教师与幼儿群体的共同智慧与努力。在参与主题环境布置的准备阶段，保育师不仅要清晰把握主题教育的核心目标，还须深入理解并遵循环境布置的基本原则，以确保所创设的主题环境既符合教育目标，又能有效促进幼儿的全面发展。

（一）为实现主题教育目标服务

主题教育环境是专为主题教育所营造的，其主要目的在于支持和促进主题教育的目标达成。以保育师所准备的全家福照片和幼儿成长实例照片为例，这些材料均是根据主题教育目标精心挑选，紧密围绕主题教育内容，进而有效地推动主题教育目标的顺利实现。

（二）主高度应适宜幼儿身高

环境的设置为幼儿教育活动提供支撑，幼儿作为环境的受益者，同时也是与环境进行积极互动的主体。因此，在进行环境布置时，应充分考虑幼儿的身体特征，确保环境布局适宜幼儿的高度，以便他们能便捷地获取环境所传递的各类信息。

（三）引导幼儿参与

在主题环境布置的过程中，要始终致力于让幼儿成为环境创设的核心参与者，确保他们能深刻体验到作为环境主人的身份与责任。通过让幼儿充分参与，他们更易与环境产生共鸣，进而提升主题活动教育的整体效果。以“全家福”活动为例，活动内容紧密围绕幼儿自身极其熟悉的家庭成员展开，确保幼儿在粘贴过程中能亲自参与，发挥主体作用。同时，幼儿的成长照片和具体成长事例都来源于幼儿本身，充分体现了幼儿在环境创设中的主体地位。

（四）充分利用家庭和社区资源

在资源共享的基础之上，积极邀请家庭和社区参与其中，以全面发挥家庭和社区在教育领域的重要作用。如“全家福”的拍摄和准备工作，都得到了家长的积极参与与贡献。

幼儿画全家福

（五）注意美观和利旧利废

在主题环境布置与筹备工作中，秉持美观原则，尤其注重从幼儿视角出发，确保所呈现的环境既符合审美要求又符合幼儿认知特点。同时，在材料的选择上，尽可能遵循修旧利废的原则，力求在节约资源的同时，为幼儿营造一个温馨、舒适且富有教育意义的环境氛围。

案例分析

中班保育师从主班刘教师那里了解到九月主题活动是《特别的我》。通过耐心向刘老师询问，保育师充分了解主题活动教育目标和评价内容，对整个活动有了一个方向和定位，从中思考自己身为保育师，可以从哪几个方面来配合主题教育的开展。

结合主题评价内容“体验和感激亲人对自己的爱，能用简单的方式表达自己对亲人的爱”，细心的保育师配合教师的主题活动，请家长带来全家福的照片，和教师沟通后粘贴在了语言区较矮、适宜幼儿高度的位置，方便幼儿参与。又根据主题评价内容“知道每个人长大的过程有不同的转变”，配合教师的主题活动开展关注幼儿在日常集体生活中的成长变化，并用手机拍照功能及时记录了幼儿的进步。当教师结合主题设计了一节教育活动《我长大了》时，保育师又及时提供了平日观察到明显进步的幼儿名单和照片，为教师生动开展这节教育活动提供了素材。

经过一个月的主题活动开展，增进了幼儿与家人之间的亲子关系，使幼儿对自己的成长充满期待，调动了幼儿参与幼儿园集体生活的积极性。

* 分析

在营造与教育相契合的优质环境方面，应为幼儿提供丰富多样的活动机会与条件，以充分展现和锻炼他们的各项能力。在案例中，保育师通过其切实的工作行动，有效践行了这一教育原则，进而显著提升了教师在整月主题活动中的教育效果。

四、协助制作教玩具

保育师在日常工作中与幼儿的饮食餐点紧密接触，食品的包装盒、包装袋等废旧物品，是制作自制玩具的重要材料来源之一。因此，保育师在履行工作职责的过程中，应时刻关注废旧物品的收集与整理。同时，为提升教育质量，保育师亦须不断提升自身制作教玩具的技能水平。具体而言，保育师可从以下几个方面着手，以提升自己制作教玩具的专业能力。

（一）有针对性地收集

保育师与教师进行沟通，以全面了解本学期教学计划内需要制作的玩具种类。其中，特别关注幼儿艺术领域所需的自制玩具。根据各类玩具的制作方法，保育师精心整理所需的材料清单，并逐一详细记录。保育师对记录的材料进行了分类整理，一类为须直接领取或购买的材料，另一类为须日常收集利用的废旧材料。在整个过程中，保育师充分尊重并采纳了教师的意见，同时也提出了自己的建议，以供教师参考。确保玩具制作的顺利进行，满足教学需求，并提升幼儿的艺术体验。

（二）日常收集

除了进行有针对性的收集工作，保育师同样应重视那些不在原计划之内的自制玩具材料，它们同样具有不可忽视的重要性。保育师在收集材料的过程中，应侧重于日常生活中的积累和整理，将废弃或可再利用的物品进行妥善整理，存放于专用箱体内，以便在需要时能快速、方便地取用。

废旧材料再利用

在日常生活中，存在大量可利用的废旧材料。如碎布、毛线、包装纸、包装盒、饮料瓶、糖纸、纽扣、瓶盖以及废旧杂志、报纸、图书等物品。这些废旧物品均具备成为自制玩具和教具的潜质，是极佳的原材料。保育师应时刻保持对这些废旧物品的关注和收集，以便在需要时能够信手拈来，为孩子们的教育活动提供有力的支持。在进行日常收集的过程中，保育师还须注意遵守安全、卫生的原则，确保所收集的物品不会对孩子们的健康和安全造成任何潜在威胁。

（三）自制教玩具的分类

自制玩具品类丰富。对自制玩具的品种与分类的深入了解，既有助于日常的搜集整理，也有助于掌握自制玩具的基本制作技艺。

1. 手工玩具

材料具有小巧轻便、安全可靠、易于操作的特点，其种类繁多，包括纸张、毛线、硬果壳、橡皮泥等，这些材料主要应用于艺术教学活动和区角活动中。其中，风车、纸折飞机、青蛙等是最为常见的形式。

纸折飞机

2. 自制教玩具

材料主要以易于制作的纸类或硬纸壳类为主，辅助幼儿深化知识理解，强化动作技能训练，并促进表演类、角色类、区域类等多元化游戏活动的顺利开展。这些材料的制作通常由教师、保育师独立完成；但也可根据实际需要，适当邀请幼儿参与其中，实现师幼合作，共同创作。

3. 自制体育器械玩具

采用结实耐用的材料，确保能经受住户外体育活动的严苛考验。此类体育器械玩具适用于幼儿、教师、保育师、家长等多方共同参与、共同协作完成，促进了亲子互动、师生交流，以及家校之间的紧密合作。

案例分析

小班保育师听说最近园领导要进行区域活动检查，主动向主班王老师询问有什么需要帮忙的。在了解了王老师需要为娃娃家增添一个玩具柜但缺乏相应的素材时，保育师根据自己对废旧材料的了解，建议王老师："我们可以做一个玩具柜，美观实用，用大的纸箱做。厨房采购那里总有废弃纸箱，我去打听还有没有，有的话拿一个长的来。"

很快，保育师找来了一个长纸箱，然后协助王老师，从平时自己收集整理的那些边角余料彩色装饰纸中选择合适的装饰纸，粘贴在纸箱表面。又从自己收集到的废旧材料中找出废弃的操作材料——纱绸袋，用它装饰成花边。很快，一个美观的玩具柜做好了。保育师把它放在娃娃家，为娃娃家增添了一份温馨的气氛。

王老师高兴地称赞道："多亏您平时留心观察和收集废旧材料，使我的工作轻松不少。"

* 分析

在案例中，保育师根据工作需要，平时注重对废旧材料的重视和积累，同时又不断提高自己制作教玩具的技能，能迅速找出合适的材料制作出所需要的教玩具，为区域的创设增添色彩，成为班级教师们得力的帮手。

幼儿身心发展特点，决定他们的活动受玩具和教具的影响非常大。许多时候，玩具或教具直接影响幼儿活动的质量。玩教具和饮食一样，对幼儿的成长有着十分重要的作用。

第二节 教育活动过程的配合

一、在一日生活活动中的配合

寓教育于生活、游戏之中，即幼儿在园一日生活中不能只把集体教学活动看作是幼儿学习活动，而应把幼儿一日生活各个环节都赋予教育意义，要做到生活教育化、教育生活化。保育师能主动与教师配合，共同完成一日生活中的各个环节，才能更好地使幼儿在幼儿园里快乐、健康、安全和舒适地成长。

（一）保育师在晨间接待时，与教师的配合

晨间接待是幼儿来园一日生活中至关重要的环节。它对于幼儿一日情绪的积极开启具有不可忽视的作用，同时也是促进师幼个性化交流互动的有效途径。在晨检过程中，保育师须保持温和的态度，以和蔼且简洁的语言与幼儿进行交流。一旦在晨检中发现任何问题，保育师应立即采取有效措施，进行妥善处理。

1. 身体检查

在幼儿入园之际，保育师应积极主动地协助幼儿脱去外套与帽子，并将衣物妥善叠放，确保整齐有序地置于指定位置。然后，保育师须向幼儿家长细致询问幼儿的健康状况，并严格按照既定程序对幼儿进行全面而细致地检查。具体检查步骤如下。

（1）摸。在对幼儿进行健康检查时，首要步骤是触摸其额头，以判断幼儿是否存在发热现象。

（2）看。观察是另一个关键步骤，须仔细查看幼儿的精神状态、面色以及咽部是否存在异常状况。同时，须留意幼儿的皮肤是否出现皮疹或某些传染病的早期表现。一旦发现可疑情况，应立即报告，以便及时采取隔离、观察及确诊措施。

（3）问。询问家长是获取幼儿健康状况信息的重要途径，须详细了解幼儿的饮食、睡眠以及大小便等是否存在异常情况。

（4）查。检查幼儿的衣裤兜内是否携带了不安全物品。一旦发现问题，须迅速处理，以确保幼儿的安全。

2. 精神状态检查

幼儿的精神状态是评估其身体健康状况的核心指标之一。在通常情况下，幼儿表现出活泼好动、对周围事物充满好奇、面色红润且情绪愉悦的特点。然而，当某个幼儿明显表现出缺乏活动意愿、对各类事物失去兴趣时，这通常意味着其精神状态不佳。

幼儿园要建立健全各种登记制度，对每天晨、午、晚检时出现的异常情况要及时登记。一般有这三种记录表。如“出勤登记表”“疾病、传染病登记表”（表 7-1）、“用药情况登记表”（表 7-2）。记录要求时间准确、语句通顺、表达清楚。交接班教师要根据记录进行工作安排和恰当处理。

表 7-1　疾病、传染病登记表

填表人：________　　　　　填表日期：________

序号	患者姓名	性别	年龄	患者班级	患者家庭住址	家长姓名	联系电话	初步诊断	发病时间	向卫生机构报告时间	接受报告单位

表 7-2　用药情况登记表

日期	班级	幼儿姓名	服药原因	药品名称	剂量	用法	家长签字	执行人签字

（二）保育师在幼儿进餐时，与教师配合

幼儿在园进餐作为一日生活活动中的重要环节，科学合理地组织尤为重要。不仅有助于幼儿养成良好的进餐习惯，进而促进他们身心健康的和谐发展，同时也有益于班级良好常规的建立。因此，须高度重视幼儿在园进餐环节的组织与管理，确保每一名幼儿都能在此环节中获得良好的成长体验。

案例分析

大一班思思、红红、阳阳等幼儿，性格都比较倔强，每到吃饭环节就不愿意吃。这些幼儿，保育师喂他们，他们喜欢吃的菜，张嘴就吃掉；不喜欢吃的菜，嘴巴张都不张。幼儿每天吃饭都要花上很长时间，导致该班保育师的工作总是落在别人后面。

＊ 分析

在观察中，保育师发现幼儿有挑食现象。表现为：喜欢吃的菜会主动张开嘴巴，不喜欢的菜不吃。在与家长交流中了解到，这些幼儿平时在家都是由大人喂饭，吃饭时还喜欢边吃边看电视。因此，养成了自己不愿动手、进餐速度较慢等习惯。特别是有的家长比较溺爱幼儿，吃饭听幼儿的，要吃就吃，不吃就算了，养成了幼儿挑食的不良进餐习惯。

针对幼儿存在的吃饭速度较慢的问题，保育师可采取以下有效措施。

1. 循序渐进法

给幼儿盛饭时，有意不盛得太多、太满，留一点菜和饭等到吃完再添。幼儿吃完后，保育师及时表扬或奖励。如“思思小朋友真能干，竟然吃了两碗”。运用循序渐进的方法，使幼儿的吃饭行为得到强化而加以巩固下来。

2. 满足推进法

幼儿心灵比较脆弱，在吃饭过程中，保育师不能强制让他们吃完。针对幼儿的挑食情况，先允许其少吃点，来适应其心理承受能力。保育师对菜的营养可大肆宣扬，让幼儿知道菜非常有营养，在引导下逐渐增加其进餐量。满足推进法，对进餐慢幼儿很有效果。

3. 激励表扬法

利用活动室环境。如评比角，对幼儿吃饭进行鼓励与刺激。每周评“吃饭好宝宝”，谁进餐习惯好，谁就登得高，来激励幼儿独立吃完自己的一份饭菜。这对幼儿都有很大的鼓励作用。

幼儿进餐

4. 交流沟通法

有些幼儿在家没有养成独立进餐习惯，保育师应积极与家长沟通，引导家长培养幼儿的自理能力；用平等、科学的方法指导家长，让家长重视培养幼儿进餐的习惯。如利用开设讲座、小手牵大手等活动，帮助家长提高对幼儿进餐重要性的认识，从而协助教师，一同培养幼儿良好进餐习惯。

除此之外，在幼儿进餐时，保育师还要协助教师做好以下工作。

1. 指导幼儿养成正确进餐姿势

在用餐时，应确保身体端正坐于餐桌旁，双手协调配合，一手持勺或筷，一手稳固扶碗，全身心投入进食过程中。保育师应密切关注幼儿的进餐姿势，对于诸如托腮、倚头、目光游移不定、身体摇晃不定等不良进餐习惯，应及时发现并予以提醒和纠正，确保幼儿养成良好的进餐习惯。

2. 培养幼儿良好进餐习惯

（1）培养幼儿定时进餐习惯。幼儿的胃容量较小，胃排空时间相对较短，按时进餐不仅可以引起幼儿食欲，获得足够的营养素和热量，满足其身体需求。同时，还有利于幼儿形成进餐规律，养成良好进餐习惯。分餐时，先照顾体弱幼儿、进餐慢幼儿，饭菜少盛多添，分得均匀。

（2）培养幼儿专心进餐习惯。进餐时，大脑的主要工作是把血液集中到肠胃，加强肠胃营养的供给，促进食物消化和吸收。任何与进餐无关的事情都会影响幼儿食欲。很多幼儿有挑食、偏食的毛病。造成幼儿挑食或偏食原因有很多，可通过积极心理暗示，创造愉快进餐气氛；给幼儿独立进餐机会，指导幼儿专心用餐、不做与之无关事情等，来培养幼儿良好的进餐习惯。保育师针对幼儿实际情况对症下药，逐步纠正幼儿挑食、偏食等不良习惯。

（3）培养幼儿养成文明的进餐习惯。保育师要指导幼儿安静、愉快地进餐。咀嚼食物、喝汤时，尽量不发出声响，做到细嚼慢咽。学会正确使用餐具进餐，不用手抓饭，不敲碗筷，不独占食物。要指导幼儿掌握正确咀嚼食物的方法。如用门牙切碎食物，用两侧牙轮流咀嚼；不要只用一侧牙咀嚼，以免影响牙齿正常发育。

（4）培养幼儿养成进餐卫生习惯。保育师要注意培养幼儿饭前洗手、饭后漱口、擦嘴等卫生习惯。指导幼儿正确使用餐巾擦嘴：双手拿餐巾，从嘴角两边向中间擦，一一对折，再擦一次，然后把餐巾扔在指定地方。帮助幼儿养成不撒饭、不剩饭、不捡拾掉在桌上或地上的食物的习惯。尽可能地做到“四净”，即碗净、桌面净、地面净、衣服净。进餐完毕，提醒幼儿将用过的饭碗、盘、勺分别放在指定容器内后，搬小椅子，离开餐桌。

（三）保育师在幼儿饮水时，与教师的配合

确保幼儿在园期间得到充足的饮水，不仅是满足其基本生理需求的标志，更是关乎其身体发育与健康的重要因素。幼儿正处于生长发育的关键时期，保育师与教师需要携手合作，肩负起这一重要责任，以细致入微的关怀，确保每一位幼儿的饮水需求得到满足。

1. 掌握不同年龄段幼儿的饮水要求

保育师应提前准备好适宜温度的温开水（约 30℃），以确保幼儿每日有充足的饮水，并协助教师监管饮水过程。在幼儿饮水环节，须规范幼儿的饮水姿势，引导幼儿用双手捧住水杯，确保杯口朝上，右手紧握水杯把手。保育师应提醒幼儿在饮水时保持安静，坐在自己的座位上，避免嬉笑打闹，以确保饮水过程的安全与秩序。饮水完毕后，幼儿应先放置好椅子，再将水杯轻轻放回原位。

2. 培养幼儿不定时的饮水习惯

鉴于气温、活动量、饮食结构、身体状况等多重因素，对幼儿水分需求的显著影响，保育师在定时饮水不能满足幼儿实际需求时，应适时提醒幼儿根据口渴情况，自主饮水。特别是在天气炎热、幼儿活动量较大、出汗较多的情况下，应及时补充水分，以防脱水。同时，当幼儿的饮食结构偏咸或偏干时，同样需要提醒其及时补水以保持身体水分平衡。此外，若幼儿出现感冒、咳嗽、发烧等身体不适症状时，更应鼓励其多喝水，以便有效排出体内废物和毒素；避免因缺水而导致病情加重，从而保障幼儿的健康与安全。

3. 纠正幼儿的不良饮水习惯

首先，在幼儿用餐时，应避免同时饮水。食物在口腔内与唾液混合，通过牙齿的咀嚼作用，得以分解、消化并最终吸收。若在进食过程中饮水，体内水分可能将食物冲刷带走，这不仅会影响食物的消化吸收过程，还可能对幼儿的咀嚼能力产生不利影响。长期养成此类不良饮食习惯，将对幼儿的身体健康产生不良影响。

其次，幼儿在进行剧烈运动后，也不宜立即饮水。剧烈运动后，幼儿心脏跳动会加速，此时饮水，可能会给心脏带来额外的负担，导致供血不足等问题。因此，在幼儿剧烈运动后，务必避免立即饮水，以保障其身体健康。

最后，饮水习惯养成是一个漫长过程，切不可急于求成，应反复强调，逐步培养。

案例分析

幼儿的喝水问题一直是家长很关注的问题，针对这个问题，几乎天天早上家长都来嘱咐。如思思家长说：“天气干燥，让我家思思多喝水”。又如苗苗，一到喝水的时间就坐在位置上不肯站起来。苗苗妈说：“苗苗在家也不肯喝水，嘴唇总是干干的”。很多家长都反映自己的孩子不爱喝水。

* 分析

在家，家长没办法让幼儿正常喝水，常常以喝饮料来替代，希望教师、保育师在幼儿园能帮助幼儿改掉不喝水的坏习惯。为此教师、保育师苦口婆心地讲了许多故事，说明喝水的道理。可是，一遍遍说教，幼儿听腻了不说，效果也没达到。

自由活动时，苗苗、思思等小朋友在种植区域走来走去，一会儿摸摸这，一会儿看看那，很喜欢的样子。这时，保育师轻轻地走过去，对他们说："豆苗苗爱喝水，多喝水，豆苗苗才能长大，不干枯。""我的植物宝宝不喝水也能长大。"苗苗歪着脑袋说，天真自信。思思也在一旁附和着见状，保育师拿出长得最好的一盆豆苗，说："我们来比赛，一个给豆苗苗喝水，一个不给豆苗苗喝水，你看怎么样？"苗苗、思思觉得非常有趣。于是，在种植区域里创设了"小豆苗爱喝水"一角。可想而知，苗苗、思思的豆苗没几天就干枯死掉了，而保育师的豆苗则茁壮成长。苗苗着急了，向保育师求助："我的豆苗苗变黄了怎么办？"保育师告诉苗苗，每天都要给豆苗苗喝水，这样豆苗才能茁壮成长。从此以后，苗苗、思思每天来幼儿园的第一件事就是给豆苗喝水，然后自己也经常美美地喝上一大杯水。

以上案例表明，保育师可以采用创设情境、范例榜样方式对幼儿进行教育，让幼儿乐于接受，自然会养成良好的饮水习惯。

（四）保育师在幼儿盥洗时，与教师的配合

盥洗环节作为幼儿一日活动中不可或缺的重要组成部分，既满足了幼儿的生理需求与生活需求，同时也对培养幼儿良好的生活习惯具有积极意义。因此，保育师在组织开展盥洗活动时，应给予高度重视。

在引导幼儿进行盥洗时，保育师须提醒幼儿遵守相关规定。如不嬉戏玩水、适量使用肥皂、避免推搡与打闹等行为。对于年龄偏小、自理能力尚待提高的幼儿，保育师应在一旁提供必要的协助，包括协助幼儿挽起衣袖、涂抹肥皂或洗手液，并在盥洗完成后，协助幼儿使用毛巾擦干双手。同时，保育师还须提醒幼儿在使用完毛巾后，将毛巾挂回固定位置，以培养其养成物归原处的良好习惯。

待幼儿完成盥洗后，保育师应迅速清理盥洗室地面上的水渍，以防止幼儿因地面湿滑而发生摔倒受伤的情况。

案例分析

进盥洗室洗手，打开总阀门后，几名幼儿兴高采烈地涌了进去，迫不及待地伸出小手洗了起来。刚开始，他们还洗得挺像模像样，但没过几分钟，他们就不约而同地玩起水来，几乎所有在洗手的幼儿全部加入了"玩水游戏"。此时，保育师走了进来，看到这情景，脸一下耷拉了下来："你们这是在洗手吗？老师又没有让你们玩水！阳阳，你的袖子全湿了！"说着，保育师立即关上水龙头，催促着幼儿快速离开盥洗室。幼儿一个个耷拉着小脑袋，不情不愿、不声不响地溜了出去。

* 分析

水是幼儿生活中接触较多的物质之一，玩水也是幼儿都喜欢的游戏。幼儿通过玩水，可以感知水的特性、作用及保护等相关问题。同时，玩水活动，也能很好地激发幼儿进行科学探索的兴趣。

保育师关注的是玩水活动会弄湿幼儿的衣服，会让幼儿着凉感冒以及妨碍自己接下来教学计划的实施，却忽略了幼儿的探索兴趣和玩水活动背后蕴含着的良好的教育契机。

现代幼儿教育应从幼儿的兴趣、实际需要出发，充分发挥显性课程与隐性课程的优势，创设和提供良好的学习环境和条件；重视幼儿的自发活动，以支持者、合作者、引导者的身份参与到各类活动中，尽最大可能调动幼儿的主动性和积极性；鼓励幼儿大胆地去探索、去实践，更好地促进幼儿的全面发展。

盥洗室地面干净整洁

（五）保育师在幼儿如厕时，与教师的配合

如厕是幼儿园日常活动不可或缺的生活环节，深刻体现了幼儿的基本生活自理能力及卫生习惯。对幼儿早期进行如厕能力的培养，不仅能有效提升他们的生活自理能力，更在促进幼儿的智力发展、情感成熟以及独立解决困难能力等方面发挥着至关重要的作用。因此，从小注重培养幼儿的如厕能力，既符合社会发展的需求，也是幼儿个体全面发展的内在要求。

保育师在日常工作中，应与家长保持密切的交流和沟通，深入了解每位幼儿的大小便习惯，以便家园携手，共同推进幼儿生活自理能力的培养。幼儿生活自理能力的培养也并非一蹴而就，而是一个循序渐进、长期积累的过程。幼儿年龄尚小，应尽可能为其创造锻炼的机会。只要幼儿能够自己完成的事情，就应鼓励他们独立尝试。在此过程中，保育师应以身作则，通过言传身教的方式，向幼儿传递正确的行为规范和自理技能。同时，辅以耐心细致地指导和关怀。

幼儿在大小便时，保育师要跟随如厕。

第一，防止拥挤和确保幼儿安全，应采取措施，预防幼儿在厕所内滑倒或发生因争抢便池而引发的事故。

第二，为个别幼儿提供及时帮助，避免他们尿湿裤子。对于不习惯蹲厕的幼儿，保育师应视情况给予搀扶，鼓励他们稳定蹲下，消除恐惧心理。对于小班幼儿，可提供便盆以方便其进行大小便。在便后，保育师应协助并指导幼儿正确擦拭屁股、整理衣裤。对于提裤子有困难的幼儿，保育师应教授其正确方法。如两手向上提前边和后边，以帮助他们逐渐掌握此技能。

第三，及早发现问题，避免幼儿因弄脏裤子而引发家长不满情绪。

第四，对于排便困难的幼儿，应给予特别关注。部分幼儿因体质或饮食原因可能导致便秘，保育师应针对此类幼儿给予更多关心，鼓励他们定时排便，并及时与家长沟通，在饮食方面进行适当调整。

第五，督促幼儿养成便后洗手的良好习惯，为其日后形成健康的生活方式奠定坚实基础。

案例分析

午饭前，幼儿到盥洗室小便洗手时，天天哭着跑到保育师面前说：“老师，齐齐尿到我的裤子上了。”见状，保育师赶紧安慰天天别哭了，然后把齐齐叫到面前，问他为什么要尿到小朋友身上。齐齐说：“老师，他站在我旁边看我尿尿，我不小心尿到他身上了。”保育师提醒他以后小便的时候专心点，不要再尿到别人身上了，这样不卫生。可是没过几天，又有小朋友来告他的状，齐齐又尿到小便池外面了。

* 分析

幼儿的基本生活技能主要是吃饭、睡觉、大小便、穿脱衣服等，大部分幼儿都能自己大小便。齐齐家几代单传，在齐齐出生前，爷爷奶奶一直生活在农村。爷爷奶奶对待齐齐真心是“放在手上怕吓了，含在嘴里怕化了”。齐齐的吃喝拉撒睡，爷爷奶奶全程包办。上幼儿园还把尿，导致齐齐如厕能力差。

针对齐齐小便时尿到外面的情况，除了告诉齐齐小便时要认真外，保育师还利用“打靶”游戏帮助他。具体做法是在男孩小便池中间贴一个小圆点，让他在小便时对准靶心尿，看谁打得准。齐齐对这个游戏特别感兴趣，小便的时候很认真，解决了尿偏现象。

（六）保育师在幼儿午睡时，与教师的配合

午睡作为幼儿日常生活的重要组成部分，不仅有助于孩子们恢复体力，更对他们的大脑发育、身体成长具有不可估量的益处。在午睡时间，幼儿可以放下白天的疲惫，沉浸在甜美的梦境中，为下午的活动储备充沛的精力。在幼儿园，为幼儿营造了一个温馨、舒适的午睡环境，引导幼儿按时入睡，确保他们能在宁静的氛围中享受美好的午睡时光。

1. 营造轻松安静的睡眠环境

为确保幼儿获得高质量的睡眠，保育师在幼儿就寝前，必须细致地进行寝室环境的准备工作。包括确保寝室空气清新、温度调控得当，以及光线柔和不刺眼，从而为幼儿营造一个舒适宜人的睡眠环境。

此外，保育师在幼儿上床前，还要严格执行安全检查程序。首先，要仔细检查幼儿衣服口袋，防止装有扣子、发卡、花生米等可能构成危险的小物件；其次，应观察幼儿双手是否洁净，并检查口腔内是否残留食物（如口香糖等），以维护幼儿的个人卫生安全；最后，保育师还需

仔细检查床铺和衣物，确保没有裸露的长线头或硬物等潜在安全隐患，从而全面保障幼儿的睡眠安全。

2. 帮助幼儿正确穿脱衣服

按顺序脱衣服：上衣－鞋－裤子。检查指导幼儿将衣服脱下，放在指定位置。

按顺序穿衣服：裤子－鞋－上衣。检查幼儿衣服是否穿得整齐，领子翻平，内衣放进裤腰内；两条腿是否分别伸进左右裤腿内。检查及帮助幼儿整理领口、袖口、裤口。

穿裤子：让幼儿知道裤子前后，两手抓住裤腰，两脚伸入裤腿内，向上拉；两脚露出裤腿时，站在地上把鞋穿好，将裤子提起，把内衣塞进裤腰内。

穿鞋：学会把脚伸进鞋后，将鞋提起，分清左右脚。

穿上衣：两手握住衣领，衣里向外，大拇指再握衣领，四指在衣里；右手经头上，从左绕到右边，将衣服披在肩上；先将左手伸进左边袖子，然后再将右手伸进右边袖子里。将上衣穿好后，前襟对齐，从下往上逐个扣扣子。

3. 检查、指导幼儿整理床铺

在幼儿起床之后，保育师须耐心等待幼儿穿完衣服，方可开展叠被子的工作。保育师应仔细检查床铺及褥子下方是否存在异物，以免对幼儿造成潜在的安全隐患。同时，保育师还须细心观察被里与床单是否出现开线情况。一旦发现此类情况，应及时处理，以确保幼儿午睡环境的整洁与安全。为了培养幼儿的自理能力，保育师应指导幼儿学习叠被子的技能。

（七）保育师在幼儿离园时，与教师的配合

离园往往是一个组织难度较大的环节。在幼儿即将离园之际，他们的情绪往往处于一天中的最高涨状态，尤其是在幼儿园大门敞开，家长前来接送的时刻，幼儿的活跃程度更为显著。这一阶段，教师面临着较大的挑战，既要尽力控制幼儿的情绪，又要适时与家长进行沟通与交流，确保双方信息的畅通与准确。由于幼儿情绪的多变性和活跃性，教师常常感到难以全面兼顾。

案例分析

场景一：幼儿离园前20分钟，教师："请小朋友先去解小便，喝水后，把水杯放在水池里的托盘上，最后拿好衣服回到座位上。"教师话音刚落，几十个幼儿就匆匆挤在一起上厕所、喝水、拿外套。有一部分幼儿还三三两两围在区域角玩，在教师的再三催促下才回到座位。

场景二：离园前10分钟，教师要求幼儿或趴在桌子上休息，等家长来接，或坐得笔直，等家长来接，录音机里还播放着故事。但是没过多久，幼儿就开始相互说话，或者玩。教师在一边说："小嘴巴闭拢""请安静等爸爸妈妈来接"，幼儿没有理会。

场景三：离园，当家长一拥而上来到活动室时，整个活动室就像炸开了锅。有人来接的和没人来接的幼儿都站起来了。有人来接的幼儿跟老师说再见；没有人来接的幼儿或者聚集在门口焦急地等待家长的到来，或者疯狂地叫着、追逐、打闹。教师在一旁喊："阳阳，请你回到自己的位置上，安静等爸爸妈妈""思思，不要跑，小心撞着"……并且教师不忘用眼睛瞪一下正在大叫的幼儿，提醒他们小点声。

＊ 分析

这是某幼儿园中班离园的一个场景。场景一，教师让幼儿一起去上洗手间。因为人数多，幼儿相互挤来挤去不仅不安全，而且看上去乱哄哄的。有一些幼儿还在区角里活动，却被教师打断，硬拉回座位上。场景二，是每个教师所希望的理想的状态。幼儿都安静地听着故事，等待家长来接，可是结果往往是相反的。就像场景一那样，教师不停地提醒，幼儿不听。其实在离园前让幼儿听故事或者听音乐这两种活动都不可取，因为这两种活动都需要持续一定的时间，而家长接幼儿是陆续到达的。因此，幼儿的思维容易被打断。一旦打断，思维就很难再继续。场景三，是离园环节中最让教师头疼的。教师一方面要组织好幼儿的活动，杜绝安全事故的发生；另一方面又要做好与家长的交流沟通工作，着实有些手忙脚乱、分身乏术。

很多教师在幼儿离园时，总是手忙脚乱。那么，保育师应在这样一个重要的环节做些什么，才能配合教师既从容地组织好幼儿有序的离园活动，又为幼儿快乐的一天画上圆满的句号，同时让家长及时了解幼儿在幼儿园的表现呢？

1. 整理幼儿穿戴

尽管起床时已经对幼儿穿着进行了整理，但由于活动过程中的一些因素或个别幼儿的行为习惯问题，往往会再次出现衣冠不整的情况。因此，每日户外活动结束返回活动室时，保育师应积极协助教师，共同为幼儿整理衣裤、清洁面部，确保每位幼儿都以整洁、清爽的形象出现在家长面前。

2. 回忆一天的生活

现在的家庭都非常重视幼儿教育，接到幼儿的第一个问题往往是：今天在幼儿园学了什么？幼儿园一日活动内容丰富多彩，但是幼儿年龄小，对于这么笼统的问题常常会无言以对。所以，可以利用离园这段时间和幼儿一起回忆一天的生活，帮助幼儿记住一天中一些重要的内容。这也是和家长的一种间接的沟通，让家长通过幼儿了解园所的教育。同时，也培养了幼儿归纳、整理的良好思维习惯和语言表达能力。回忆一天生活的时候，家长还可以结合幼儿的表现进行表扬，给予幼儿鼓励，提出明天的希望。

3. 进行个别教育和指导

在幼儿的日常教育中，集体活动占据了主导地位。然而，针对个别幼儿的精细化教育工作却往往难以得到充分的实施。为了有效填补这一教育空白，保育师应充分利用离园前的宝贵时间，积极与个别幼儿展开深入的谈心交流，提供个性化的指导教育。同时，对于发展相对滞后的幼儿，保育师应组织他们复习当天所学习的知识，并提供必要的个别辅导，以促使他们能逐步跟上同龄幼儿的步伐，实现和谐发展。这一做法既避免了占用大多数幼儿的学习时间，又充分尊重并保护了个别幼儿的自尊心。

当离园时仅剩下少数幼儿时，保育师可主动与他们进行亲切地交谈。通过近距离地接触，进一步了解个别幼儿的内心世界和真实想法，感受他们纯真无邪的心灵。这样的互动不仅能增进师生之间的情感纽带，还有助于保育师更精准地把握每个幼儿的发展需求，为他们提供更加贴心、有效的教育支持。

4. 离园后的整理

为确保幼儿园环境的卫生安全，务必做好全面的消毒工作，并对水电设施以及门窗进行细致的检查。离园前的各项准备活动虽然琐碎繁杂，但正是这些工作为一日活动增添了精彩的一笔，同时也是幼儿一日活动的完美收官。尤其值得一提的是，家长每天都会观察到这一环节。因此，幼儿园在家长心中的良好口碑，正是通过这些细致入微的实践操作，一点一滴地建立起来。

综上所述，保育师工作是幼儿教育工作的重要组成部分。保育师是幼儿园重要工种之一，是保育工作的具体实施者。作为幼儿教师的助手，他们辅助教师负责幼儿的保健、养育，并协助教师对幼儿进行教育。

二、游戏活动中的配合

游戏是人类社会的一种活动现象，具有广泛性。幼儿园以游戏为基本活动，顺应了“游戏是幼儿的基本活动”这一自然规律。围绕游戏的特点、基本类别和常见问题，保育师应配合教师进行游戏活动的组织与指导。

（一）游戏的特点及分类

1. 游戏的特点

（1）游戏是幼儿自主控制的活动，具有自主性。

游戏作为一种非强制性的活动，其本质在于幼儿的自发、自愿参与。游戏之所以深受幼儿喜爱，源于其能为幼儿带来欢乐与愉悦的体验。在游戏中，幼儿拥有充分的自主权，可自由选择游戏内容、玩法以及游戏伙伴等。游戏的目的源自幼儿内在的需求与动机，而非外界的强制或压力。

幼儿游戏的典型特征在于其自主性，这主要体现在幼儿的自主探索和自发练习两个方面。在游戏中，幼儿会频繁地尝试探索性行为，他们对待游戏物体极为认真，致力于了解物体的性质并将其作为实现自身目的的工具。因此，敲敲打打、摸摸看看、拆拆弄弄等各种自主探索方法，便成为幼儿游戏行为的重要组成部分。

此外，自发练习也是幼儿游戏的主要外显特征。幼儿天生具备一种倾向，即不断重复刚刚出现的动作、经验和活动。例如，他们可能会反复聆听喜爱的故事，或多次摆弄同一种玩具。这种重复活动的价值在于练习，它表明幼儿正在巩固和提升自身尚未充分发展完善的能力。正是在这种自发练习中，幼儿逐渐提升身体能力和心理水平。

（2）游戏伴随着愉悦的情绪体验，具有愉悦性。

游戏作为一种娱乐方式，对于幼儿而言，具有显著的价值，它能为幼儿带来无尽的快乐体验。在游戏中，众多不确定因素的存在或消解，为幼儿带来一种不可预测的偶然性。正是这种偶然性，使得幼儿能体验到意想不到的乐趣。幼儿在游戏中的自发行为往往倾向于追求愉悦，机体会促使其为满足自身的需要而运动，从而追求舒适、安全和快感。在游戏中，幼儿的需求得到满足，进而获得快乐；他们通过自娱自乐的方式，不断重复有趣的情节，使游戏得以持续进行。

在游戏中，幼儿无须承担任何心理负担，不必担心游戏以外的奖惩，亦不受日常生活的约束。这种状态下的幼儿，表现出轻松、自由、快乐的特质。他们能全身心投入游戏，达到身体状态的最佳、最自然、最轻松的状态，从而享受游戏带来的快乐。当游戏成为幼儿生活中不可或缺的一部分，他们对游戏的需求也变得更加迫切。

（3）游戏是在假想的情景中发展的，具有虚构性。

游戏不是平常、真实的生活，它是走出“真实”生活而进入一个暂时的、别具一格的活动领域。每个幼儿在玩游戏时，都清楚地知道“只是玩玩”“是假装”。游戏只是一种愿望和要求得到满足，是一种获得愉快体验的手段。游戏不注重结果，它与物质生活无关；游戏不带功利性质和生产性质。幼儿在游戏中利用模仿、想象来创造性整合和表现周围生活。幼儿可以不受日常生活约束，也可以把日常生活暂时抛弃。这种虚构、不真实的情境，给游戏带上了一种神秘的色彩，而正是这种神秘而充满幻想、虚构的色彩深深吸引着幼儿，使幼儿“神神秘秘”“非同寻常”地去玩耍。因此，虚构性是幼儿游戏的本质属性，幼儿的其他活动，如生活活动、集体教学活动等不具备这个特点，它体现着幼儿游戏与幼儿的其他活动之间的区别。

幼儿园教学

（4）游戏是一种有规则的行为，具有有序性。

在幼儿的游戏活动中，并非毫无规则和约束地存在。通过细致观察幼儿的游戏行为，可以发现，尽管表面上看起来他们的游戏过程可能显得杂乱无章、热闹非凡，但实际上每个游戏都蕴含着一种内在的秩序性。每个参与游戏的幼儿个体，都能在一定程度上进行自我约束和规范。正是这种秩序的约束作用，使得幼儿的游戏能维持一种和谐而有序的状态。

值得注意的是，任何游戏都有其特定的规则体系。这些规则既包括行为方面的规范，也涉及游戏本身的设定。一旦有幼儿违背了这些规则，或是规则遭到了破坏，都会不可避免地影响到游戏的正常进行和有序开展。

此外，幼儿的游戏活动通常发生在特定的时间和地点，这些时间和地点与他们的“平常”生活有着明显的区别。一旦游戏开始，幼儿们便仿佛置身于一个专属于游戏的世界之中，全身心地投入游戏的过程中。而当游戏结束时，他们能迅速地从游戏世界中抽离出来，回到现实生活之中。等到下一次游戏开始时，他们又可以依据之前的经验和记忆，将上次的游戏重复进行，从而不断深化和拓展自己的游戏体验和认知能力。

2. 幼儿园游戏的分类

我国幼教界在学习和借鉴国外游戏理论的基础上，在实践中形成了幼儿园实用的游戏分类。依游戏的教育作用进行分类，将游戏分成角色游戏、建构游戏、表演游戏、智力游戏、体育游戏、音乐游戏、美术游戏、科学游戏、语言游戏、数学游戏、民间游戏和生活游戏等。

幼儿园游戏的分类

（1）角色游戏。

角色游戏是让幼儿按照自己意愿，以模仿和想象为主要形式，借助真实或替代材料，通过扮演角色，运用语言、动作、表情等创造性再现周围社会生活的游戏。在游戏中，幼儿可以根据自己生活经验回忆周围成人的各种活动，加深体验。幼儿在角色游戏中要受角色行为约束。如医生要态度温和、关心病人；司机要遵守交通规则开车；妈妈要煮牛奶、买菜烧饭喂娃娃；解放军要帮助人民解决困难。在游戏中，不仅要用语言、动作模仿角色，而且要体验其情感、态度。从而发展幼儿语言表达能力，培养他们的良好人际关系，提高他们的表达能力以及形成优良性格。保育师可为幼儿提供合适的用品或材料，有时可当幼儿的配角，以满足他们学习社会生活、渴望表现成人生活的心理需要。适合三四岁幼儿的角色游戏，有娃娃家、医院、商店、司机等。通过游戏，可使幼儿进一步认识周围人们的工作，增强服务意识和责任感，知道简单的社会行为规范。五六岁幼儿的角色游戏，完全可以让幼儿和伙伴自己决定题材、自己制作用具或准备服装等。

（2）建构游戏。

建构游戏是让幼儿利用各种不同结构玩具和材料进行建构，反映周围生活的游戏。如用积木、积塑、橡皮泥、竹木制品或金属配件材料等进行建造，也可以利用自然材料如沙、泥、雪等进行建构活动。各种不同的材料不仅可以启发幼儿建构兴趣，还可以丰富建构活动内容。建构游戏对于培养幼儿手脑并用、促进幼儿创造性思维与想象力发展，学会艺术造型等简单技能都具有积极的作用。如娃娃的小床（适合 3 岁幼儿）、火车（适合 4 岁幼儿）、大桥（适合 5 岁幼儿）。

（3）表演游戏。

表演游戏是按照故事、童话中的角色情节和语言进行创造性表演的游戏。背诵文学语言，在充分理解的基础上，依据作品情节，分角色表达出人物性格。如“小鸭和小鸡”（适合 3 岁幼儿），可教育幼儿与同伴团结友爱。保育师和幼儿分别戴上头饰，一边唱歌一边学小鸭、小鸡走路，按歌词进行表演。

（4）智力游戏。

智力游戏是以生动有趣的形式，使幼儿在自愿和愉悦的情绪中增进知识，发展智力的游戏。智力游戏是根据一定的智力任务，由教师设计的一种有规则的游戏。其目的是增进幼儿知识，发展幼儿智力。如“瓶盖找朋友”（适合 3 岁幼儿）。准备许多大小不同、形状各异、颜色有别的而又有盖子的瓶子，将瓶盖取下，混合成一堆，请幼儿帮每个瓶子找到自己的盖子，并一个一个地盖在瓶子上。这种游戏可以训练幼儿的匹配能力，发展幼儿手指小肌肉的灵活性。“什么东西不见了”（适合 4 岁幼儿），可培养幼儿的观察力和记忆力；“跳棋”（适合 5 岁幼儿），教幼儿按照规则走棋，达到进入一定位置的目的，发展幼儿的思维能力。

（5）体育游戏。

体育游戏是指以促进身体正常发育和机能协调发展为主要目的的游戏。可以发展幼儿的走、跑、跳、钻爬、投掷、攀登等基本动作能力，增强身体素质。体育游戏内容广泛、有趣，有的体育游戏有角色、有情节，有的带竞赛性，不仅能锻炼动作能力，而且可以培养幼儿自我控制、遵守规则的良好品德和机智、勇敢、顽强的个性。如“跳圆圈”（适合 4 岁幼儿），发展幼儿跳跃动作；还可以配上儿歌：“小妹妹，小弟弟，跳圆圈，做游戏。跳进来，跳出去，跳进三次就胜利。”

（6）音乐游戏。

音乐游戏是在音乐伴奏或歌曲伴唱下进行的游戏，有一定的规则。游戏时的动作、表情必须符合音乐的节拍、内容、性质等。这类游戏主要在于发展幼儿音乐感受能力和动作。如“小鱼游来了”“老猫睡觉醒不了”等。游戏生动有趣，可以活跃和丰富幼儿生活，培养幼儿愉悦的情绪。

（7）美术游戏。

美术游戏，寓美术教育于游戏之中，让幼儿在绘画、泥工、折纸、小制作等各项活动中，熟悉多种材料性能，培养幼儿形象思维和感受美、表现美的能力，发展幼儿聪明才智。美术活动的材料是多种多样的，保育师可结合自己家庭、家乡和环境等有利条件，选择各种自然材料。如线、布、纸盒、芦苇或细竹竿、蛋壳、废电池、蔬菜、水果等，让幼儿制作；从而扩大幼儿眼界，培养幼儿欣赏美、创造美的兴趣和能力。在选材时，保育师要注意卫生和安全。如“撕苹果”（适合 3 岁幼儿），可以让幼

美术游戏

儿在操作活动中学会区分材料性质，发展目测力，促进手部小肌肉的发展。保育师可在纸上用缝纫机空针眼勾画出苹果，另备大小不同两个盘子。保育师先拿出准备好的两只有针刺轮廓的苹果图形，让幼儿比大小。让幼儿学习用食指和拇指撕下“苹果”，并要求幼儿按大小分类摆放在两个盘子内。又如“制作小贺卡”（适合 4 岁幼儿），可以让幼儿在家人或同伴过生日或新年聚会时，用图案美化纸卡，用自制的贺卡作为生日礼物。

（8）科学游戏。

科学游戏是运用一定的器材再现某些科学现象的游戏。幼儿通过观察、操作，在玩的过程中接受科学教育，形成对周围事物和现象积极探索的浓厚兴趣。如“萤火虫”“糖和盐不见了”的科学游戏（适合 3 岁幼儿），让幼儿观察，晚上，萤火虫会发光；水能溶化糖、盐，认识水的性质。“磁铁的用处”“什么东西能浮在水面”（适合 4 岁幼儿），让幼儿了解水的浮力和磁铁的吸力。“指南针”“空气用处大”（适合 5 岁幼儿），可使幼儿初步了解指南针和空气的用途。

（9）语言游戏。

语言游戏是培养幼儿理解词汇和运用口头语言清楚、连贯、有表情地进行表达的能力。在游戏中，幼儿可以学会发音、辨音，丰富词汇，学习说普通话，学会使用各种句式连贯清楚地进行讲述。如“看图练发音”（适合 3 岁幼儿）。选择动物图片若干，让幼儿学习、掌握正确的发音，认识动物的名称。“反义词类推”（适合 4 岁幼儿），根据甲词提出相反意义的乙词，提高幼儿的思维能力。比如，大和小，高和矮，糖是甜的、盐是咸的等。“折折讲讲”（适合 5 岁幼儿）。准备大小不一的各种纸，教幼儿学会折各种形状的物体；折好的东西组合成一个情景，进行讲述。可以培养幼儿的动手能力，发展其联想，使他们能用连贯的语言表达自己的构思。

（10）数学游戏。

数学游戏是将数学知识寓于幼儿感兴趣的游戏之中。结合幼儿日常生活的各种活动，用游戏形式培养幼儿对数概念的兴趣，增加对数的感性认识，由浅入深地学会一些简单数学知识和技能。包括感知集合及元素，认识 10 以内的数和 10 以内数的组成；学习 10 以内的加减法；认识简单的几何形体；认识一些常见的量，以及空间、方位、时间方面的简单知识；对应、计数、加减和自然测量等初步技能。如“伸指头”（适合 3 岁幼儿），利用手指认识 10 以内的数。“给牌分类”（适合 4 岁幼儿），按卡片提示将某些物品进行颜色、形状、数量分类。“猜猜星期几”（适合 5 岁幼儿），巩固幼儿对昨天、今天、明天、星期等时间概念的认识。

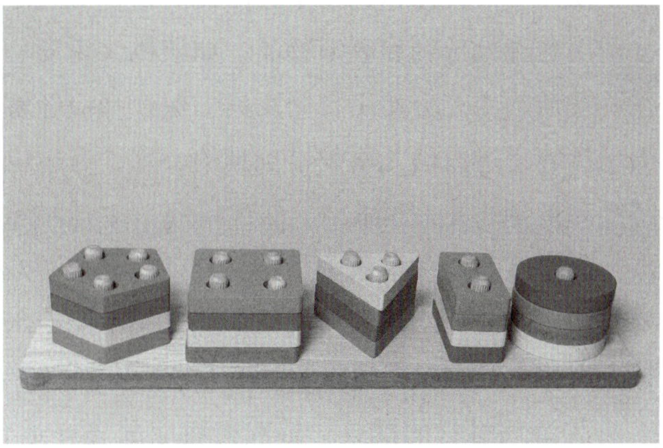

数学游戏玩具

（11）民间游戏。

民间游戏是民间广泛流传并为幼儿所喜爱的游戏。这些游戏通俗易玩，生动有趣，不需器材，经济实用；有的民间游戏是祖祖辈辈传下来的。保育师可选择思想健康的民间游戏让幼儿玩，使其从中受益。如“抬轿子”（适合 3 岁幼儿），可培养幼儿大胆、勇敢的品质，增进亲情；“拍手”（适合 4 岁幼儿），可锻炼幼儿的小肌肉和注意力。幼儿边念儿歌边拍手，动作从慢到快变化。歌词是：“拍手、拍右手，拍手、拍左手；拍手、拍手心，拍手、拍手背。”“炒蚕豆”（适合 5 岁幼儿），可培养幼儿动作的灵活性。歌词是：“炒蚕豆，炒豌豆，咕噜咕噜，翻跟斗；翻跟斗，不撒手，炒熟豆豆，喂牛牛。”还有“绷绷绳”游戏、手影游戏、魔术等都是幼儿乐意玩的游戏。

（12）生活游戏。

生活游戏是利用幼儿日常生活中的各个环节进行的游戏。保育师可用游戏口吻，通过游戏的形式，在与幼儿共同玩耍的过程中，培养幼儿良好的生活习惯，使其获得必要知识，养成爱动脑筋和遵守规则的好品质。如“什么餐具不见了”（适合 3 岁幼儿），让幼儿了解餐具的名称和用途，培养幼儿观察力和反应能力。“我在做什么”（适合 4 岁幼儿），使幼儿理解手势及动作的含义，培养幼儿爱清洁、讲卫生的良好习惯。“怎么办”（适合 5 岁幼儿），保育师采用问答式，先提出问题，启发幼儿做出具体回答，以帮助幼儿掌握日常生活中解决难题的办法，培养幼儿的思考能力。

（二）游戏活动中的保育配合与方法

1. 游戏活动前的准备

（1）游戏材料的准备。

①游戏材料的安全。保育师配合教师为幼儿准备的游戏材料要安全、卫生，具有教育性，符合幼儿年龄特点，利于培养幼儿的各种能力。此外，保育师可以协助教师组织、启发幼儿充分利用各种自然物和废旧物品，如核桃，树皮、树叶、易拉罐、碎布等自制玩具，并鼓励幼儿在游戏活动中充分使用自制玩具。保育师应经常检查玩具。如发现破损，应及时整修。因为破损玩具容易造成幼儿不爱惜玩具的心理，有时也会对幼儿造成伤害。在检修玩具时，保育师应帮助和指导幼儿一起做。

②游戏材料的清洁卫生。保育师应保持游戏材料清洁、无灰尘、无黏附物。游戏材料应按要求消毒，能用水洗的，就用水清洗；不能用水洗的，要经常在阳光下暴晒。户外游戏活动器械上有积水时，保育师应及时擦干净，以确保活动安全。

③游戏材料的摆放。游戏材料应放置在适合幼儿高度的玩具柜、玩具架、玩具箱中，以便于幼儿自由取放和使用。材料要按类摆放，工具要单独放置；剪刀、铅笔要头朝下放置或平放，切忌头朝上放置，以免发生危险。美工类的材料，特别是水彩、广告色等，要在活动前调好、摆放整齐，以便幼儿取放，还要有相应保洁措施。玩具柜、玩具架等应摆放在游戏活动区

中，保育师应配合教师，根据幼儿年龄特点以及活动特点、活动场地的条件等设置好游戏活动区。

（2）游戏场地的准备。

①室内游戏场地。应保持地面清洁卫生、无杂物，保持室内良好的通风以及适宜的光照。

②户外游戏场地。应根据天气状况，选择适宜的游戏场所；夏季尽量在阴凉处，冬季最好在向阳背风处。保育师还应检查地面上有无碎石子、树枝、碎玻璃等危险物品，如发现，须及时清理；场地若有积水，应及时擦干净；保育师还应根据需要画好游戏场地，摆放好游戏器材和活动用品。

（3）对幼儿衣着的检查。

在游戏活动开展之前，保育师应仔细检查幼儿的着装，确保衣物既舒适又便于幼儿参与各项活动。此外，保育师还应重点关注幼儿是否携带了可能构成安全隐患的物品，特别是金属小刀、针等锐利物品。对于幼儿所携带的必需品，保育师应代为暂时保管；并在检查物品的过程中，结合实际情况，向幼儿讲解携带不安全物品可能带来的风险；以此加强幼儿的安全意识，进行有针对性的安全教育。

（4）排除与游戏无关的人与物。

幼儿自我控制能力相对较弱，其注意力极易被人与物所吸引。为确保幼儿游戏的质量与效果，保教人员在组织游戏活动前，应充分排除与幼儿游戏内容不相关的人与物，以营造更加专注、纯净的游戏环境。

（5）明确自己的分工。

在区域活动时间，保教人员会进行分工，保育师也有主要负责指导的区域。所以，保育师应先了解自己所要负责指导的区域，包括该区域中各种游戏材料、玩教具的功能、操作方式等。在进区前，保育师应在教师提出进区规则后，及时地观察幼儿是否遵守进区规则；若发现违反规则的幼儿应及时给予指导，提醒幼儿遵守规则进行区域活动。

2. 游戏活动中的支持

（1）在游戏中的角色定位。

尊重幼儿游戏意愿是游戏指导必须遵循的原则，这是游戏自由精神得以体现的必然要求，但这并不意味着不需要保育师介入和引导。保育师是幼儿游戏环境的创设者、游戏过程的观察者、游戏进程的支持者。这三种角色的定位，既凸显了幼儿在前保育师在后的游戏者主体性，同时也体现了保育师的能动性。

保育师的能动性，首先体现在解读幼儿的游戏行为上。细心观察幼儿的游戏行为，看他们如何使用材料、如何与同伴互动。保育师只需以欣赏的眼光认同幼儿的游戏行为，而不必急功近利地加以引导。在观察的基础上，保育师是能判断幼儿当前需要的。比如，当幼儿遇到困难无法自行解决，导致游戏无法开展下去的时候，保育师必须赶在幼儿即将放弃之前，巧妙给予建议或材料支持，以保障幼儿游戏意愿的实现。

（2）在游戏中的指导策略。

①创设关爱温馨的环境，激发幼儿游戏的兴趣。为幼儿创设一种关爱、温馨的环境，这个环境像家一样，让幼儿感受到集体的温暖，喜欢在这个集体中生活、游戏和学习。由于幼儿个头矮小，因此保育师在指导幼儿游戏时，应该蹲下来与幼儿交谈，给幼儿一种被尊重的感觉，使幼儿对教师产生安全感和信任感。保育师要包容幼儿不适当行为，耐心引导。当幼儿出现消极情绪时，保育师要主动关心幼儿，让幼儿知道自己是被教师呵护的。这样，幼儿才会有比较稳定的情绪，才能更好地游戏。

②丰富幼儿的知识经验，使幼儿的游戏生动有趣。游戏来源于幼儿的生活。幼儿只有具有丰富的知识经验，才能更好地参与游戏。由于小班幼儿年龄较小，知识经验不足，因此保育师应帮助幼儿丰富经验。如在上课的时候，可以帮助幼儿了解一些日常的生活用品、社会行为规则；在开展理发店的游戏时，保育师可以先带幼儿去参观理发店，了解理发师是怎样帮助客人理发的，知道理发的步骤。这样，在开展游戏时，情节会更加丰富，内容也会更加生动。

③提供丰富的游戏材料，发挥幼儿的创造性。游戏材料可以激发幼儿的游戏动机、游戏构思，引起幼儿的联想和行动。当游戏材料品种多样化时，可以促进幼儿发散性思维的发展；当游戏材料完全陌生和比较复杂时，可以引发幼儿的探究性行为；当游戏材料是中等熟悉和中等复杂程度时，可以引起幼儿象征性游戏和练习性游戏。足够的游戏材料既丰富了游戏的内容，又满足了幼儿的需要，激发了幼儿的创造性思维。

④适当介入和指导，帮助幼儿顺利开展游戏。幼儿在游戏中有着最充分的自我表现，能力和水平也在游戏中有着最真实地体现。因此，游戏是了解幼儿的一个窗口，这就意味着观察是保育师在幼儿游戏中的重要任务。有些保育师是带着自己的主观意图，在没有观察和缺少判断的情况下、在幼儿并不需要的时候介入游戏，结果干扰和转移了幼儿正在进行的思考和想象，使他们被动地按照保育师的意图行事。经常中断幼儿游戏情节的构思，极其不利于幼儿游戏水平的提高。

保育师参与游戏

（3）对幼儿游戏水平的评价。

只要经常细心观察幼儿的游戏，自然就会发现哪些幼儿很会玩、哪些幼儿玩的水平低，每个幼儿都会在自己的水平上得到游戏的满足。必须注意的是，倡导保育师去发现幼儿游戏水平的差异，但不鼓励对幼儿做出能力评定。发现幼儿游戏水平的差异，只是给教育教学一个参考的依据。

①评价幼儿游戏，一般可以从游戏主题的确定、角色的扮演、游戏情节、组织能力、社会交往、积极性、主动性、创造性、持久性、游戏技能、使用材料、爱护物品、游戏讲评等几方面进行。保育师可根据幼儿发展或研究的需要，有目的地选择指标进行评价。

②不同年龄段幼儿评价的方式、方法不同。

A．小班。小班幼儿思维具体形象，以无意注意为主，游戏往往依赖玩具、材料进行。因此，评价应借助有关的场景、道具、角色扮演，以游戏的口吻进行评价。评价应贯穿在幼儿游戏过程中，等游戏结束后再进行评价效果往往不佳。因此，游戏后的评价应少采用。此外，小班幼儿以平行游戏为主，联合或协作的游戏较少，所以面向小组和整体的评价较少，更多的是针对每个幼儿的情况。在指导幼儿游戏的过程中，进行个体评价。对游戏过程中普遍存在的问题，保育师可以直接互评为主，少用讨论式的评价。

B．中班。中班幼儿较小班幼儿游戏水平有较大的提高，思维的直观形象性增强，想象逐渐变得活跃、丰富；认识的范围不断扩大，经验有了一定积累；游戏中交往增多，合作游戏开始发展。因此，评价方式、方法可以多种多样，可针对每次游戏的要求，灵活地采取集体、小组、个别的组织形式进行评价，也可直接讲评与幼儿讨论评价、自我评价相结合。在评价的过程中，可启发幼儿把自己在游戏中的所见所闻、情感体验表达出来。如你玩的是什么游戏？扮演的是什么角色？和谁一起玩？最开心的是什么事？游戏中有哪些困难，等等。

C．大班。大班幼儿对周围生活的认识越来越精细、完整，体验和理解也越加深刻；积累的社会经验也逐渐丰富，抽象思维开始发展，合作游戏逐渐开展；评价能力不断增强，独立性逐渐增强，相互影响力增大，游戏更有目的性和计划性。因此，有些评价的方式、方法较中、小班有所不同。可以小组或全班集体评价为主；每次游戏结束后，更多的是采用讨论式的评价。除进行自我评价外，还可以评价他人的游戏情况。在游戏评价前，可事先交代评价的内容。在评价过程中，保育师可以引导幼儿相互交流游戏的经验体会，发表各自的意见。如你在游戏中遇到哪些困难？是谁帮助你解决的？要解决这些问题，还可以怎么做？切忌，把幼儿对游戏的自由讨论，变成保育师对幼儿游戏与行为好坏评价判断，更不能变成一种说教。

3. 游戏活动后的整理

（1）适时结束游戏。

在组织幼儿结束游戏环节时，保育师应与教师密切协作，精准把握时机；尽可能采用富有游戏性的方式，引导幼儿愉快而有序地结束游戏，从而确保幼儿对游戏的持续兴趣与积极态度。

（2）收拾场地和材料。

保育师应协助教师收拾整理游戏场地和游戏材料，进一步清点、整理玩具，看是否摆放整齐、是否有遗失或损坏、是否放回到教具柜。如果发现问题，应及时与教师联系，查问原因。清点整理玩具时，保育师可组织幼儿一起做，以培养幼儿善始善终的良好品德。当区角设置和摆放占用了幼儿活动场地时，保育师应进行整理、收拾，留出足够的空间给幼儿活动。

（3）组织幼儿盥洗。

在游戏活动结束后，保育师应协助教师有序地组织幼儿进行洗手、如厕及饮水活动，确保幼儿能够按照规范完成个人卫生。在必要时，保育师还应负责组织幼儿进行洗脸，保持面部清洁。在此过程中，保育师应密切关注幼儿的身体状况。根据幼儿的实际情况，适时提醒或主动帮助幼儿增减衣物，以确保幼儿在游戏活动后的舒适与健康。

（4）材料的消毒工作。

游戏材料应每周进行清洗消毒，以确保其保持清洁状态。同时，图书也应每周使用紫外线灯或阳光暴晒进行消毒处理，以保障玩具和图书的卫生安全。

三、户外活动中的配合

户外活动在幼儿的身心发展过程中占有重要的地位，户外活动是一个良好的与人沟通的平台。在游戏中，不善表达的幼儿会变得善于与人沟通。幼儿在锻炼身体的同时，还发展了语言表达能力，积累了与人交流沟通的经验，提高了对环境的适应能力。户外活动有助于发展幼儿各项动作技能，促进幼儿体格正常发育。但是户外运动中幼儿的安全必须得到保证，这就需要保育师的有效协助和配合。在进行户外运动的过程中，保育师可以运用观察法、检查法、沟通法、谈话法，关注幼儿在户外活动中的每一个环节，保证幼儿在户外活动中的安全与健康发展。保育师在户外活动前、户外活动中、户外活动后的配合，关系到幼儿的健康与安全，能有效地避免安全事故的发生。

（一）观察法

案例分析

晨间游戏的时候，保育师发现康康在一旁揪小草。询问之后发现，康康因为爸爸妈妈吵架的事情不开心，所以不愿意参加晨间活动，用揪草来发泄自己的情绪。保育师与康康进行了交谈，并带着康康与小朋友们一起游戏，让康康忘记不愉快。

* 分析

幼儿的情绪非常容易受外界影响，家庭因素也会影响幼儿的情绪。康康之所以选择揪草这种方式来发泄自己的情绪，主要是因为他还没有管理自己情绪的能力。当遇到不开心时，有的幼儿甚至会选择一些攻击性行为来发泄自己的情绪。如果试着走进幼儿的心里，你会发现幼儿的世界是丰富多彩、充满创意的。同时，幼儿的心灵也是非常单纯的，高兴和伤心都写在他们的脸上。一旦发现了幼儿的不愉快，保教人员就应该去交流和沟通，和幼儿成为朋友。

保育师应及时发现幼儿的不良情绪，并注重与幼儿的交流，帮助幼儿释放心中的不快，促进幼儿身心健康发展。

幼儿在活动中的情绪、身体状况、游戏情况直接影响到幼儿的身心健康和在活动中的发展情况。因此，保育师应配合教师，观察幼儿的情绪、身体状况、活动情况及动作技能的发展。

1. 观察幼儿情绪是否良好

幼儿的情绪状态对其是否能积极参与各类活动具有直接且显著地影响。因此，保育师应协同教师密切关注幼儿的情绪表现，确保其处于良好的情感状态。具体而言，保育师应留心观察幼儿是否出现过度兴奋、生气、伤心、失落、愤怒等不良情绪。一旦发现幼儿情绪低落或存在情感波动，保育师应迅速采取行动，主动与幼儿进行沟通交流，了解其具体情况；并适时进行心理疏导，确保幼儿在活动过程中能够保持积极向上的情绪状态。

若保育师在尝试与幼儿沟通疏导后，仍无法有效缓解其不良情绪，应及时向主班教师反馈相关情况，并征求其意见。主班教师将根据具体情况提供必要的支持和建议，与保育师共同合作，协助幼儿顺利克服情绪障碍，确保他们能愉快、积极地参与到各类活动中。

2. 观察幼儿身体状况是否良好

在班级中，针对存在超重现象以及体质较弱、易生病的幼儿，保育师应时刻保持警惕，密切监控其身体状况。对于体质较弱或生病的幼儿，保育师需特别关注其呼吸与脉搏状况，并视情况适当调减其运动量，以确保身体健康与安全。同时，对于超重幼儿，保育师应留意其运动量是否达标，以促进体重的合理控制。此外，对于多动症幼儿及孤独症幼儿，保育师需仔细观察其是否能够正常参与各类活动，并及时给予必要的引导与帮助。一旦保育师发现幼儿出现任何不良反应，应立即将其带至保健室进行专业观察与处置。

3. 观察幼儿是否遵守游戏规则

在散步、游戏和体育运动中都有一定的规则。这些规则是保证幼儿安全活动的前提，也是各种活动得以顺利开展的重要因素。但是，在活动中，这又是教师极易忽视的环节。因此，在活动中，保育师必须了解游戏的规则，并及时观察幼儿在活动中是否遵守规则，积极地配合教师对幼儿的指导。对遵守规则的幼儿，可以提出表扬；对不遵守规则的幼儿，应及时进行教育。

4. 观察幼儿动作技能是否得到发展

为确保幼儿的安全，家长们通常采取全方位的保护措施。然而，这种过度呵护往往导致幼儿的运动技能未能得到充分的锻炼，进而使得同龄幼儿之间的动作技能存在显著差距。因此，保育师在组织活动时，须密切关注每个幼儿的个体差异，确保对每位幼儿的发展状况有清晰了解。对于发现动作协调性欠佳的幼儿，保育师应及时给予专业的指导和帮助，鼓励并支持他们勇于尝试，以促进幼儿在户外活动中，实现更为全面的发展。

5. 观察幼儿的行走是否有序进行

在幼儿上下楼梯的过程中，由于他们尚未形成充分的安全意识，可能会趁教师疏忽之际，有在楼梯上进行嬉戏打闹与推搡拥挤的行为。这种行为存在极高的安全风险，极易引发意外事故。因此，保育师应时刻保持警觉，密切关注幼儿的行走状态是否井然有序。一旦发现幼儿出现嬉戏打闹的现象，保育师应立即予以制止，以防范推搡、拥挤、踩空等不安全事件的发生，确保幼儿的安全与健康。

（二）检查法

案例分析

体育活动结束后，保育师仔细地清理着活动器械，发现有两个破损的器械，于是及时登记上报。修理工很快对这两个坏的滚筒进行了修理，确保幼儿在下次游戏时不会被铁丝扎到。

* 分析

幼儿园的运动器械因为使用频繁，因此很容易发生破损的现象，保育师及时清理、仔细观察，能有效地避免被损坏的器械伤到幼儿的身体。

活动场地、活动器械的安全是保证幼儿活动安全的前提。保育师应配合教师检查幼儿是否夹带小型物品进行活动，并及时地发现活动场地和活动器械中的安全隐患，避免事故的发生。

1. 检查运动器械

为了有效激发幼儿的想象力和创造力，幼儿园的运动器械通常倾向于采用自制器械。然而，这类自制体育器械存在易破损的特点，而幼儿往往难以自主辨识其安全性。因此，保育师在每次使用前和使用后，均应对器械进行细致的安全检查。一旦发现有损坏或松脱的器械，保育师应立即采取相应措施进行处理或及时更换，以确保幼儿在活动过程中，不会因器械问题而受到伤害，从而确保活动的顺利进行和幼儿的身心健康。

2. 检查活动场地

在幼儿园的活动场地中，安全隐患时有出现，不容忽视。滑滑梯等大型玩具可能发生意外断裂或螺丝松脱等情况、道旁的小树枝存在绊倒幼儿及划伤皮肤的风险、翘起的地板则可能引发幼儿摔跤、地面积水更会导致幼儿滑倒。这些安全隐患对于幼儿的健康成长构成了潜在威胁。因此，保育师应当时刻保持警惕，定期进行全面细致的检查。一旦发现隐患，应立即上报并提醒教师组织幼儿进行安全活动，确保幼儿在安全、健康的环境中快乐成长。

幼儿园游戏器械

3. 检查幼儿身体

为确保幼儿的安全与健康，应对幼儿的手部及口袋进行全面细致的检查，以确认是否夹带有小型珠串、纽扣、小树枝、塑料粒等可能引发风险的物品。预防幼儿可能发生的误吞误食现象，并在运动过程中避免对他人及自身造成伤害。

4. 检查幼儿人数

在户外活动的前后阶段，保育师应与教师密切协作，对参与活动的幼儿人数进行细致核对，以确保无一遗漏，从而保障活动的顺利进行及幼儿的安全。

案例分析

午间操开始之前，保育师跟在队伍的最后面清点人数，发现少了一名幼儿。保育师连忙回到班级，对盥洗室、寝室、活动室进行了寻找，最后在活动室外的阳台上发现了一名幼儿。保育师迅速将幼儿带到了集体当中，并对其进行了教育。

* 分析

幼儿容易出现注意力不集中、行动随意等无意识行为。幼儿脱离集体、单独行动的原因有很多，除了个性、心理等方面的原因外，还会有各种其他的原因导致幼儿脱离集体。保育师在进行户外活动前，应及时清点幼儿的人数，避免个别幼儿单独行动、脱离集体发生危险。尽早地发现，可以有效避免安全事故的发生。

（三）引导法

保育师应充分把握户外活动这一时机，以促进幼儿自我服务能力的全面发展为目标，积极引导幼儿之间的互助合作，鼓励幼儿更多地尝试自己动手完成各类任务。同时，激发幼儿的创造性，使其在游戏中展现出更多的创新精神和能力。

1. 引导幼儿一物多玩

幼儿园的户外活动主要采取集体与自选活动相结合的方式。在自选活动中，器械多以废旧材料制作，能充分激发幼儿的想象力和创造力，使他们在游戏中积极探索并尝试器械的多样化玩法。保育师在活动过程中，应积极鼓励幼儿主动思考。特别是在小型且多样化的体育游戏中，更应引导幼儿创新玩法，以促进幼儿创造性思维的发展。

2. 引导幼儿自己动手

在活动进行期间及活动结束后，保育师要与教师紧密配合，指导幼儿自主管理衣物增减，教导幼儿运用触摸背部的方式检查是否出汗，进而判断是否需要调整衣物。若幼儿无法独立完成此操作，保育师可适当给予协助；但应避免过度替代，应积极鼓励并引导幼儿学会独立操作，以培养其自我管理能力。

3. 引导幼儿休息整理

在活动圆满结束后，保育师须及时提醒幼儿使用肥皂进行手部清洁，并悉心指导幼儿掌握正确的洗手方法，以确保个人卫生得到有效维护。此外，鉴于运动后大量饮水可能增加心脏负担并诱发胃痉挛等不良影响，保育师应引导幼儿适量摄取水分。同时，指导幼儿正确使用温毛巾擦拭面部，保持面部清爽；并鼓励幼儿保持安静状态，适当休息，以促进身体机能的恢复。

4. 引导幼儿互相帮助

过度依赖教师和保育师的协助，将严重阻碍幼儿自我服务意识的培养与发展，同时亦会加重他们的工作负担。为此，在幼儿活动中，积极引导他们进行互帮互助是一项极其有益的策略。此举不仅能让幼儿深切体验到相互帮助的愉悦，促进幼儿之间的情感交流，还能有效地增强幼儿自我服务的意识和能力。

（四）协作法

在幼儿参与户外活动的全过程中，教师和保育师应秉持严谨、稳重的态度，理性地展开协作与配合工作。双方须共同确保活动前的充分准备，合理分工，确保每个环节都得到有效执行。同时，应细心护理幼儿，关注他们的身体状况与情感需求，确保他们在活动中得到妥善照料。此外，教师和保育师还应积极协助幼儿参与活动，引导他们充分发挥潜能，促进身心健康发展。

1. 与教师协作调节站位

在组织幼儿活动的过程中，教师应始终位于幼儿的前方进行引导。与此同时，保育师应确保位于幼儿的后方及侧面，以便对幼儿的行动进行全方位的监控。随着幼儿活动的展开，教师的位置会不断地进行变化，保育师亦须随之调整自身的站立位置，确保幼儿始终处在教师和保育师共同关注的范围之内。

除了确保幼儿处于视线范围内，保育师还须特别关注那些可能存在安全隐患的区域。如滑梯下方、障碍物旁、湿滑地面等，并站在能够有效预防幼儿意外滑倒、摔伤或碰伤的位置。在活动结束后，保育师应位于队伍的尾端，随同幼儿一同离开活动场地；并在楼梯拐角、湿滑地面等关键位置提醒幼儿注意慢行，避免推挤。

当教师在指导幼儿进行洗手、喝水等日常活动时，保育师应负责监控教师无法兼顾的区域，以确保每位幼儿的安全。

案例分析

上楼时，保育师走在了队伍的最前面。这时，突然听到了几个幼儿的叫声，老师赶紧停下了脚步，往下一看，原来是五个幼儿连着摔倒在了楼梯上。老师和保育师连忙扶起摔倒的幼儿，询问了情况，并及时带他们到保健室进行检查，幸好没有幼儿受伤。当教师问其原因时，才发现是因为一名幼儿将自己的衣服拖在地上走，被后面的小朋友踩到了，就一个接着一个摔倒了。

* 分析

案例揭示了在引导幼儿上楼的过程中，教师与保育师之间未能实现有效地协作与配合，进而未能及时发现潜在的安全隐患，这显然是一个需要引起重视的问题。

2. 与教师协作进行准备

在活动正式启动之前，保育师应与教师紧密配合，共同确保活动场地、器械及护理用品的充分准备与妥善安排。具体而言，保育师应与教师协同布置活动所需的场景，确保活动器械的摆放整齐有序，并预先准备好幼儿的毛巾、衣物存放篓子以及擦鼻涕用的卫生纸等必需品。通过这一系列细致周到的准备工作，旨在为幼儿营造一个安全、舒适的活动环境，确保他们能愉快而安心地参与活动。

3. 与教师协作进行整理

活动结束后，保育师应与教师密切协作，共同对活动场地进行有序地整理工作。同时，还应对活动中所使用的各类材料和幼儿的个人物品进行全面细致的整理，确保无物品遗落。维护场地的整洁，防止因物品遗落而对下次游戏造成不必要的影响，确保游戏环境的持续安全与舒适。

4. 与教师协作进行护理

在活动实施过程中，部分幼儿会因运动量的增加而出汗，部分幼儿则因体质较弱而不易参与剧烈运动，同时也有幼儿基于体质差异需要增加运动量。为确保所有幼儿的身心健康，保育师要与教师紧密配合，对幼儿实施细致的护理。针对出汗的幼儿，保育师应及时提醒其擦拭汗水并更换衣物；对于身体不适的幼儿，则须给予特别的关注和照顾。

5. 与幼儿协作进行游戏

在游戏活动过程中，因为个体差异及可能发生的突发情况。教师在组织活动时，保育师应积极发挥辅助作用，协同教师与幼儿共同参与游戏。保育师应扮演幼儿伙伴的角色，与落单的幼儿进行互助游戏，确保每位幼儿都能充分参与。同时，对于能力稍弱的幼儿，保育师应提供必要的支持和指导，协助其完成各项动作技能，从而增强幼儿在游戏活动中的愉悦感和自信心。

与幼儿协作游戏

四、学习（集体）活动中的配教

幼儿园的集体活动主要包括：语言领域、健康领域、艺术领域、科学领域以及社会领域。保育师要严格遵守幼儿园保育工作操作规范，在幼儿园集体活动中与教师默契配合组织教育活动，是保育师的工作职责。那么，保育师如何在集体活动中做好保育工作，使集体活动得以顺利开展呢？保育师应了解各年龄段幼儿的发展特点，针对不同年龄段幼儿的发展特点，制订执行集体活动中的保育工作计划。

（一）语言领域的配教

语言是人与人之间交流思想、进行逻辑推理的重要媒介，它涵盖了口头表达与书面记录两种形式。在幼儿园阶段，语言教育的重心主要聚焦于口头语言的培养。在幼儿园的教育实践中，无论是促进幼儿的全面发展，组织丰富多样的教学活动，还是管理他们的日常生活，都离不开语言的运用。因此，幼儿园应充分重视幼儿语言学习的关键时期，努力发展并提升他们的口头语言表达能力。

幼儿语言的发展贯穿于各个领域，幼儿在运用语言进行交流的同时，也在发展着人际交往能力、理解能力、逻辑思维能力。教师应为幼儿创设自由、宽松的语言交往环境，鼓励和支持幼儿与成人、同伴交流，让幼儿想说、敢说、喜欢说并能得到积极回应。

1. 了解幼儿语言学习与发展的特点

小班（3 ~ 4 岁），幼儿由无意识倾听到学习有意识倾听表述，以自身经历为内容。其中，夹杂着一些想象的成分，表述的方式比较简单。因此，小班语言活动要生活化、娱乐化，让幼儿在游戏中愉快地学习。小班幼儿往往尝试模仿，喜欢重复说零散的词。对有趣的象声词、新奇物品的名词喜欢反复说，从中获得满足。

中班（4 ~ 5 岁），幼儿处在幼儿语言发展的关键期。他们会通过模仿学习掌握并列句、复合句等多种句式，句子的长度增加，能比较连贯地表达他们的意思。喜欢与家人及同伴交流。能独立地讲故事或叙述日常生活中的各种事物，但有时说话也会断断续续，因为他们还不能记清事物现象和行为动作之间的联系。他们还会根据不同对象的理解水平，调整自己的语言。

大班（5 ~ 6 岁），幼儿的语言进入了飞速发展期。他们有着强烈的求知欲，总是不断地向成人提问，期待成人直接用语言予以回答。教师可以引导幼儿积极地观察，可以组织幼儿开展讨论、交流，寻求结论，使幼儿不但获得了知识，同时也掌握了相应的词语、句子。此时，更需要创设一个能使他们想说、敢说、喜欢说、有机会说，并能得到积极应答的环境，以及鼓励幼儿大胆、清楚地表达自己的想法和感受，发展幼儿语言表达能力和思维能力。

2. 积极做好语言领域的教育配合工作

（1）语言活动前的准备配合。

根据活动的独特性以及教师提出的具体要求，保育师对桌椅的摆放进行了精心规划。在安排过程中，特别关注了个别存在听力障碍、视力不佳或语言表达能力较弱的幼儿的实际情况，将这些幼儿的座椅安排在距离教师较近的位置，以便于教师能更为便捷地对他们进行有针对性的指导。

此外，保育师协助教师准备语言活动所需的图片用具，并对信息技术设备进行细致的检查，以确保其正常运行。在必要时，保育师还应提前与教师配合，根据活动的具体需求制作了简单的教具。同时，保育师积极协助教师摆放幼儿的学具和操作材料，确保材料的数量充足，以满足活动需求。

（2）语言活动的执教配合。

保育师应时刻关注教学活动的进展，确保及时、适时地配合教师完成教学任务，从而保障教学活动的顺利进行。在协助教师组织教学活动的过程中，保育师应周到细致地关注幼儿的注意力状况，并积极维护教学活动的秩序，以确保教学活动的正常进行。在维护活动秩序时，保育师须善于运用恰当的方式方法，注意指导的适度性，避免因过度限制而打击幼儿参与活动的积极性。

在教学过程中，保育师应根据需要帮助教师分发教具、挂图、图书用品；必要时，还要承担一定的角色任务。这些都应在准备阶段与教师取得一致，有的还需要事先练习，以保证获得预期效果。协助教师对幼儿进行个别或小组指导。如在操作活动中主要调动和保护幼儿探究的欲望、辅导个别幼儿学习记录操作结果、关注幼儿的学习情况并及时反馈给教师。

保育师在语言活动中要有意识地观察、倾听幼儿，可以帮助教师更好地理解幼儿行为背后的原因，从而实施适宜的教育。在与幼儿交谈中，应考虑其年龄的接受能力，注意儿语的运用，语言尽量简短明确。

案例分析

小一班语言游戏《开汽车》，快要开始了。保育师正配合教师有序地组织幼儿喝水如厕，可豆豆还在娃娃家玩得正开心呢。保育师发现后及时提醒道："豆豆，快来开汽车啦！嘀嘀，小司机要做好准备了！今天，豆豆还可以当警察指挥呢！"豆豆一溜烟就跑来了。

保育师把椅子摆成半圆形，就开始玩游戏了。教师神秘地描述几种特殊车的颜色作用，有的小朋友兴奋地猜着答案，有的小朋友模仿着救护车、消防车、警车的声音"呜—呜—呜……""滴咚—滴咚—滴咚……"声音此起彼伏，好不热闹。只见龙龙和西西开心地站起来，手舞足蹈想跑到老师身边拿车，其余的幼儿也按捺不住，跃跃欲试。保育师悄悄牵着龙龙坐下，小声提醒他："我们喜欢守纪律的小司机哟。"

接着，小朋友依次练习说短句"我喜欢 × 色的 × 车"。轮到果果了，她很害羞，扭捏着不开口，小朋友都看着她。时间一秒秒过去，保育师快步走到她旁边说："来，徐老师也想和你一起学说。"果果和保育师一起大声地说完了，老师带幼儿为她鼓掌，果果开心地笑了。

"红绿灯"游戏将活动气氛推入高潮。有的小朋友扮演小司机在操场上快活地奔跑。当发现有小朋友跑到偏僻角落时，保育师及时提醒"小司机"们不要迷路。游戏顺利结束。

* 分析

小班幼儿自我控制能力差，保育师在配教中需要保教并重，关注并护理好每个幼儿。当幼儿的注意力不持久时，保育师要观察个别幼儿的失控行为并予以安抚。在活动过程中，要用亲切生动的语言，引导幼儿集中注意力。

案例中，保育师已从语言活动“维持秩序”的角色转换为幼儿活动的“支持者、合作者、引导者”。保育师应认识到：促进幼儿语言发展既是活动的目标，也是幼儿自身发展的终极目标；不仅要照顾到幼儿的“身”，而且要照顾到幼儿的“心”。对年龄越小的幼儿，更多运用身体语言搂搂、抱抱、摸摸等，鼓励幼儿乐于表达自己的想法。

对于小班的幼儿还处在尝试过集体生活的适应期，保育师、教师担负着生活中的“妈妈”角色，在护理起居、饮食、如厕、午睡等过程中，要用亲切、温和、鼓励的语言指导幼儿。幼儿情绪尚未稳定，与他们的交流应坚持正面教育。可运用童趣化卡通形象，对幼儿提出简短具体的要求。如走路时，可说“小花猫走路悄悄地，咱们学学小花猫吧”；教幼儿穿裤子时，可说“小火车钻山洞了”；排队时，可说“某某小朋友真像解放军，站得有精神”。保育师和中、大班幼儿交流时，语言要亲切柔和。幼儿时刻都在关注着教师和保育师的一言一行、一举一动，所以教师和保育师应注意自己的语调，要用自己亲切、柔和的声音，传达自己对幼儿的关心与爱护、支持与鼓励、理解与同情，力争给幼儿创造和谐、宁静、温馨的成长环境。

案例分析

某幼儿园中三班的老师和幼儿们要一起开展语言游戏《三只蝴蝶》。幼儿们，一个个跃跃欲试。在老师讲解游戏规则时，保育师发现一贯淘气的彤彤，耷拉着脑袋，靠在椅子上，走上前，一摸她的额头，好烫呀！见状，保育师赶紧送她到医务室测量体温，发现是39℃，于是立即将情况告诉彤彤的妈妈。之后，把彤彤交给保健医生，匆匆回到活动室。此时，幼儿已戴上头饰准备表演。教师一看见保育师便说：“熊老师，我和乐乐扮演红花、黄花姐姐，小朋友都想扮演小蝴蝶，谁来扮演白花姐姐呢？”于是保育师欣然答应扮演白花姐姐。在欢呼雀跃中，“小蝴蝶”们一会儿飞到草地，一会儿飞到花朵边。当飞到保育师面前时，他们一起大声说：“我们三个好朋友，相亲相爱不分手……”活动结束后，几个幼儿围着保育师，“叽叽喳喳”地说个不停。被幼儿信任、依赖、喜欢，是保育师莫大的幸福。

* 分析

在语言活动中，教师是宏观的主导者，保育师是微观的观察者。保育师应更多地关注幼儿的情绪、注意力及活动中的表现，在突发状况时能为教师分担责任，予以帮助和支持。保育师还可以角色身份参与游戏，同幼儿进行语言互动，这样能更好地激发幼儿口语表达欲。保育师与幼儿沟通越多，就更容易走进幼儿的心灵，打开他们语言的话匣。

保育师在和幼儿交流的时候，要多用建议式语言。教师运用询问或者陈述的方式向幼儿表明自己的看法和主张，以此提示或暗示幼儿解决问题的指导方法。建议式的语言语气柔和，句末往往出现“吧”“好吗”“啊”等语气词。它不是强迫性的语言，而是给出几种可供选择的解决方法。幼儿既有选择的自由，也有拒绝的自由；有时，语言中，还暗含解决问题的方案。

案例分析

某幼儿园大二班的老师正在进行语言活动《吹泡泡》。只见她像魔术师似的，变出了大大小小的泡泡，小朋友们都睁大了眼睛看着，只有晶晶低着头在口袋里摸索。见状，保育师悄悄地走过去，轻声问：“泡泡飞到晶晶口袋里了吗？”晶晶摇摇头，保育师拿出晶晶口袋里的恐龙，摸摸他的头说：“恐龙先睡觉了，咱们找泡泡做游戏吧。”于是，晶晶的注意力又回到课堂。

开始分组创编吹泡泡儿歌啦。在添画泡泡的过程中，有幼儿拿着画纸胡乱画着，保育师及时提醒并用游戏化的口吻说：“泡泡喜欢穿漂亮衣服和小朋友游戏。”小朋友热烈地讨论着：泡泡像彩球、像糖果……保育师及时鼓励幼儿用好听的语言编诗歌。活动结束环节，小朋友念着自编儿歌，在操场上吹泡泡。兴奋的他们碰撞在了一起，保育师立即上前协助老师将他们分开，并提醒他们说：“泡泡可不能玩碰碰车，会碰破衣服的。”随后，小朋友尽情地在操场上念着创编的儿歌，兴趣盎然地做着游戏。

* 分析

保育师在分组操作中，应兼顾每个幼儿，为他们提供适时的帮助。幼儿操作时，一般不要过多干预幼儿的活动。首先要注意观察幼儿的表现，适时地给予一定的帮助或提醒。发现幼儿游戏中有不安全因素，要立即提醒。紧急时，采取必要的措施，阻止幼儿的不安全行为。保育师在活动中应给予幼儿最少的指导、最多的关注、最大的鼓励。

（3）语言活动后的整理工作。

为确保教育活动的顺利进行，保育师须协助教师对活动中所使用的玩教具及图书进行整理，并仔细查验是否存在缺损情况。一旦发现有缺损，应立即进行修补，以保障教学资源的完整性和可用性。同时，根据活动需要，保育师还须负责将桌椅归位并摆放整齐。必要时，还须进行擦洗工作，以维持整洁的学习环境。此外，保育师亦可指导中、大班值日生共同参与此项工作，培养他们的责任感和团队协作能力。

在活动过程中，保育师还须特别关注幼儿的卫生保健情况。例如，对于幼儿不正确的看书姿势，应及时予以纠正，以避免可能产生的健康问题。保育师应始终保持敏锐的观察力和高度的责任感，确保幼儿在活动中的身心健康。

总之，在语言领域的教育活动中，保育师须以灵活、适宜的方式介入指导，帮助幼儿提升语言表达能力，增强他们的自信心。保育师应激发幼儿与同伴、成人交流的欲望，鼓励他们更加愿意表达、敢于表达、喜欢表达，从而促进其语言能力的全面发展。

（二）健康领域的配教

健康对于幼儿的成长具有至关重要的作用。幼儿期，这一特殊的人生阶段，不仅是幼儿身体迅速发育和机能显著提升的关键期，亦是他们形成稳固安全感和积极乐观态度的重要时期。

在幼儿阶段，拥有发育良好的身体、稳定愉快的情绪、强健的体质、协调自如的动作、良好的生活习惯以及基本的生活能力，均被视为幼儿身心健康的重要标志。这些标志不仅代表着幼儿个体健康的全面发展，更是他们在其他领域进行学习与发展的坚实基础。因此，应高度重视幼儿身心健康的培育，为他们的全面发展奠定坚实基础。

为有效促进幼儿身心健康发展，应为幼儿提供合理均衡的营养，保证充足的睡眠和适宜的锻炼，满足幼儿生长发育的需要；创建温馨的人际环境，让幼儿充分感受到亲情和关爱，形成积极稳定的情绪情感；帮助幼儿养成良好的生活与卫生习惯，提高自我保护能力，形成使其终身受益的生活能力和文明生活方式。幼儿身心发育尚未成熟，需要被精心呵护和照顾；但不宜过度保护和包办代替，以免剥夺幼儿自主学习的机会，养成过于依赖的不良习惯，影响其主动性、独立性的发展。

1. 了解幼儿在健康领域学习与发展的特点

小班（3 ~ 4 岁），幼儿发育特点。此时，骨化过程尚未完成，骨骼弹性大、易弯曲；肌肉力量和耐力比较差；心肺系统的调节功能发育还不够完善，对空气变化适应能力较弱。

中班（4 ~ 5 岁），幼儿发育特点。此时，大肌肉进一步发育，动作发展也有了明显飞跃；肌肉力量、耐力和肺活量也有了一定提高，对空气变化适应能力逐渐增强。

大班（5 ~ 6 岁），幼儿发育特点。此时，大肌肉、小肌肉的发育都有很大进步；心肺系统调节能力更强，耐力也进一步增强，对空气变化的适应能力和对病菌的抵御能力，也有了较大提高。

2. 保育师在健康活动中的教育配合工作

在组织户外体育活动时，保育师的主要职责就是保护幼儿安全，预防意外事故的发生并协助教师组织活动。常见体育活动意外事故，包括体育活动时摔伤、磕碰以及由于运动强度过大引起的心脏痛等。为预防意外事故发生，保护幼儿安全，无论哪个年龄段体育活动前的准备工作，保育师应做好以下几方面的工作。

首先，了解体育活动内容。在活动筹备阶段与教师沟通明确活动内容，列出所需材料清单，并提前熟悉材料的操作方式和使用技巧。同时，明确自身在活动中的站位，识别潜在的危险区域，并制定相应的幼儿保护措施，以确保在活动过程中能够有效地指导幼儿。

其次，在户外活动开展前，保育师须细致检查幼儿的服装，确保其符合安全标准。同时，准备好户外活动所需的玩具，并确保玩具的安全、卫生以及数量充足。此外，还须对活动场地和器械进行全面检查，排除安全隐患。如发现危险物品，应立即报告相关人员进行维修处理，以确保活动环境的安全。

最后，在户外活动结束后，保育师要注意活动后的整理，应配合教师适时地结束活动，以保持幼儿对游戏的兴趣和愉悦的情绪；协助教师清点人数，并整理和检查器械。

不同年龄阶段幼儿健康活动的配教工作如下。

小班（3 ~ 4 岁），幼儿的发展水平不尽相同。他们受家庭居住条件、先天遗传、个性素质的影响，有着不同程度的个体差异。所以保育师应对幼儿的发展水平有一个详细了解，尤其是在户外体育活动时，保育师要关注幼儿在活动中有没有触及危险物品；关注幼儿有没有摔倒而引起损伤，是否出汗了。如有出汗可及时为幼儿擦汗，提醒幼儿做适当休息。因为幼儿年龄小，所以在游戏之前，要特别关注幼儿的身体状况。如果有身体不舒服的幼儿，要及时跟班级教师沟通。在活动中，保育师可配合班级教师做检查，并且扮演游戏者的角色与幼儿共同游戏，帮助幼儿解决所遇到的困难。活动后，提醒幼儿勤洗手多喝水，使幼儿养成良好的卫生习惯。

中班（4 ~ 5 岁），在体育活动中，保育师要明确整个活动的目标制定，了解幼儿发展水平。检查幼儿的衣物是否宽松、鞋带有没有松掉、口袋中是否有硬物，为容易出汗的幼儿提前垫上毛巾，点数人数，为幼儿提供一个安全舒适的活动空间。还要注意幼儿情绪的好坏。情绪是影响锻炼质量的一个因素，保育师和教师必须积极调动幼儿的情绪，使之主动积极参加活动，既提高幼儿活动兴趣，也达到了幼儿主动锻炼的目的。总之，在活动中，保育师要做到多观察、多问、多摸。活动后，保育师帮助教师一起整理操作材料或者体育器械，提醒幼儿将汗巾隔汗，多喝水。分组活动时，保育师需要独立组织小组进行体育游戏。比如，指导幼儿进行投掷皮球或与幼儿进行互动游戏等。

此外，幼儿喜欢扮演、竞技类的游戏，在活动中可以为幼儿创设不同的场景或者是人物、动物的角色，再加入比赛的性质，幼儿活动的兴趣会大大提高。在活动中，保育师可以参与活动，与幼儿一同游戏。这样，可以带动幼儿更积极地参与游戏。

案例分析

某幼儿园中二班，正在户外进行玩呼啦圈游戏。几位小朋友拿着呼啦圈在奔跑，其中，一位小朋友跑在前面，其余几个跟在后面追。不一会儿，有的小朋友头上就冒汗了。

保育师走上前询问：“你们在玩什么游戏啊？”“我们在玩打妖怪的游戏，我就是妖怪。”跑在前面的小朋友回答。保育师摸了摸他的背脊说：“看你做妖怪做得多累，都出汗了，快坐下来休息一会儿。”接着，又招呼其余几名追赶的小朋友过来说：“我们一边休息，一边想想除了打妖怪的游戏，还有什么游戏我们也可以用呼啦圈来玩呢？你们先在这里休息，等会儿我过来的时候，相信你们一定会给我带来惊喜的。”说完，便走开了。过了一会儿，其中一位小朋友主动跑向保育师说：“我们想出了新玩法。”说完，把新的玩法示范给保育师看。只见她将几个呼啦圈紧紧地靠着平放在地上，几个小朋友自发排成一队。第一位小朋友双脚向前跳进第一个呼啦圈中央，再向前跳进第二个呼啦圈、第三个呼啦圈……排在后面的小朋友紧随其后，依次跳进呼啦圈中央，直至最后一个。此时，保育师立即送上掌声和赞赏：“你们真是太棒了，能想出这么有趣的玩法。可以将你们的玩法告诉更多的小朋友，让大家一起来分享。”几位小朋友不约而同地笑着说：“好耶！”

* 分析

在进行户外游戏时，幼儿纪律散乱，这个时候要抓住幼儿兴趣点，转移幼儿注意力，会让活动更加有序。案例中，中三班保育师看到幼儿在运动中的不安全因素和消极内容时，能及时介入。她并没有马上阻止幼儿的当前行为，而是用询问式的语言了解幼儿当前的活动状况，并以“累”“出汗了”“休息一会儿”等语言来转移幼儿游戏的方向，将问题转给幼儿，引导幼儿创造出更为合理的游戏方式。而当幼儿想出更好的游戏方法时，保育师又及时地给予肯定，调动了幼儿参与运动的兴趣，让幼儿体验到成功的乐趣。同时，鼓励幼儿将自己获得的经验分享给其他幼儿，促使幼儿更加有信心地去完成接下来的活动，并取得良好的效果。

大班（5 ~ 6 岁），幼儿在体育活动中活动量大，保育师在活动前，一定要详细了解幼儿身体状况，为容易出汗的幼儿垫上毛巾，并准备幼儿人数两倍以上的毛巾，便于幼儿在运动中擦汗。活动中，协助教师对个别幼儿进行指导，鼓励幼儿积极参与，引导幼儿有序地取放器械，保证幼儿安全。随时观察幼儿的运动量，根据幼儿状态适当调整幼儿运动节奏，鼓励幼儿动静交替活动，避免运动过度。如发现幼儿有疲劳状态，提醒教师调整运动量，防止幼儿过度劳累。

注意关注班级肥胖儿、体弱儿、性格内向的幼儿等，在活动中有目的地针对其体能开展多种运动，让幼儿在游戏中锻炼；尽量选择趣味性强的游戏，逐步增强其活动量，达到锻炼的目的。

案例分析

大一班的桐桐是个很内向、很漂亮的小男孩。由于保育师平时总是关心他，桐桐也愿意和保育师亲近。每次保育师说要亲亲桐桐时，桐桐总会让保育师把他的左脸、右脸都亲一遍，很讨人喜欢。但桐桐不愿意和其他的小朋友亲近，总是一个人玩不说，还常常不站队，不参与体育游戏和户外活动。于是，当老师组织小朋友站队时，保育师对桐桐说：“桐桐，你喜欢我吗？”“喜欢！”“那我们一起去排队，等会儿黄老师要教小朋友玩很好玩的游戏哦！”保育师伸出手去牵桐桐，桐桐有点犹豫。见状，保育师一把牵住桐桐说：“走！我陪你去玩！”桐桐没有反抗。

游戏开始了，黄老师组织小朋友玩“狼和小羊”的游戏。保育师配合黄老师搭山洞，所有的小朋友都玩得非常高兴。只见桐桐一个人站在旁边，没有一点想参与游戏的意思。保育师灵机一动想到一个办法：“桐桐，你想和我一起搭山洞吗？”桐桐想了一下，慢慢地走了过来，保育师赶忙握住桐桐的手搭起了山洞。当桐桐抓到同伴时，脸上出现了开心的笑容。

* 分析

每个班都会有个别像桐桐这样不参加集体体育活动的幼儿，这需要保育师进行个别教育。对于案例中的情况，教师不能视而不见，但是也不能强行要求幼儿，而是需要用一些巧妙的方法，使幼儿自觉自愿地参加到集体活动中。案例中，保育师随机地运用了与幼儿共同游戏的方法带动幼儿，使幼儿体验到活动的乐趣。

（三）艺术领域的配教

幼儿园艺术领域分为音乐和美术两种形式开展活动。音乐是声音、表情、肢体动作的艺术，它包括歌唱、韵律、律动及律动组合、舞蹈、音乐游戏、歌唱表演、乐器演奏、音乐欣赏。而美术是线条、色彩塑造形象的视觉艺术，它包括美术欣赏、绘画、手工这几个方面。在艺术活动中，幼儿聚精会神地围绕自己独特的情感线索，展开丰富的想象和创造，并沉浸在艺术所带来的愉悦之中。除了用言语来叙述这种愉悦之外，幼儿还会用动作、表情来表达这种自然和真实的感受。在这种情况下，保育师和教师之间就要形成一种默契，共同给他们提供一个情感沟通与满足的表现机会。他们会用唱歌、跳舞、绘画或者手工这种外在的符号形式尽情、自由地表达自己的观点，抒发内心的情感，感受用艺术与他人交流的喜悦，从而获得一种精神上的满足。即一种因自我肯定而产生的愉悦感，并由艺术这种符号化的人类情感形式延伸到生活的其他领域，丰富和发展其情感世界，使其人格得到健全完善的发展。

保育师工作是幼儿教育工作的重要组成部分，幼儿一日生活中的每一个环节都需要保育师主动配合教师，做教师的得力助手，共同完成一日生活中每个环节的活动。这样，才能确保幼儿在幼儿园一日生活的快乐、健康、安全和舒适。

1. 艺术领域中幼儿的学习与发展特点

小班幼儿喜欢观看花草树木、日月星空等大自然中美的事物，喜欢听音乐或观看舞蹈、戏剧等表演；乐于观看绘画、泥塑等艺术作品；经常自哼、自唱或模仿有趣的动作和表情以及声调；能跟随熟悉的音乐做身体动作；能用声音、动作模仿自然界的事物和生活情景；能用简单的线条和色彩抽象地画出自己想要的人或事物；经常涂涂、画画，并乐在其中。

中班幼儿在欣赏自然界和生活环境中美的事物时，喜欢关注其色彩、形态等特征；喜欢聆听各种好听的声音、感知声音的高低、长短、强弱等变化；能专心地观看自己喜欢的文艺演出或艺术品，有模仿和参与的愿望；能经常唱唱跳跳，愿意参加歌唱、律动、舞蹈、表演等活动；

经常会用绘画、捏泥、手工制作等多种方式表现自己的所见所想；能通过即兴哼唱、表演或给熟悉的歌曲编词来表达自己的心情。

大班幼儿个性特征有了较明显的表现。其中，最突出的是幼儿自我意识的发展。这一时期，幼儿乐于收集美的物品或向别人介绍所发现的美的事物、乐于模仿自然界和生活环境中有特点的声音，并产生相应的联想；艺术欣赏时，常常用表情动作和语言来表达自己的理解，十分乐意与同伴分享自己喜欢的作品和美感的体验；能用多种工具、材料或不同的表现手法，表达自己的感受和想象。

2. 保育师在艺术领域中的配教

绘画游戏中鼓励幼儿

在小班（3 ~ 4 岁）幼儿美术或手工活动中，根据美术和手工的活动目标及活动流程，保育师应在活动开始前，主动与教师进行沟通。在有效的时间内，准备好绘画以及手工制作需要的工具并有规律地进行摆放，桌面上铺放垫子；待活动开始时，等到幼儿认识了各项工具后，有序地按组或按人数发放工具，在发放的时候，提醒幼儿注意使用安全；工具发放完毕后，教师开始讲解要领。因小班幼儿注意力集中的时间很短暂，所以在这个过程中，保育师要辅助教师，时刻关注幼儿，并提醒幼儿。当幼儿开始作画时，保育师要针对能力较弱的幼儿进行辅导，并时刻关注所有幼儿工具的使用方式，对使用不当的及时提醒。小班幼儿手部肌肉的发展不是很好，所以在手握工具的时候，部分幼儿需要手把手教技巧。有的幼儿比较胆小，不愿意尝试操作，这时若教师没有照顾到幼儿，保育师就应该及时对幼儿进行辅导，增强幼儿的自信心；在活动结束后，根据教师的要求，引导幼儿洗手，并强调洗手时的注意事项。

案例分析

在感受节奏快慢的音乐活动第一个环节的时候，教师要求幼儿用笔在纸上画出表示音乐快慢的节奏特点。这个时候，有的幼儿拿起笔在玩，有的拿着纸随意地折叠，保育师立即上前告诉幼儿应如何去做，强调了教师的要求。于是，幼儿听从保育师的意思，按照执教教师的要求去做。第一次画完以后，教师做小结，有些幼儿注意力不集中，还在继续画。这时，保育师就走到旁边轻声提醒幼儿，使幼儿集中注意力。进入第二个环节的时候，教师引导幼儿用撕纸的方式来感受音乐的快慢，可教师还没有说完要求，部分幼儿就已经开始自己撕了起来。于是，保育师立即上前提醒，告诉幼儿应该注意听老师的要求。当要求说完以后，幼儿开始随着音乐自行操作，这时有的幼儿将撕掉的小碎片扔到地上。保育师看到后，立即上前指出问题，告诉幼儿要爱护活动室环境，不能随便往地上扔垃圾，幼儿听后，自己将碎片捡起来扔进了垃圾桶。最后，活动在保育师适时有效地配合下顺利结束。

＊ 分析

幼儿的常规习惯对一节活动的成与败十分重要。案例中，有的幼儿倾听能力不是很好，保育师适时地提醒，使幼儿注意力集中，规范了幼儿的行为意识。当发现幼儿不会操作，甚至还将纸片扔到地上时，保育师及时提醒幼儿要爱护班级环境，不能随意扔东西；要按照教师的要求一步一步地去完成，这样就不会出现有小碎片的现象了。

在中班（4 ~ 5 岁）幼儿美术或手工活动开始前，保育师要在桌上铺放垫子来保护桌子。在活动进行过程中，教师在讲解要领时，保育师要时刻关注幼儿的注意力，对于注意力不集中的要轻声提醒，不要打扰到其他幼儿。在操作过程中，保育师可以对能力较弱的幼儿进行引导，但要给予一定的空间，因为这个年龄段的幼儿需要独立创作的空间。当幼儿操作中遇到困难时，保育师在教师的引领下及时告诉能力较弱的幼儿需要注意的地方，并给予幼儿及时的肯定以增强幼儿的自信心，还可以对能力强的幼儿进行表扬。过程中，时刻轻声提醒幼儿工具的使用方法和安全问题。在活动结束后，帮助幼儿展示自己的作品，提高幼儿的积极性。

在音乐活动开始之前，保育师与教师沟通需要准备的教具以及注意事项，协助教师调整好幼儿情绪。在活动过程中，因为音乐活动的课堂氛围很重要，所以在教授难点时，保育师可以进行观察，对能力较弱的幼儿进行单独轻声指导，强调技能要点，不打扰其他幼儿。在集体或者分组表演时，可以鼓励胆小的幼儿增强他的自信心，保证幼儿都能融入活动。在活动结束后，保育师带领幼儿共同收拾好教具。

在大班（5 ~ 6 岁）幼儿美术活动开始前，保育师应在桌上铺好垫子，摆放好美术用具。在活动进行过程中，教师讲解要领时，保育师要全面观察，对注意力不集中的幼儿给予提醒。在操作的时候，可以对能力较弱的幼儿进行引导。但注意给予幼儿足够的想象与发挥的空间，不能包办代替，因为这个年龄段的幼儿具有无限的想象与创造的能力，保育师不能让自身的思想影响幼儿的创造与想象的充分发挥；制作的过程中，时刻提醒幼儿工具的使用方法和安全问题。活动结束后，要肯定幼儿的成果，增强幼儿的自信心；倾听幼儿讲述自己作品的“故事”，并给予肯定与赞美。

在音乐类活动开始时，引导幼儿自行摆放学具。在活动过程中，保育师把自己当成一员融入其中。大班的幼儿极具表现力，所以应多给予其表现的空间，保育师应作为支持者去欣赏，尽量让幼儿为主导。多表扬突出的；针对不感兴趣的幼儿，应及时带动；鼓励较弱的幼儿，让能力弱的幼儿，也得到足够的锻炼。待活动结束后，引导幼儿自己收拾好学具，并将其放到相应的位置，避免过多的包办代替。

总之，保育师自己要先明确自己的定位。与教师多沟通，多了解幼儿，随时随地配合教师并保持一致，才能真正做到保中有教、教中有保，使教师教得顺利，幼儿学得愉快。

（四）科学领域的配教工作

幼儿处于依据他们的经历来形成对世界的理解并初步形成自己的理论时期。因此，幼儿园可以为幼儿提供以研究为基础、以探索为中心的经验，帮助幼儿构建他们的经验基础。科学活动主要从科学探究活动的有效策略入手，通过创设适宜的科学启蒙教育环境和各种活动，激发幼儿对科学的兴趣，帮助其在探索活动中学习解决问题的能力，获得应有的知识技能，促进幼儿语言表达和合作能力的发展。

1. 科学领域中幼儿的学习与发展特点

小班幼儿（3 ~ 4 岁）年龄发展的特点。在科学活动中，他们最喜欢和小动物接触，常常有摸一摸、吻一吻等亲密的举动。针对幼儿这一特点，在开展活动时，可以用给小动物喂食、给小动物找家、给小动物穿衣等探索游戏，让幼儿积极主动参与到活动中，真诚地接纳、多方面支持和鼓励幼儿的探索行为，激发其好奇心与探究欲望。让幼儿喜欢接触各种小动物，培养其对周围事物和现象的兴趣。

中班幼儿（4 ~ 5 岁）经过一年的幼儿园生活，其对科学的兴趣明显地加强。此时，幼儿以具体形象性思维为主。其特点表现为：一是好奇好问，对大自然发生浓厚的兴趣，喜欢问“是什么”“为什么”；二是初步理解科学现象中表面的和简单的因果关系，对于科学物体与现象，易受其形状、颜色、大小等外部的非本质特征的影响而做出错误的因果判断；三是开始根据事物的表面属性、功用和情境进行概括分类，但概括的水平还很低。其分类的主要依据是具体事物的表面属性、功用或情境。

大班幼儿（5 ~ 6 岁）即将要进入小学学习，他们比 4 ~ 5 岁的幼儿更渴望了解周围世界。而且，这一阶段的幼儿抽象思维开始萌芽。其特点表现为：一是有积极的求知欲望，对周围世界有着积极的求知探索态度；二是初步理解科学现象中比较内在的、隐蔽的因果关系，已经开始能从内在的、隐蔽的原因来理解科学现象的产生；三是能初步根据事物的本质属性进行概括分类。

幼儿在不同的年龄段有着不同学习发展需求，根据这一特点，为幼儿在科学活动中能全面体验、感受科学活动的趣味经验，班级中的保育师配教是必不可少的，并在具体实施中起辅助作用。在物质材料准备上，保育师的职责不应仅局限在分发教具、材料上。以往，保育师只是简单配合教师维持秩序。其实，保育师还应在活动中细心留意幼儿们的状况，尤其是个别能力较弱的幼儿，及时调整他们的状态，引导和帮助他们参与到教师的活动之中。在活动结束后，保育师除了负责收拾物质材料之外，还应及时向教师反映在活动中发现的问题，包括自己的困惑，这样才能在不断地总结和反思中得到成长。

2. 保育师在科学活动中的配教

（1）明确活动的教育目标。

教育目标是整个教育活动中选择和确定要素的依据，具有导向作用。保育师在配合科学活动时，应提前了解主班教师制订的计划，明确活动的教育目标。保育师对目标有了一定的认识并铭记在心，可以协助教师组织好科学活动，对促进幼儿积极参与和探索有重要的意义。比如，科学活动“有趣的电池”，有两个目标，一是针对动手能力较差的幼儿设计的，“探索一个电池能使灯亮起来”的办法；二是符合大多数幼儿最近发展区的目标，“怎样才能使灯泡更亮”。保育师在明确这两个目标后，对两组幼儿做到心中有数。活动时，对第一组的幼儿给予特殊指导，鼓励、帮助能力较弱的幼儿，让他们体验成功，产生自信；完成第一个目标后，逐步达到第二个目标，从而增强他们的自信心和上进心。

（2）多种角色的体现。

①做活动中的“参与者”。首先，保育师是幼儿学习的支持者、合作者、引导者。其次，保育师以参与者身份参与到科学活动的指导中。要蹲下来和幼儿说话，要鼓励幼儿在“学中做”“做中学”“学中玩”，真正地让幼儿自主地参与到操作活动中来，体验成功的快感，保持积极向上的探索精神。保育师结合本班幼儿的心理特点和生理发展特点，配合教师的活动，适应个别幼儿的发展需求。切忌，以自己的意愿去控制幼儿的活动，去抑制幼儿创造性、积极性的发挥。保育师指导挖掘幼儿的兴趣点，在了解和掌握幼儿身心发展规律的基础上参与活动，从充当“管理者”变为充当“参与者”。

②做活动中的“留心者”。观察幼儿是保育师在科学活动中配合的重要要求，也是保育师必须具备的基本能力。例如，刚步入工作岗位的大班保育师，在班级管理中往往不懂得如何观察、如何配教，只能被教师支来支去，打打下手。而他们自身也认为保育师的任务就是摆放与收拾区域材料。在经过有效的保育师课程培训后，保育师有很大变化。变化不仅表现在管理幼儿方面，更大的变化体现在配教上。在教师有意识的指导下，保育师学会有目的地观察幼儿，记录幼儿的表现，仔细观察幼儿在科学活动中的行为表现和言谈举止，并避免过多的无效干预，以保证幼儿在活动中有自由参与、自由探索和发现的可能，使幼儿真正在科学活动中，通过自己的操作实验，体验成功的快乐。

案例分析

科学活动结束了，但小朋友们还沉浸在有趣的实验中，相互讨论着。教师让小朋友和自己一起整理操作材料，说了好多次，只有几个小朋友在老师的带动下开始整理，多数小朋友没理睬。这时，保育师走到每组小朋友的跟前提醒他们，一起整理操作材料，并对正在整理材料的小朋友给予表扬。很快，活动室里的讨论声小了，小朋友们都开始整理自己的材料。一位接孩子的家长正好看到了这一幕，很惊讶，连连说：“刘老师虽然是保育师，但对幼儿的教育不亚于执教老师。”保育师笑笑说：“我们班里的三位老师已经达成共识，保教不分家，当然还是有侧重。只不过，大家没有把职责分得太清……这就是保中有教、教中有保了。”

* 分析

每次活动结束时，与幼儿一起整理操作材料，是保育师工作中的一个困难环节。一般会出现这三种情况。具有良好习惯的幼儿，会自己整理；有的幼儿会主动整理，但整理到一半时，只要看见别的幼儿整理完了自己没整理完就着急了，余下的一半就不整理了；有的幼儿就干脆不整理，等着教师来帮忙。这时，需要保育师发挥重要作用。保育师要抓住幼儿心理需求的特点，及时进行鼓励，表扬做得好的幼儿，帮助所有幼儿养成良好的动手习惯。

③做活动中的“协作者”。在幼儿进行科学实验后收拾整理材料的环节上，保育师刚开始常常显得无所适从；不是无所事事，就是发号施令让幼儿自己收拾，或者干脆包办代替。常常充当“纪律的维持者、矛盾的调解者”的角色，指导比较随意，目的性不强。行为习惯良好的幼儿，知道自己要收拾学具及操作工具，而没有养成动手习惯的幼儿就来回走动，不收拾或是干脆不管，没有收拾材料的意识，活动室里一团糟。因此，在平日的工作会议中，教师和保育师们进行相互讨论，各自分工，发挥各自所长，其目的是有效培养幼儿在科学活动中的探索及动手能力。例如，幼儿在操作过程中，不能积极探索或遇到困难时，保育师不是像过去那样包办代替地让幼儿完成实验，而是耐心地指导幼儿，给一点小鼓励、小提示等，让幼儿在老师的协助下再尝试一次，直到幼儿自己获得成功。

案例分析

小朋友们正在进行“碘酒变色”的科学操作活动，教师正在对每组小朋友进行操作指导。一组小朋友因操作的碘酒未发生变化，导致操作实验失败，有几名小朋友因此急躁起来。保育师见此情景，急忙上前去了解情况，并及时帮助该组小朋友解决了困难，小朋友们很快投入了下一个操作实验，班级的秩序马上变得井然有序。

* 分析

幼儿在活动操作过程中遇到困难后，未及时得到教师的帮助，会出现畏难情绪或急躁情绪，这是科学活动中很常见的。当他们心理上急需得到他人的关心和帮助而这种需要又未及时得到满足时，许多幼儿会采取躲避、绕道等方式回避问题，这是幼儿心理缺乏自信和勇气的一种表现。因此，为了能让班级幼儿体验实验成功的成就感，保育师在活动中的及时配教指导是必不可少的。保育师协助教师帮助幼儿走出这样的操作心理阴影，会体验到科学操作成功后的快乐和自豪感。

（五）社会领域的配教

社会领域是一个综合的学习领域，社会学习融合在各种学习活动中，并渗透在幼儿一日生活的各个环节。社会领域的课程是一种实践课程，幼儿在操作中去认识、了解社会，理解社会关系，通过亲身体验感悟，积累经验，提高动手能力。社会领域的课程是一种生活课程，让社会成为学习的课堂，让幼儿在生活中学习，活动的主题来源于幼儿的现实生活，解决幼儿的生活需要。幼儿社会领域的学习与发展，是在人际交往和与社会环境的相互作用中进行的，家庭和幼儿园的生活、同伴间的游戏、社区环境与文化、大众传媒等都是幼儿社会学习的影响源。总之，社会领域学习与发展的实质性在于促进幼儿社会化，并在社会化的过程中逐渐形成良好的社会性与个性。社会领域活动是一种基础课程，为幼儿一生打下重要的基础。

1. 社会领域中幼儿学习和发展的特点

小班幼儿（3 ~ 4 岁）的活动与思维独立性，尚处于较弱的阶段，他们尚不具备主动、自觉地选择活动内容的能力。在通常情况下，幼儿更倾向于从自身的兴趣出发，对那些符合自己兴趣及需求的事物产生追求动力。因此，在组织针对小班幼儿的社会活动时，应精心挑选那些能激发幼儿兴趣、促进幼儿学会交往、习得集体规范，并引导他们学会按照社会群体的要求调整自身行为的活动。通过这样的活动安排，有效培养幼儿的独立性，为其未来的成长奠定坚实基础。

中班幼儿（4 ~ 5 岁）的社会认知能力显著提升，其有意行为逐渐展现并发展，对社会规则和行为规范的认知与理解也更为深刻。应引导幼儿学习如何与他人建立良好的人际关系，并教会他们如何正确看待自我与他人。引导幼儿通过自我介绍、玩具交换等方式，积极融入同伴游戏，培养他们的社交技巧。同时，当幼儿与同伴发生冲突时，教师和保育师会在适当的时候给予指导与帮助，促进他们能以和平的方式解决问题；从而深刻感受规则的重要性，并逐步养成遵守规则的良好习惯。

大班幼儿（5 ~ 6 岁）能较好地建立社会规则与自身行为的内在联系。同时，在与同伴的交往过程中积极实践和练习各种正向的交往技巧。幼儿开始逐渐理解他人的情感和需求，重视成人和同伴对自己的评价，并渴望得到同伴和群体的接纳。此外，幼儿也开始自觉、有意识地控制自己的情绪和行为，展现出更为成熟和理性的社交能力。

在社会活动中，幼儿通过模仿、同化、强化、体验的过程获得发展。社会性的发展是个体和社会环境相互作用而实现的，是一个潜移默化的过程，也是一个逐步内化的过程。社会教育活动来源于生活，同时又融于生活。社会领域的教学不仅在集体教学中，它还融于幼儿的一日生活之中和社会实践体验中。教师和保育师对幼儿社会性的培养一定要持之以恒，使幼儿逐步形成良好的社会品质，成为善于适应环境变化、协调与他人关系、活泼开朗的现代人。

2. 保育师在社会领域活动中的配教

小班幼儿（3 ~ 4 岁）社会活动主题来自幼儿生活，又服务于幼儿的生活。保育师要配合教师，在活动前熟悉活动的主题、目标和流程。保育师在活动前要擦好桌椅、黑板、地面等，还要根据活动特点及教师的要求布置场地。若活动室内照明度不够，须开灯照明；光线太强时，应适当拉上窗帘。保育师还要协助教师摆放幼儿的学具和学习材料，保证数量充足，并检查有无损坏。在教师开展社会活动时，保育师也要融入活动，用游戏的口吻引导幼儿融入游戏氛围；提醒注意力不集中的幼儿，或是用亲切的口吻安抚情绪不好的幼儿，使幼儿都能积极地参与到活动中来。集体活动结束后，保育师可以结合教师开展的社会活动，在一日生活中进行积极引导。如开展了“我会排队”的社会活动后，可以在幼儿如厕、喝水时，适当地进行趣味性的引导。请幼儿当小司机，小司机要“加油”啦，看看谁加的“油”最多；在“我爱上幼儿园”的社会活动后，保育师可以更加热情地迎接入园的幼儿，和幼儿亲切地交流，增进彼此间的情感；在“玩具大家玩”的社会活动后，保育师可以在幼儿进入区域活动或自由活动时引导大家一同分享玩具等。保育师可以结合社会活动的开展，抓住有效时机，让幼儿在亲身体验中丰富认知和情感，促进幼儿社会行为技能的发展。

中班幼儿（4 ~ 5 岁）在开展集体活动之前，保育师同样要做好活动前的所有相关准备工作，在摆放学具和操作材料时，可以鼓励班上的值日生或小组长来摆放。在集体活动中，更多的是帮助教师发展幼儿良好的人际关系，解决人际冲突。如幼儿在讨论话题时，保育师可以参与讨论，引导幼儿积极讨论。在社会活动中，保育师要协助教师维持教学活动的秩序，关注幼儿的注意力及情绪。在遇到特殊情况时，如个别幼儿情绪异常激动从而影响活动秩序、幼儿间出现争执时，要运用恰当的方式，对幼儿进行引导。切忌大声说话，这样会打断教师的活动，影响其他幼儿的注意力及参与活动的积极性。在活动中，注意不要随意走动、不要打扫卫生，更不能打断教师的讲话，以保证活动顺利进行。活动后，保育师及时将活动中的材料整理好，将桌椅摆放好，并针对幼儿的认识，在一日生活中进行引导教育。如在区域活动中引导幼儿友好相处，一同分享；在安全标志的活动后，随即进行安全教育，加强幼儿的安全意识。

案例分析

中一班的小朋友开始使用筷子，但大部分小朋友还没学会。保育师和教师都意识到这个问题，便在班级中开展了“我会用筷子”的社会活动。教师在示范筷子的正确使用方法的同时，保育师也积极地举起筷子给小朋友做着示范，让每个小朋友都更加清楚地看到使用筷子的正确方法。在小朋友的操作练习中，保育师配合教师积极地观察小朋友使用筷子的情况并给予指导。在每组的桌面上，保育师提供五香豆、花生粒和豌豆粒。发现有的小朋友拿筷子的姿势不对，保育师轻轻调整小朋友的手指，让小朋友掌握拿筷子的正确姿势；有的小朋友夹了好半天的豌豆粒都没有成功，保育师建议他用筷子试试夹五香豆。小朋友试了一下，成功了，脸上露出了喜悦的表情。

* 分析

在社会活动中，幼儿都是通过操作体验活动获得社会生活经验。保育师能积极配合教师让幼儿在探究操作中亲自体验、感同身受，解决生活和现实中的实际问题。幼儿如果经常感受到老师对自己是友好、关爱、尊重的。那么，他的自我价值感就会较高，容易形成自尊和自信；反之，则容易形成自卑心理。

大班幼儿（5 ~ 6岁）在社会活动中，交流欲望会更多。保育师有意识地观察、倾听幼儿，可以帮助教师更好地理解幼儿行为背后的原因，从而实施适宜的教育。大班幼儿的操作体验活动形式会更多样，材料会更丰富，保育师要适时配合教师投放活动材料，为幼儿创设相应的操作体验情境。当教师将幼儿引入到学习情境中，幼儿形成一种初步的体验，而这些初步体验有可能是模糊的，甚至是与学习目标相斥的想法。此时，需要教师不断地引领幼儿结合情境进行讨论。这时，保育师要积极配合，参与到讨论中来，引导幼儿真正理解、内化某些行为，产生正确的观念。在与幼儿交谈中，应考虑该年龄段幼儿的接受能力，注意儿语的运用，语言尽量简短明确。在活动结束后，保育师和值日生或小组长一起收拾学具和操作材料、清理桌椅和场地卫生。

案例分析

大班小朋友在开展“卖玩具”活动时，教师给小朋友进行了分组，一组为卖方，一组为买方。“开始卖玩具啦！”有的小朋友很热情地吆喝着，介绍着自己的玩具；有的小朋友却不敢叫卖或是声音很小。保育师在教师的带动下，也参与到买卖的游戏中。作为买家的保育师见妞妞还没有卖出她的玩具，就来到妞妞的玩具摊，主动问：“哇，你这有什么好玩的玩具呀？”妞妞笑着说：“巴拉拉魔法棒！”保育师表现出很喜欢的样子说道：“它有什么魔力呢？”妞妞开始模仿巴拉拉变身的动作，挥舞着魔法棒，保育师连连鼓掌，表示非常想买，妞妞介绍得更投入。就这样，魔法棒最终成功地卖出去了。

* 分析

在大班“卖玩具”主题的社会活动中，对不同性格的幼儿在活动中应采取的指导方法和重心是不一样的。幼儿在实践活动中会出现个体差异，保育师要及时耐心地给予引导和帮助，协助教师观察、反馈，以便进行更有效地指导。案例中的保育师能配合教师融入幼儿的游戏，在考虑到幼儿之间的个别差异后，通过多鼓励、多引导，让每个幼儿都能在社会活动中体验快乐，获得成长。

在社会活动中，幼儿的体验环节是很重要的。保育师应与教师紧密配合，深入挖掘幼儿的心理特征，协助教师以耐心细致的态度进行引导。同时，保育师应积极主动地配合教师的工作，成为幼儿活动中的坚定支持者、默契合作者和明智引导者，从而实现从被动应对，到主动参与的转变。

案例分析

教师和保育师将组织小朋友到附近的超市，开展“逛超市”的社会体验活动。出发前，保育师背了一个小背包，里面放着万花油、创可贴、碘酒、纸巾、酒精棉、隔汗巾等用品。

一路上，保育师协助教师组织小朋友安全有序地前往超市，在路上时刻关注幼儿的安全问题。进入超市，教师引导小朋友参观了超市，了解了超市物品的种类、摆放规律、商品的价格等常识，保育师也小声地给小朋友解答问题。

到了自主购物的环节，小朋友都兴奋地去选择自己喜欢的商品。豆豆在走道上跑来跑去，保育师走过去笑着说："豆豆，带我去选选你想买的东西吧！"豆豆听了，停止了跑，很乐意地带着保育师去选购自己喜欢的物品。小果果购物时最激动，已经拿了好几种物品，有薯条、巧克力、饼干和棒棒糖，开心极啦。保育师亲切地提醒他："果果，这么多好吃的呀！这些东西得花多少钱？你带的5元钱够买吗？"果果一样样地看了看，发现只能买两样东西，最后决定买一包饼干和一个棒棒糖。当他正准备离开时，保育师故意问："呀，这个薯片和巧克力应该在哪个货架呢？"果果立马自信地回答道："我知道！我知道！"保育师笑着说："那就请你把它们送回家吧！"果果高兴地完成了任务。

* 分析

在"逛超市"的社会体验活动中，保育师在活动前，做好一切相关的准备。例如，检查场地的安全性，配备一些紧急药物和用品等，保育师的护理和安全意识还是很强的。保育师在活动中，能配合教师在实践活动中观察幼儿，正确引导幼儿合理购物，并规范其行为，有针对性地给予帮助和教育。

在进行幼儿户外社会实践活动时，保育师应以高度的责任心与专业性，确保幼儿在生活中得到周到的照顾，同时时刻关注其安全状况。在保育工作中，应巧妙地融入教育元素，实现"保"中有"教"的目标。当幼儿参与实践活动时，保育师应积极协助教师，按照教师的指导要求，提供必要的帮助与鼓励，以确保活动的顺利进行。保育师在此过程中应成为教师的得力助手，而非仅仅是旁观者。此外，保育师还须明确认识到，社会教育活动应有效地融入幼儿的一日生活中，使幼儿在日常生活体验中，自然而然地获得社会情感的发展。

总之，社会领域的教育是与现实生活密切相关的教育，保育师在了解和掌握幼儿身心发展规律的基础上指导活动，注重让幼儿在活动中体验，避免简单的说教。理解社会性学习的渗透性、综合性，将社会领域的教育自然地渗透、融入生活、游戏和各领域的教育之中。用辩证的观点看待目标。例如，当教育幼儿学会"谦让"时，不要忘记同时让他们学会"维护自己的权利"；当涉及"竞争"问题时，更不能忘记"合作"带给幼儿的共同成长。用发展的眼光看待幼儿社会性的学习与发展，从一点一滴开始培养幼儿良好的社会品质，挖掘幼儿的兴趣点。在教师有意识的指导下，保育师能有目的地观察幼儿在社会活动中的行为表现和言谈举止，避免过多地干预幼儿的活动，也避免指手画脚与包办代替。此外，保育师平时还可以有意识地组织幼儿抹桌椅、洗毛巾、到种植角为植物浇水、到幼儿园大操场捡树叶。在简单的劳动中，让幼儿初步掌握劳动的技能和生活经验，让幼儿学会自己的事情自己做。通过真实的生活事件和生活情境，增进幼儿的相关认知，激发幼儿的社会情感，让幼儿学会生存、学会学习。保育师要真正做到关注幼儿的身心健康，成为教师的好帮手。

第三节　工作记录与总结

一、保育工作记录

保育工作记录的整理与分析，有助于保育师全面梳理每日工作细节，准确识别工作中的不足与短板，进而有效防止工作漏洞的产生；并为日后保育工作的深入推进，提供宝贵的经验参考与借鉴。

（一）保育工作记录类型

根据工作记录所采取的反映形式，可以将其明确划分为图表记录和文字记录两大类。而针对保育工作的具体内容和要求，保育工作记录，又可细分为多个子类别。包括：卫生消毒工作记录、全日工作记录、幼儿服药记录、配合教育工作记录以及家长沟通交流记录等。这些分类能更精准地反映保育工作的各个方面，为相关人员提供全面而详尽的工作参考和记录依据。

（二）保育工作记录注意事项

在填写保育工作记录时，保育师应严格遵守以下规范。

（1）记录应及时。保育师须养成随时记录的良好习惯，确保信息的时效性和准确性。

（2）记录内容应全面、细致、真实、客观，涵盖保育工作的各个方面。详细记录各项活动的实施过程和结果，避免主观臆断和虚假记录。

（3）工作记录应规范、认真、持之以恒，遵循统一的格式和标准。认真填写每一项内容，确保记录的连贯性和完整性，为后续的保育工作提供有力的支持和参考。

二、保育工作总结

保育师应每日对其保育工作进行思考与总结，不仅有助于保育师维持严谨负责的职业态度，更有助于保育师及时发现工作中潜在的问题；并据此作出相应的调整与优化，进而持续提升个人的工作效能与专业素养。

（一）保育工作总结类型

（1）根据保育工作总结所涵盖的内容范围的不同，可将其细致地划分为：全面工作总结与专项工作总结两类。

（2）基于保育工作总结的时间跨度的长短差异，可将其系统地划分为：周工作总结、月工作总结以及学期工作总结等多种类型。

（二）保育工作总结内容

（1）在政治思想层面，保育师应深入剖析自身的思想政治状况，以不断提升个人的职业道德修养和综合素质。同时，保育师还须致力于促进班级内部的团结协作，加强同事之间的默契配合，并积极高效地完成领导交办的各项工作任务，以切实履行保育师的职责和使命。

（2）在日常工作总结方面，保育师应全面梳理日常卫生消毒工作、幼儿生活管理工作以及配班管理工作的执行情况，以便及时发现工作中存在的问题和不足。在此基础上，保育师须针对性地制定改进措施，不断优化工作流程，提升工作效率，确保各项保育工作得以高质量完成。

（三）保育工作总结要求

在撰写保育师工作总结时，要保持反思的公正性与中肯性，确保总结内容的深刻性和全面性。自我评价应秉持客观态度，避免主观臆断或夸大其词。如有需要，应针对性地提出切实可行的改进措施与方案，以促进保育工作的不断完善和提升。

思考与练习

1. 简述保育师在室内外活动前的准备和活动后的整理工作内容。
2. 对特殊婴幼儿的特别指导有哪些方面？
3. 简述保育师应如何对主题环境进行布置。
4. 保育师如何提高自己制作玩具的水平？
5. 简述保育师应如何与教师进行配合工作。
6. 在填写保育工作记录时，保育师需要注意哪些事项？

第八章

沟通交流

★【本章概述】

幼儿园的保育师，每日会与领导、同事、家长及性格各异的幼儿进行广泛的交往。在这一过程中，保育师所展现的沟通技能至关重要，其效果不仅直接影响着各方的情绪与情感，更直接关系到园所的生活质量及工作效率。因此，保育师的沟通技能不容忽视，它对于幼儿园整体工作的顺利开展具有深远影响。

★【学习目标】

1. 熟悉与领导沟通的方法。
2. 熟悉与同事日常沟通协助的技巧。
3. 掌握与家长沟通的方法和技巧。
4. 掌握与幼儿沟通的技巧。
5. 经过对相关知识进行深入系统地学习和全面透彻地理解，有效提升沟通技巧，善于分析问题、把握关键；能在复杂的情境中迅速找到问题的症结所在，提出切实可行的解决方案，显著增强解决各类问题的能力。

第一节　与领导的沟通

在日常工作中，保育师要与领导保持良好的沟通，建立良好的人际关系，以使工作愉快、事半功倍。保育师可通过以下技巧提高与领导沟通的效果。

一、尊重领导

首先，保育师要充分尊重领导，在各方面维护领导的权威，支持领导的工作，这样才能与领导建立良好的关系。尊重领导主要表现如下。

（1）保育师应全力支持、尊重和配合领导的工作，赢得领导的信任和认可。

（2）在生活上关心领导，让领导产生信任。

（3）领导有困难时，保育师要尽量为其排忧解难。

（4）当保育师与领导产生冲突时，要主动出面化解冲突。

二、请示而不依赖

通常而言，保育师在其职责范畴内，展现出勇于担当、积极创新的工作态度是值得推崇的，并且能获得领导的认可与青睐。然而，若保育师在处理事务时，过于依赖请示、缺乏独立见解，无法自主决策，这无疑会令领导质疑其办事能力与效率。因此，在请示汇报方面，保育师应把握适当的尺度，对于确须请示汇报的事项，必须及时沟通；但同时，也应避免过度依赖、消极等待，以充分发挥个人的主观能动性。

案例分析

为了保证每个班级都能按时晾晒被子，幼儿园对每个班级晒被子的位置进行了规定。中二班的保育员陈老师非常负责。这天，她看到天气好，又是冬天，就想把小朋友的被子抱出去晾晒。中二班的晾晒位置在三楼，但因为当天二楼没有班级晾晒被子且中二班教室离二楼更近些，于是陈老师想在二楼晾晒。因为领导不在，她不敢擅自做主，一直等到下午领导来。虽然领导同意了，但已经错过了晒被子的最好时间。

* 分析

保育师对于工作中的有些小事，不必事事请示领导。需要根据当时的情况当机立断、作出决定，事后再向领导汇报、解释，以免错过时机。

三、敢言、善言

保育师在工作中应展现出积极主动的态度，勇于发表自己的见解，善于提出建设性意见，避免过度顺从、墨守成规的行为。在处理与领导的关系时，须克服以下两种错误的认知倾向。

（1）一味盲从。领导所言即为真理，缺乏独立思考和判断能力。

（2）自视过高，对领导的工作思路置若罔闻，甚至不执行、不落实，甚至擅自改变，表里不一。

保育师应以客观、理性的态度对待工作，既要尊重领导，又要敢于表达自己的看法，共同推动工作的顺利进行。

案例分析

幼儿园里经常会给小朋友吃煮鸡蛋、鹌鹑蛋和基围虾之类需要剥皮的食物。为了锻炼小朋友的动手能力，幼儿园要求必须让小朋友自己剥，不能由教师代替。胡老师是位经验比较丰富的保育师，她就提出："中、大班小朋友可以按要求做，托、小班小朋友就不行。因为托、小班小朋友的动手能力差，如果全部由他们自己剥，饭菜会变凉，不利于他们的身体健康。"如果这样，幼儿的动手能力得不到培养怎么办？胡老师说："可以采取逐步培养的方式，先将剥虾的方法告诉小朋友，让小朋友自己开始剥，然后教师提供帮助。

* 分析

保育师每天都与幼儿接触，对幼儿的身体发育和动作发展情况最为了解，所以在遇到某些规则、规定不符合部分幼儿的实际情况时，要勇于提出自己的意见，并给出解决办法。

四、主动沟通

作为下属，保育师应展现出积极主动的态度，主动与领导进行交流，逐步消除可能存在的隔阂，以促进上下级关系的正常化和融洽化。这种交流并非出于"巴结"领导的目的，而是基于工作需求和个人发展的考虑。通过工作上的讨论和日常打招呼，不仅能消除对领导的恐惧感，提升个人自信。同时，也有助于建立良好的人际关系，确保工作的顺利进行。

五、巧妙提问

保育师在向领导陈述个人见解时，应注重提问技巧，以增进沟通效果。在阐述完个人立场后，保育师可主动征求领导的意见，以便更深入地了解领导的意见。若遭遇领导故意为难的情况，保育师可采取反问的方式予以巧妙回应，从而确保自己的表达既有效又易于被接受。通过这种方式，保育师能更有效地与领导进行互动，促进双方的理解和共识。

第二节　与同事的沟通

为了进一步提升幼儿保教工作的质量与水平，保育师在专业能力提升的同时，也要着重加强与同事间的沟通协作能力。唯有与其他保育师或配班老师形成紧密且高效的合作，才能确保幼儿的全面照顾与健康发展得以实现。

一、日常沟通协助

为了与同事建立良好的人际关系，保育师与同事沟通协作时，需要掌握表 8-1 中所示的沟通技巧。

表 8-1　日常沟通协助技巧

沟通协作技巧	具体说明
要有协作意识	认识到自己和同事不能独自为政，只有相互配合才能做好工作；认识到要想得到同事的支持，首先需要给同事提供支持和协作
保持积极乐观的心态	幼儿园的保育工作很辛苦，因此必须拥有积极乐观的心态，学会微笑和运用幽默，这样才能给人以积极向上的风貌
与同事分享快乐	要善于和同事分享自己工作中的快乐，让同事也能感受到幼儿教育的工作乐趣
主动让利	在工作中要大度、主动让利，这样会使自己赢得更多同事的信任和尊重
向老同事学习	老同事的经验都是宝贵的，很值得新人学习，因此需要虚心地向老同事学习

案例分析

大一班的明明非常调皮、好动，为了不影响其他小朋友的活动，该班年轻的保育员只好经常把他拉在一边，不允许他参加活动，甚至在班级中对其进行孤立，要求班上的小朋友不要和他玩。结果，导致明明越来越不能控制自己，他常常做一些怪异的动作和事情来引起别人的注意。

到了下学期，幼儿园对大一班的生活教师进行了调整，换了一位经验丰富的保育员。这位保育员看到明明的情况后主动跟教师商量，采取了下列一些措施。

（1）与明明的家长交谈，让他们了解任其发展的危险性，应在家多陪陪明明。

（2）与明明交谈，明确告诉他，老师喜欢他但不满意他的一些行为，希望他能改进。一旦发现明明有进步，就及时表扬他，并做好记录。

（3）经常在其他小朋友面前，对明明的点滴进步进行表扬，增强他的自尊心。同时，在班内选两名活泼、交往能力强的小朋友做他的朋友，带着他参加其他小朋友的活动。

（4）每天抽时间与明明交流，分析当天他什么地方做得好、什么地方做得还不够好。

经过一段时间的努力，明明进步特别大，与其他小朋友相处的很融洽。有时，他还愿意帮助老师做一些力所能及的事情。现在，小朋友也愿意跟他一起玩了。

* 分析

在保育师的工作过程中，如遇到任何问题，应积极与同事进行深入的沟通与协商，共同探寻切实可行的解决方案。鉴于老同事们具有较长的工作年限和丰富的实践经验，他们在处理幼儿相关问题上往往具备更加成熟有效的策略。因此，保育师在面临挑战时，应主动向老同事请教，虚心学习，以便更好地应对和解决工作中遇到的各种问题。

二、异议与分歧处理

同事间分歧的产生是常见现象，若不能妥善应对，则极易导致与同事之间出现隔阂。因此，保育师在应对异议和分歧时，应掌握并运用以下技巧。

（一）大局为重，多补台少拆台

在与同事共同协作的过程中，若有优异表现或取得显著成果，保育员应避免将全部荣誉归功于个人。当合作中出现疏漏或错误时，若按照日常工作职责划分确属个人责任范畴，保育员应勇于正视并主动承担相应责任，切忌推诿扯皮。保育员应秉持团结互助的精神，积极为团队搭建平台，减少拆台行为，更不得有落井下石之举。

（二）对待分歧，求大同存小异

同事之间由于经历、立场等方面的差异，对同一个问题往往会产生不同的看法，因而引起争论，一不小心就会伤和气。因此，与同事有意见分歧时，不要过分争论。客观上，人接受新观点需要一个过程，主观上往往还伴有“好面子”“好争强斗胜”的心理。此时，如果过分争论，就容易激化矛盾而影响团结。面对问题，特别是在发生分歧时要努力寻找共同点，争取求大同存小异。无法达成一致意见时，不妨冷处理，表明“我不能接受你的观点，我保留我的意见”，既让争论淡化，又不失自己的立场。

（三）对待荣誉，保持平常心态

许多同事平日里相处融洽，然而一旦涉及利益纷争，往往难以保持客观中立，甚至采取不当手段争夺利益；有的则在背后散布谣言，恶意中伤他人，或是出于嫉妒心理发表一些不负责任的言论。这种行为既缺乏光明磊落的品质，也对个人和集体造成了负面影响。因此，在对待荣誉的问题上，应时刻保持一颗平常心，避免陷入利益纷争的漩涡，以此维护良好的人际关系和工作氛围。

（四）同事交往，保持适当距离

在幼儿园中，在与同事交往时应保持适度的距离，以免因交往过于密切而形成表面上的小团体，进而引发他人不必要的猜疑和误解。如“他们是否在背后议论他人长短”等负面揣测。保持适当距离有助于维护园内和谐的工作氛围，确保教育教学工作的顺利进行。

（五）发生矛盾，换位宽容忍让

同事之间经常会出现些磕磕碰碰，如果不及时妥善处理，就会成为大矛盾。俗话说，“冤家宜解不宜结”。在与同事发生矛盾时，要主动从自身找原因，换位为他人多想想，避免矛盾激化。如果是自己做得不对，要放下架子，学会道歉，以诚心感人。退一步海阔天空，如有一方主动打破僵局，就会发现彼此之间并没有什么大不了的隔阂。人与人交往，难免会有许多误会、矛盾甚至冲突，这些其实都源于沟通不畅。

第三节　与家长的沟通

一、与家长的沟通方法

保育师在与家长沟通过程中，应注意把握一定的方法。下面，介绍几种常见的沟通方法（表 8-2）。

表 8-2　与家长的沟通方法

沟通方法	方法说明	适用情况
一句话沟通法	可以利用接送环节，用一句话向家长反映幼儿情况	在幼儿本身各方面发展不存在明显问题，而家长也很少过问的情况下使用
引起注意法	利用半日开放、作品展示等，让家长发现自己幼儿和别人幼儿的差距，从而引起家长的关注，再根据不同情况和家长沟通	针对幼儿本身存在较多问题，但是没有引起家长重视的情况下使用
真情感动法	保育师要及时向家长汇报幼儿的情况，让家长感到保育师很了解自己的孩子，用细致的工作感动家长，从而让家长放心	针对幼儿本身在各领域的发展中不存在问题，但家长不放心的情况下使用

二、与家长的沟通技巧

在与家长进行沟通时，保育师应保持语气委婉，避免采用告状式的沟通方式。沟通内容应首先强调幼儿的进步，随后再提及需要改进之处。保育师应展现耐心，以理性和平稳的态度对待家长。针对不同家长的特点，保育师须灵活采用相应的沟通技巧，确保沟通效果的最大化。具体而言，可参考以下建议实施。

（一）爱挑剔的家长

面对挑剔的家长，保育师应杜绝反感、敷衍与漠视等不良态度，更不可消极应对；而应积极满足家长之需求，主动向家长详细阐述自身对幼儿的关爱与教育策略，以建立积极有效的沟通与合作。

（二）有意见的家长

针对持有不同意见的家长，保育师应秉持一颗平和之心，以开阔的胸襟包容并接纳幼儿家长所提出的各式观点。同时，保育师应以积极的心态和有效的方式，努力转变家长所持有的疑虑态度，共同为幼儿的健康成长营造和谐的环境。

（三）心存担忧的家长

针对那些始终心存担忧的家长，保育师须积极协助他们调整教育子女的心态，引导其认识到培养幼儿的独立能力至关重要，并确立起正确的教育观念。

案例分析

某幼儿园中一班有个叫飞飞的小朋友。他体质比较弱，性格内向，平时沉默寡言，在教师眼里属于那种听话、守纪律的孩子。因为他的这种性格，使她的奶奶与保育师之间产生了一次小小的误会。

一天，保育师带小朋友户外活动，因室内外温差较大，保育师要求小朋友穿上外套。飞飞的外套太长，他不愿穿。保育师看他身上的衣服穿得也不少，就答应了。正当保育师和小朋友在外面玩得尽兴时，飞飞奶奶来接他，保育师没顾上和她说话，只是向飞飞的奶奶挥了挥手。飞飞奶奶边走边说："你们老师真不像话，这么冷的天也不给你穿外套。"

飞飞一句话也没说。这情景正巧被一位在大门口的教师听见，她马上告诉了保育师。

第二天，保育师装作什么事也没发生，主动找飞飞奶奶聊天，让她为孙子准备一件短一些的外套或背心。同时，向她解释了前一天飞飞不穿外套出去活动的原因，并告诉她一些关于进入秋季幼儿保健的相关知识。飞飞奶奶听完解释后，宽慰地笑了，并对保育师的误解，表示歉意。

* 分析

身为一名幼儿保育师，不仅要时刻关心幼儿的一举一动，还要注意不能冷落了家长；应加强与家长的情感沟通与信息交流，了解家长对幼儿教育的需要，尽可能满足他们的需求，从而激发他们参与幼儿园教育的兴趣和热情。

第四节　与幼儿的沟通

由于保育师是与幼儿交往较为密切的人，因此，保育师必须致力于自我提升。精通沟通技巧，以便更有效地与幼儿建立沟通桥梁，进而增进幼儿对其的依赖与信任。具体而言，为达成与幼儿的融洽交流，保育师应熟练掌握以下五种沟通技巧。

与幼儿沟通的技巧

一、善于倾听

倾听是有效沟通的前提。只有认真倾听幼儿的心里话，知道幼儿想什么、关注什么和需要什么，才能有针对性地给予幼儿关心和帮助，才能使以后的沟通更加容易。

为做到幼儿愿意向你倾诉或是喜欢与你交流，在幼儿有沟通需求时，保育师要暂时放慢或是停下来手中正在做的事情，表现出对幼儿表达内容的兴趣。这样，幼儿才愿意继续说下去，后面的沟通才会更顺畅。

倾听幼儿心里话

二、善于发现

保育师在履行职责时，不仅具备耐心倾听的素质，更应展现出色的思考与观察能力，以便在沟通交流中精准捕捉幼儿的独特亮点。同时，保育师还应掌握适度的回应技巧，以确保幼儿不仅乐于与自身频繁沟通，更能有效提升沟通的深度与品质。

案例分析

小一班的思思小朋友来幼儿园时，总是哭哭啼啼的，因为她不想来幼儿园。她的妈妈也特别的心软，每次只要思思一闹，她就答应思思不去幼儿园，生怕思思受委屈。看到这种情形，保育师心里很着急。平时，老师们都非常用心去和小朋友相处，让小朋友感受在幼儿园里的快乐。为什么思思总是出现这种不想来幼儿园的情绪呢？于是，保育师王老师就主动找思思聊天。她说：“思思，告诉你个秘密，你不要告诉别的小朋友，你能答应我吗？”思思说：“哦！”“那咱们拉钩！”保育师一边说一边和思思拉钩。王老师对着思思的耳朵说：“你看，我的丝袜坏了！”并做出不好意思的笑容，思思也笑了，说：“老师，我也告诉你个秘密，我的哥哥在学校没有听老师话，老师批评我哥哥了，哥哥的眼镜都被摔坏了。老师，再告诉你个秘密，我爸爸昨天给人家修车时，轮胎没拿住，掉下来了，正好掉在爸爸的脚上了，把爸爸脚都砸破了，走路都这样走的。”思思边说边模仿爸爸走路的样子。王老师说：“思思，你真是我的好朋友，告诉我这么多的秘密。我喜欢和你做朋友，你喜欢我吗？”思思说：“喜欢。老师下次我来幼儿园保证不哭了，我要是哭了你就不和我做朋友了，是吗？”王老师心想这孩子真聪明，老师还没说，她就把老师想说的话全说出来了。于是王老师就顺着她的话说：“是的。”就这样，到了第二天早晨，思思真的高高兴兴来幼儿园了，距离老师还有四五米远的时候，就大声喊“老师好！”

* 分析

保育师要摆平自己与幼儿的位置，以平等的身份对待幼儿，要多与幼儿像朋友一样进行交谈，倾听幼儿的心声。小班幼儿的年龄比较小，幼儿自我表现能力特别强，在每个环节中都希望得到老师的关注。如果没有及时地得到老师的关注，就会觉得老师不爱我、不喜欢我，心理上产生自卑，觉得没有像在家里那样得到大家的宠爱，于是就会产生消极情绪。当保育师蹲下来时，才能听到幼儿的心声。了解幼儿的心理需求，让每个幼儿养成良好的行为习惯才能更好地融入班集体。

三、细心照顾

保育师务必细心观察每位幼儿，精心呵护其生活起居，确保幼儿得到妥善照料。幼儿对于给予细心呵护的保育师，自然而然会产生依赖与信任，更愿意向其表达内心的愿望与分享所见所闻；且在遇到困难时，也倾向于向保育师寻求帮助。

案例分析

中一班新转来一个小朋友，他每次吃完饭后，桌子上都会留下很多饭粒。保育员杨老师经过仔细观察后发现，他每次都吃得特别快，前一口还没咽下，后一口就跟上来了，结果嘴里盛不下那么多饭粒，就掉在了桌子上。经过了解后，杨老师才得知，他原来所在幼儿园的班级老师，每次吃饭时都一直让他快点吃，他吃慢了，就会挨批评，所以导致他养成了不良的进餐习惯。找到了问题所在，每次吃饭前，保育员和教师都会告诉他慢慢吃，细嚼慢咽。逐渐地，这个小朋友改掉了掉饭粒的坏习惯。

* 分析

保育师每天都和幼儿在一起，也方便观察幼儿的日常生活和行为习惯。当发现幼儿有不同寻常的表现时，要及时纠正。与幼儿沟通时，要尊重幼儿的心理特点，采取循循善诱、温和积极的方式。

四、肢体抚摸

保育师通过提供肢体安抚，能有效弥补部分幼儿因缺乏关注而产生的情感需求。这种肢体安抚的形式包括：拥抱幼儿，以及温柔地抚摸其脸部、手部及头发等身体部位。通过此类肢体接触，幼儿能切实感受到保育师所传递的善意与温暖，进而更容易接受保育师的关爱与照顾。

五、保持童心

保育师在学前托育机构中，所接触的对象均为幼儿。这些孩子天生充满好奇心与想象力，展现出无尽的活力与乐趣。因此，保育师理应具备一颗童心，在日常的保育工作中，能与幼儿们和谐互动、共同嬉戏，建立亲密无间的关系。若保育师缺乏童心，便难以深入幼儿内心，建立真挚的友谊，更无法实现真正意义上的沟通与交流。

保持童心

思考与练习

1. 简述保育师如何处理与领导的上下级关系。
2. 保育师在工作中如何处理与同事之间的异议和分歧？
3. 简述保育师与家长沟通的技巧和方法。
4. 作为保育师，如何保持与幼儿的良好沟通？

第九章 培训指导

★【本章概述】

托育机构、保育师与家庭之间的协同合作，通过此种合作模式，各方共同明确国家所颁布的教育目标，即推动婴幼儿的全面发展，并深入掌握教育的基本原则。同时，这种协同合作机制还能加强各方之间的沟通与协作，促进教育资源的共享和优化配置。托育机构可以通过提供专业的教育指导和资源支持，帮助家长和保育师提升教育水平，促进幼儿的全面发展。

★【学习目标】

1. 了解托幼衔接教育包括的内容。
2. 掌握家庭育儿指导的主要形式。
3. 了解主题活动设计的教研内容。
4. 掌握开展社区适龄婴幼儿的信息调研步骤。
5. 托育机构、保育师与家庭之间的协同合作，是推动学前教育事业发展的重要途径。通过深化合作，加强沟通与协作，共同推进学前教育的改革与发展，为幼儿的健康成长和全面发展创造更加良好的教育环境。

第一节 家园育儿工作指导

一、托幼衔接教育

幼儿家庭因家长工作需求及幼儿对同龄伙伴陪伴的渴望，以及家长对陪伴孩子成长的重视，选择将幼儿送入托育机构。为此，托育机构有责任为家庭提供精准且高效的培训服务，以构建坚实且温馨的家园合作关系。此类培训引导家长深入认识保育师专业素养的关键性，并辅助家庭成员掌握有效观察和理解幼儿行为的方式与技巧。为确保培训质量，培训活动通常由具备高级保育师及以上资质的专业人员负责策划与实施。

当家长积极理解幼儿的心理和行为特点，并主动投身于科学育儿的学习与实践时，幼儿的成长便得以汇聚各方力量，进而更有效地彰显托育服务的社会价值。这一积极态势不仅有助于婴幼儿的全面发展，同时也反向促进了保育师队伍的专业成长与提升。

（一）托幼衔接教育的内容

家长们对于幼儿进入幼儿园后的适应性问题表现出高度的关注，并因此产生了焦虑情绪。鉴于这一情况，提前介入并协助家庭做好托幼衔接的准备工作，显得尤为必要和重要。

托幼衔接教育一般包括的内容，见表 9-1。

表 9-1 托幼衔接教育的内容

领域	内容
生活领域	生活自理（进餐、如厕、入睡等）
	管理个人物品（整理、收纳）
学习领域	六大领域的适应性发展（情绪情感、大运动、精细动作、语言、认知、社交）
	辅助性游戏与环境建设
心理领域	适应新的陌生环境
	应对分离焦虑

（二）家庭托幼衔接的入手方向

（1）对目标幼儿的发展水平进行全面的梳理和总结，以掌握其现阶段的综合表现。

（2）深入了解家长的教育观念、教育态度和教育行为，进行详尽的问题分析与聚焦，以期精准把握家庭教育的现状。

（3）基于当前需求，确定将“自我意识与自理能力”，作为家庭培训方案的重点讨论内容，并据此制订切实可行的培训方案。

（4）加强家长与教育者之间的沟通与协作，组织家长、教育者会议。参会人员除了幼儿的父母和长辈外，还可邀请托育机构的专业人员共同参与。会议目标：确保家庭成员在教育理念上保持一致，明确父母作为主要教育者的角色与责任；引导家长学会谨慎使用否定性语言，学习并掌握鼓励幼儿成长的有效方法；共同设计一个独特的接送仪式，通过家园之间的互通合作，强化幼儿习惯养成的效果。

二、家园亲子活动的实施

托育机构和家庭携手合作，致力于共同引导和促进婴幼儿的全面发展。在科学儿童观和价值观的指引下，双方经过审慎选择，确定适宜的教育内容，并运用恰当的方式组织开展丰富多彩的活动。在此过程中，托育机构扮演着至关重要的角色，对家庭进行有针对性的指导。特别是通过精心组织和指导亲子活动，促进婴幼儿在情感、认知、身体和社会性等多方面的全面发展。

亲子活动是一种以亲缘关系为依托，构建积极健康的亲子互动关系，并通过亲情的力量进行有针对性和系统性的教育活动。此类活动主要借助游戏作为教育媒介，活动内容的设计充分遵循婴幼儿的身心发展规律，为父母与孩子创造共同游戏与学习的良好环境与条件。通过参与亲子活动，父母能学习到科学先进的教育方法与理念，进而提升育儿能力。此外，亲子活动还实现了婴幼儿学习与家长培训的双重目标，构建了教师、保育师、家长与婴幼儿共同参与、互动游戏的教学模式，这构成了亲子活动最为突出的特色。

（一）组织新生体验活动

体验活动的内容，应主要聚焦于游戏与生活体验两大板块，特别推荐将园区独具特色的活动区域及游戏项目作为体验的重要内容。由于婴幼儿对于新环境的陌生感与适应性问题，建议初期采取一对一的互动模式进行引导，确保其能逐渐融入新环境。随着婴幼儿的适应程度逐渐提升，可逐步引导他们参与集体游戏，以便更好地感受与同伴互动的乐趣，促进他们的社交能力发展。

（二）组织亲子体验活动

在确定体验活动的目的和内容后，教师、保育师应积极对体验家庭进行前期的预告工作，以便让婴幼儿怀着期待之情参与体验活动。为确保活动顺利进行，须提前与家长商定体验活动的具体时间；并在电话邀约时，特别注意避开家长的用餐或休息时间，以免打扰到家长的正常生活。

亲子活动

在活动前一日，应以书面形式再次向家长发送活动提醒，内容包括活动的具体时间、地点、便捷的交通方式，以及需要为婴幼儿准备的必要物品等，确保家长对活动有充分的了解和准备。

活动当天早上，还要再次致电家长，以温馨的方式提醒家长，活动即将开始，并确认家长是否如期前来参加体验活动。

（三）对家长的指导目标定位

亲子活动既要针对婴幼儿的发展，又要针对家长的指导，且主要目标是提升家长的育儿能力。因此，在亲子活动中，对家长的指导应有明确的目标定位。

1. 家长教养观念方面

（1）应充分尊重婴幼儿，并深入理解他们的行为表现。

（2）树立科学的育儿观念至关重要。如婴幼儿的发展速度因个体差异而异，存在明显的快慢之分。

（3）对待幼儿时，应展现出宽容与耐心，并学会耐心等待婴幼儿的成长与发展。

（4）主要抚养人，在幼儿成长过程中扮演着举足轻重的角色，其作用不可忽视。

（5）教养人之间应相互协作，共同努力，以促进幼儿的全面发展。

2. 日常教养知识方面

（1）对于不同年龄阶段的婴幼儿，须深入了解其身心发展规律与特性，以确保教育的针对性和有效性。

（2）全面把握婴幼儿在感知、动作、语言、认知、社会性、情感等多个方面的发展过程与特性，为制订科学的育儿方案，提供有力支撑。

（3）关于婴幼儿的日常行为习惯，包括饮食、睡眠、排便、打扫卫生、收拾整理等方面，需要了解其行为形成的过程，并制定相应的辅助策略，以促进其良好习惯的养成。

（4）针对家长自身的教养特点以及幼儿的行为发展特点、认知风格进行深入分析，以便为家长提供个性化的育儿指导。

（5）关注婴幼儿常见特殊行为的原因。如咬人等，以便及时发现问题，并提供相应的干预措施。

3. 家长教养技能方面

（1）依据幼儿身心成长的特性，提供适宜且优质的发展环境，以最大化地满足其成长需求。

（2）针对幼儿成长所需，策划并开展丰富多样的亲子活动，确保实现高质量的亲子互动体验。

（3）以积极且高效的方式，促进婴幼儿良好行为习惯的逐步形成。

（4）对婴幼儿各类行为表现进行细致观察。

（5）对婴幼儿可能出现的个别特殊行为，具备有效的应对策略。

（6）深入挖掘自身教养特点与婴幼儿发展之间的最佳契合点，以更加有效地推动双方的共同成长与进步。

三、家庭育儿指导活动

家庭是 3 岁以下婴幼儿成长的主要场所，家庭养育是低龄幼儿的主要养育方式。《中华人民共和国家庭教育促进法》的落地实施，标志着“依法带娃，家事变国事”的时代已然到来。托育机构需要针对 3 岁以下婴幼儿身心发展特点及其家庭的特殊需求，重点围绕科学喂养、日常养育照料、制订生活规则、丰富感知经验、关注婴幼儿需求、提供语言示范、增强安全意识、加强亲子陪伴、发挥家庭成员作用、做好入园准备等内容；因地制宜地开发 3 岁以下婴幼儿家庭教育指导手册、宣传品、音视频课程等；为家庭提供安全健康、科学规范的育儿指导。

（一）育儿指导的主要形式

家庭育儿指导涵盖多种途径，其中沟通交流与亲子活动均占据重要地位。在托育机构的实际操作中，主要采取以下形式来开展家庭育儿指导工作。

1. 集体解答

家庭教育集体解答指导活动，针对家庭教育中普遍存在的共性问题和需求，通过教师、专家等组织者的精心策划与引导，以活动为媒介，为家长们提供一个集体咨询与指导的平台。此类活动通常涵盖多种形式，包括“家庭教育专题讲座”，是通过专业讲解提升家长的教育理念和技能；“家长会”，是促进家校之间的有效沟通与协作；“家庭教育经验交流会”，是让家长们相互学习、借鉴育儿经验；各类“亲子活动”，是以增进亲子关系，提升家庭教育效果，等等。通过这一系列的集体活动，助力家长更好地应对家庭教育的挑战，促进家庭和谐与子女健康成长。集体解答指导活动针对的对象范围广泛，具有较高的效率。

2. 单独解答

家庭教育单独解答指导活动，是一种目标明确、规划周详的教育方式。其核心在于围绕婴幼儿的成长问题，与家长进行面对面的“一对一”深度沟通，指导家长科学有效地实施家庭教育。对于涉及个人隐私、心理层面、特殊行为习惯以及亲子关系紧张等个性化问题，应采取个别或小范围解决的方式。如通过家访、《家园联系手册》、电话交流以及设立“家教咨询信箱”与“咨询室”等途径，确保问题的妥善处理和家长的有效指导。单独解答法具有针对性和灵活性，具有较好的效果。

与家长沟通

3. 个案跟踪

家庭教育个案跟踪指导活动，分为群体家庭教育跟踪指导和个案家庭教育跟踪指导两种。

群体家庭教育跟踪指导，是指托育机构组织一个家庭教育研究组，对某个月龄段或某一类疑难问题（如婴幼儿睡眠问题、进餐问题、习惯培养、托幼衔接等）开展的、在一定时间内的连续跟踪研究和指导。

个案家庭教育跟踪指导，是指教师、保育师个体针对某一个家庭中出现的家教疑难问题（如亲子关系、异常行为、发育迟缓等），在一定时间内进行的连续跟踪研究和指导。

家庭教育个案性很强，家庭和家庭之间会呈现出不同的个性差异，也会呈现出十分复杂的状况。家长的职业、价值观、道德水平、文化素养、兴趣爱好、教育能力等都会影响家庭的环境、经济状况，都会直接地在家庭教育中反映出来。

（二）教师与家长的关系指导

家长和教师作为幼儿成长过程中至关重要的角色，建立平等信任的合作关系显得尤为关键。具体而言，这一合作关系的构建主要包括这几个方面。首先，教师应尊重家长，通过积极引导，充分调动家长参与教育的自觉性和主动性，共同促进幼儿的全面发展。其次，建立健全的家长联系制度，确保教师和家长之间的沟通始终在平等、尊重的基调上进行，从而保障家庭教育与学校教育的紧密配合与协同育人。最后，搭建家校共育平台，充分利用现代技术手段，实现家长与教师之间的互动交流、即时沟通，共同为幼儿营造一个良好的成长环境。

（三）指导家长了解、理解幼儿

为了增强家长对幼儿不同年龄阶段特性的认知，并深入理解幼儿养育的关键时期等相关问题，必须积极向家长普及幼儿的一般共性特征。同时，传授婴幼儿发展心理、卫生保健等方面的专业知识，以确保家长们能够科学、理性地对待幼儿 0 ~ 3 岁阶段可能出现的问题，并采用恰当的教育方式引导幼儿的成长。

托育机构的老师能根据婴幼儿的身心发展规律及个体差异，为家长提供及时、准确地指导。在坚持科学养育的基础上，要鼓励家长给予幼儿充足的爱护、适当的关注以及及时的回应。从日常生活的点滴细节出发，逐步塑造其良好的思想品质、道德情操和行为习惯，帮助他们扣好人生第一粒扣子，为未来的成长奠定坚实的基础。

第二节　托育机构日常工作指导

托育机构，作为现代社会中一个不可或缺的教育平台，它并非仅仅是一个封闭的养育场所，而是与家庭、社区、幼儿园等各方建立起有效链接的综合性指导中心。在这里，托育机构发挥着多方面的作用，既促进了保育师的专业成长，又推动了关联方的互惠互利，共同为幼儿的健康成长提供有力保障。

首先，托育机构是一个汇聚专业保育师的场所。这些保育师不仅具备丰富的育儿经验，还要通过不断学习和进修，提升自己的专业素养。在托育机构中，保育师们会组织各种教研活动，共同探讨教育问题，分享育儿心得。这些活动不仅有助于保育师们拓宽视野，提升教育理念，还能让他们在实际操作中更加得心应手，为幼儿的成长提供更有针对性的指导。

其次，托育机构也是一个与家庭、社区、幼儿园等关联方产生有效链接的平台。通过与家长的沟通与交流，托育机构能更好地了解幼儿在家庭环境中的成长状况，从而制订出更加个性化的教育方案。此外，托育机构还会与社区、幼儿园等合作，共同举办各种亲子活动、教育讲座等，加强彼此之间的联系与合作，为幼儿的全面发展创造更加有利的条件。

最后，在托育机构中，保育师们会陪伴幼儿共同探究某个主题，通过引导、启发和互动的方式，帮助幼儿建立起对世界的认知和理解。这种陪伴式的教学模式不仅有助于激发幼儿的学习兴趣，还能培养他们的探索精神和创新能力。在这个过程中，保育师和幼儿共同成长，共同进步。

一、主题设计的教研活动

（一）主题活动设计的教研内容

在幼儿教育中，主题活动设计是一项至关重要的任务。一个成功的主题活动，不仅应源于幼儿的生活，更应贴近他们的兴趣。保育师需要组织相关教研活动，共同讨论策划，制定既符合幼儿生活又能引发他们兴趣的主题活动，从而激发婴幼儿的好奇心与探索欲望。

在进行主题活动设计的教研工作时，应当涵盖以下核心内容。

（1）阐明主题的来源。一个好的主题，应与幼儿的生活息息相关，这样才能引起他们的共鸣和兴趣。可以从幼儿日常生活中观察到的事物、现象或活动中寻找灵感。比如，季节变化、动植物生长、家庭活动等。同时，还需要关注近期幼儿感兴趣的话题。比如，流行的动画片、绘本故事等，这些都可以成为主题的素材。

（2）制定主题的目标。制定主题的目标及明确这些目标如何对应到婴幼儿的发展领域。婴幼儿的发展领域包括认知、情感、社交、身体等多个方面。因此，在制定主题时，要思考如何通过主题活动，促进幼儿在这些方面的发展。比如，可以通过观察动植物的生长过程，培养幼儿的观察能力；通过角色扮演游戏，提高幼儿的社交能力；通过运动游戏，锻炼幼儿的身体素质等。

（3）选取符合目标的内容。这些内容应是幼儿熟悉的、能产生情感链接的事物。比如，可以选择幼儿喜欢的动物、植物或玩具作为主题内容。通过讲述它们的故事、观察它们的特征等方式，让幼儿在轻松愉快的氛围中学习新知识。

（4）确定相应的方法。注重运用五感进行体验，五感包括视觉、听觉、嗅觉、味觉和触觉。可以通过丰富的感官刺激，让幼儿更深入地了解主题内容。比如，在讲述动物主题时，可以让幼儿观察动物的照片或视频，听动物的声音，闻动物的气味，甚至让幼儿触摸一些安全的动物玩具或标本，从而让他们对动物有更全面的认识。

（5）主题活动结束后的评价。评价不仅是对幼儿学习成果的检验，更是对主题活动质量的反馈。可以通过观察幼儿在主题活动中的表现、收集他们的作品或作品集、听取他们的反馈等方式进行评价。同时，还要关注幼儿在主题活动中的情感体验，确保他们留下了温暖的感受和美好的记忆。

（二）组织教研活动前的开场活动

开场活动起到集中注意力、强调主题、活跃气氛等作用。同时，还可以同时将培训分组等工作在这个环节完成。根据培训对象的具体情况，可以采用不同的方式。

比如，强调主题，可以采用连续提问的方式。“各位老师大家好，今天我们相聚在这里，是来共同讨论主题活动的设计与实施，是为了让托育机构的课程能更好地促进幼儿的全面发展。那么，主题如何选定？如何平衡不同发展领域的时间与比重？如何整合社区、园所、家庭的资源？在实施中根据婴幼儿的情况如何做调整？让我们在这次培训中，一一学习，一一落实！”

二、社区适龄婴幼儿的信息调研

社区，作为社会群体或组织在特定领域内聚集形成的生活上相互关联的大集体，构成了社会有机体的基础要素，是宏观社会的缩影。这一共同体，凭借互动关系的建立与共同文化的维系力量，构筑了独特的活动环境。因此，托育机构应积极融入社区之中，发挥其作为婴幼儿及家庭获取发展资源、培养规律生活的重要教育场所的作用。同时，托育机构亦应成为先进理念深入社区的友好桥梁，为社区的发展贡献积极力量。

在获取社区适龄入托婴幼儿的有效数据方面，需要进行一系列精心策划和细致执行的步骤。

（1）设计调研信息点表格。表格应涵盖婴幼儿的基本信息。如姓名、性别、年龄、家庭住址等；还应包含家庭情况，如父母职业、教育程度等。同时，也要关注婴幼儿的生活习惯、兴趣爱好以及性格特点等方面的信息。通过全面细致的调研信息点表格，可以更深入地了解适龄入托婴幼儿的情况，为后续工作提供有力支持。

（2）联系社区协助活动，沟通是否可以在社区内开展相关活动，并寻求社区的支持和协助。在获得许可后，可以通过社区公告栏、微信群、公众号等渠道投放广告进行宣传活动，吸引更多家长和婴幼儿参与。在投放广告时，可以采用生动形象的图片、视频和吸引人的标语，提高广告的吸引力和传播效果。

（3）联系社区管理机构。如街道办事处、居委会等，了解他们是否掌握适龄婴幼儿的基本家庭信息。这些机构通常拥有较为完善的居民信息系统，能为我们提供宝贵的数据资源。通过与他们建立合作关系，可以更加便捷地获取相关信息，提高数据收集的效率。

（4）在许可范围内开展节日亲子活动，组织调研表登记。在活动中，可以设置一些有趣的亲子互动环节。如亲子游戏、亲子阅读等，增进亲子关系的同时，也为收集数据提供了便利。在活动现场，可以设立调研表登记区，引导家长填写调研表格，收集关于孩子的详细信息。

通过这一系列步骤，可以有效地获取社区适龄入托婴幼儿的有效数据。这些数据不仅可以为制定更加精准的入托政策提供依据，还可以为社区提供更加个性化的婴幼儿服务提供参考。同时，在收集数据的过程中，也需要注重保护个人隐私和信息安全，确保数据的合法性和安全性。

三、建立婴幼儿活动室

为了营造一个积极氛围浓郁的活动室环境，精心设计环境布局，帮助婴幼儿培养正面的自我认知，并有效地管理自我，从而逐步迈向独立自主的成长道路。同时，活动室所蕴含的潜在规则，不仅能使保育师在工作中体验到轻松愉悦的氛围，更有助于促进师幼之间建立积极、温馨的关系，共同营造一个和谐、愉快的成长环境，为婴幼儿的全面发展提供有力支持。

（一）活动室区域材料

在区域活动实施过程中，材料作为教育意图的具体体现，承载着重要的教育价值。区域活动的一大显著特点，在于将教育目标巧妙地融入材料之中，使幼儿在操作与探索中自然领会教育意图。因此，在筹备区域活动之初，务必确保所投放的材料具备明确的教育目的。

活动室

区域材料不仅是幼儿进行自主探索和学习的关键环节，更是区域活动目标得以实现、内容得以呈现的重要载体。材料的投放不仅直接关系到区域活动的顺利进行，更对提升活动质量、促进幼儿全面发展具有举足轻重的作用。

（二）为婴幼儿的自主行为创造条件

1. 人员条件设置

在婴幼儿教育领域中，师幼比例的配置是一项至关重要的工作。合理的师幼比例不仅关系到婴幼儿的安全与健康，更直接影响着他们的心理发展和教育成果。因此，根据婴幼儿的月龄来科学配置师幼比例，确保每一位婴幼儿都能得到充分的关爱和教育。

2. 打造活动室空间

为确保婴幼儿的安全与健康发展，特设专门区域以供其自由玩耍和开展游戏。精心挑选并设立特定区域，专门用于服务年龄较小的婴幼儿更换尿布，并确保此区域具备良好的观察条件，能够全面监控整个活动室的情况。同时，密切关注并持续追踪婴幼儿的成长与发展状况。为确保婴幼儿在玩耍过程中的兴趣与积极性，应提供富有吸引力和趣味性的游戏项目。此外，还将配备充足且丰富的游戏物品，以有效避免冲突的发生，并充分满足婴幼儿个性化的需求。

3. 与婴幼儿建立信任关系

与婴幼儿建立一种充满关怀与互惠的关系，确保在互动中给予他们充分的关注与支持。同时，要理解婴幼儿的部分行为可能会令人不悦，但这恰恰是他们成长过程中的正常发展特征，应对此表示充分理解与包容。在适宜的时机，积极引导婴幼儿认识同龄宝宝，以促进他们之间的交流与互动。此外，在对婴幼儿进行教育引导时，会谨慎地运用“不”字，以避免给他们带来不必要的压力或负面影响。要始终让婴幼儿感受到教师、保育师对他们积极行为的重视与肯定，以此激励他们继续保持并发展良好的行为习惯。

思考与练习

1. 如何做好托幼衔接教育?
2. 家庭育儿指导的主要形式有哪些?
3. 简述主题活动设计的教研内容。
4. 如何开展社区适龄婴幼儿的信息调研?
5. 简述如何建立婴幼儿活动室。

参考文献

[1] 长江学前教育发展研究院．幼儿园游戏成长主题课程：教师资源 保育师手册 [M]. 武汉：长江少年儿童出版社，2022.

[2] 张欣．幼儿园保健保育工作指导 [M]. 上海：复旦大学出版社，2023.

[3] 陈晓燕．幼儿卫生与保育 [M]. 北京：北京师范大学出版社，2021.

[4] 刘丽伟．0 ~ 3 岁婴幼儿保育与教育 [M]. 武汉：华中科技大学出版社，2023.

[5] 李营．0 ~ 3 岁婴幼儿认知与语言发展及教育 [M]. 北京：北京师范大学出版社，2019.